电子信息科学与工程类专业系列教材

嵌入系统技术及应用基础

肖中俊　袁　魁　田　凯　夏冠玉　编著

電子工業出版社
Publishing House of Electronics Industry
北京 · BEIJING

内 容 简 介

本书系统地介绍了 ARM 体系结构下的 Cortex-M3 多核处理器系统开发涉及的软/硬件基础知识，重点突出 Cortex-M3 基本系统开发方法。在内容组织和框架设计上具有两个鲜明的特点：全案例、基于读者学习。本书从读者学习的角度，对 Cortex-M3 常用的指令集、典型外设模块的原理、CAN 总线、操作系统 μC/OS-Ⅱ，以及软件安装及其应用设计均以若干完整案例呈现，同时给出了综合性工程案例的经验，这些都十分有利于读者学习和模仿。

本书从实际应用出发，讲解浅显细致，可作为高等院校计算机科学与技术、软件工程、电子信息工程、通信工程、自动化、机器人工程、物联网应用等专业的教材，也可作为从事检测、自动控制等领域工作的嵌入式系统工程技术人员的参考用书。

图书在版编目（CIP）数据

嵌入系统技术及应用基础 / 肖中俊等编著. —北京：电子工业出版社，2022.4
ISBN 978-7-121-43279-8

Ⅰ. ①嵌… Ⅱ. ①肖… Ⅲ. ①微型计算机－系统设计 Ⅳ. ①TP360.21

中国版本图书馆 CIP 数据核字（2022）第 057835 号

责任编辑：杜 军 特约编辑：田学清
印 刷：三河市君旺印务有限公司
装 订：三河市君旺印务有限公司
出版发行：电子工业出版社
北京市海淀区万寿路 173 信箱 邮编：100036
开 本：787×1 092 1/16 印张：13.25 字数：339.2 千字
版 次：2022 年 4 月第 1 版
印 次：2022 年 4 月第 1 次印刷
定 价：39.00 元

凡所购买电子工业出版社图书有缺损问题，请向购买书店调换。若书店售缺，请与本社发行部联系，联系及邮购电话：（010）88254888，88258888。

质量投诉请发邮件至 zlts@phei.com.cn，盗版侵权举报请发邮件至 dbqq@phei.com.cn。

本书咨询联系方式：dujun@phei.com.cn。

前　言

在当前高度信息化的社会中，人工智能、互联网、物联网已经全面渗透到日常生活的每个角落。对于我们每个人，各种各样的新型嵌入式系统设备在应用数量上已经远远超过通用计算机，小到音乐娱乐、移动终端等微型数字化产品，大到智能家电、车载电子设备、智能交通设备等。而在工业和服务领域中，使用嵌入式技术的数字机床、智能工具、智能化生产线、工业机器人、服务机器人也在逐渐改变传统的工业和服务方式。随着信息化、智能化、网络化的发展，嵌入式系统产品的研制和应用已经成为我国信息化带动工业化、工业化促进信息化发展的强大动力。

总体来说，嵌入式系统是当今 IT 界的又一焦点，开发自主知识产权的嵌入式处理器和嵌入式操作系统，对于我们国家的信息技术产业具有十分重要的战略意义。

反观国内众多高校，大多师生还在进行 51单片机的教学与应用开发，虽然这在无形中增加了对单片机的理解和认识，掌握了汇编语言的使用，具备了基本的软件编程与硬件开发的能力。但是，如果仅仅停留在低端单片机的开发应用上，必将被时代淘汰。当前流行的是“ARM+Linux”架构，它提供了一条可以持续发展与同步跟踪的快车道。

由于“ARM+Linux”架构的嵌入式开发范围很广，如果想全部掌握，需要掌握 Linux 使用、Linux 内核、Linux 驱动、汇编语言、C 语言、C++、PCB制作、硬件电路设计等知识，总体来看，嵌入式开发分为两个方向：一是偏向硬件，二是偏向软件。本书以硬件开发为重点，着眼于嵌入式系统基础知识及 Cortex-M3 基本系统开发方法的讲解，内容涉及嵌入式系统及 ARM 微处理器概述、ARM 体系结构描述、Cortex-M3 微控制器、指令集、时钟、Cortex-M3 接口分析与应用、CAN 总线分析与应用、协处理器 DMA 分析与应用、μC/OS-Ⅱ简介、Keil 集成开发环境介绍及应用。本书从实际应用出发，讲解浅显细致，非常适合自动化类、仪器类、电气类、电子信息类本科初学者入门学习，并配有源程序应用示例，方便学习参考与验证。

全书共 9 章，由齐鲁工业大学（山东省科学院）肖中俊教授编写。本书在编写和出版过程中，得到了深圳信盈达科技有限公司济南分公司袁魁总经理，以及生物基材料与绿色造纸国家重点实验室、山东省流程工业智能优化制造工程技术研究中心、电子工业出版社的大力支持和帮助，田凯、夏冠玉也付出了艰辛劳动。在此，对他们的真诚奉献表示衷心的感谢。

由于时间仓促，加上编者水平有限，疏漏之处在所难免，敬请读者批评指正。

编　者

2022 年 1 月

目　　录

第 1 章　嵌入式系统及 ARM 微处理器概述

1.1　嵌入式系统概述

1.1.1　嵌入式系统定义

目前，对嵌入式系统的定义多种多样，但没有一种定义是全面的。下面给出两种比较合理的定义。

从技术的角度定义：嵌入式系统是以应用为中心，以计算机技术为基础，软件和硬件可裁剪，满足应用系统对功能、可靠性、成本、体积、功耗严格要求的专用计算机系统。

从系统的角度定义：嵌入式系统是设计完成复杂功能的硬件和软件，并使其紧密耦合在一起的计算机系统。术语反映了这些嵌入式系统通常是更大系统中的一个完整的部分，称为嵌入的系统。嵌入的系统中可以共存多个嵌入式系统。

对于嵌入式系统的认知，我们可以通过汽车控制系统来描述，如图 1-1 所示。

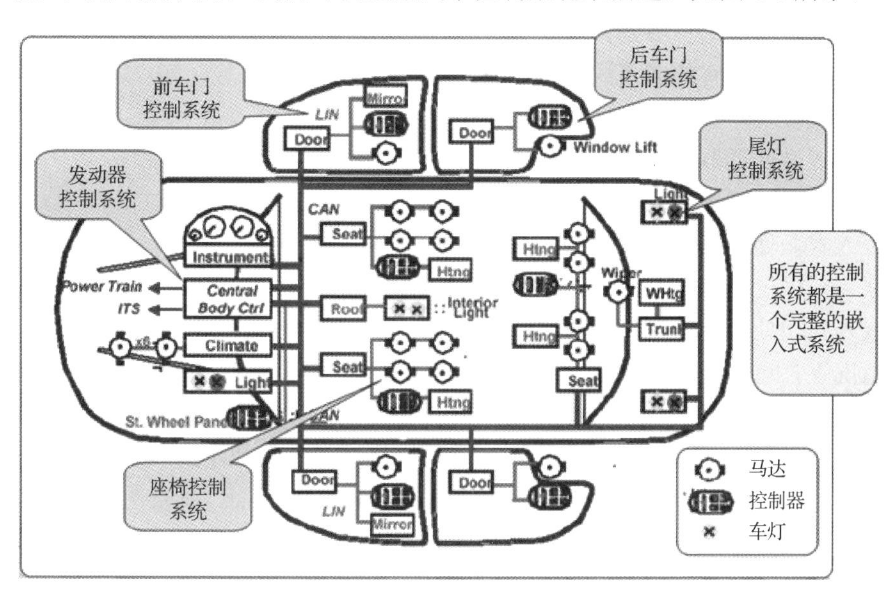

图 1-1　汽车控制系统

1.1.2　嵌入式发展历程

1. 嵌入式微处理器（单板计算机）

嵌入式微处理器的基础是通用计算机中的 CPU。在应用中，将微处理器装配在专门设计的电路板上，只保留与嵌入式应用有关的母板功能，这样可以大幅度减小嵌入式系统的体积和功耗。

为了满足嵌入式应用的特殊要求，嵌入式微处理器虽然在功能上和标准微处理器基本是一样的，但在工作温度、抗电磁干扰、可靠性等方面一般都做了各种增强。

和工业控制计算机相比，嵌入式微处理器具有体积小、质量轻、成本低、可靠性高的优点，嵌入式微处理器与存储器、总线、外设等安装在一块电路板上，称为单板计算机，如STD-BUS、PC104等。

单板计算机电路板上必须包括ROM、RAM、总线接口、各种外设等器件，这种结构降低了系统的可靠性，技术保密性也较差，现在已经用得比较少。

嵌入式微处理器目前主要有Am186/88、386EX、SC-400、Power PC、68000、MIPS、ARM等系列。嵌入式微处理器又可分为CISC和RISC两类。大家熟悉的大多数台式计算机都是使用的CISC微处理器，如Intel的x86。RISC结构体系有两大主流：Silicon Graphics公司（硅谷图形公司）的MIPS技术和ARM公司的Advanced RISC Machines技术。此外，Hitachi（日立公司）也有自己的一套RISC技术。单板计算机的内部结构图如图1-2所示。

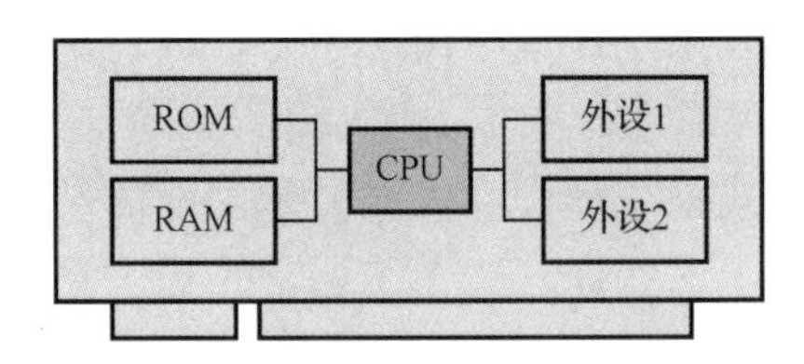

图1-2 单板计算机的内部结构图

嵌入式微处理器的选型原则如下。

（1）调查市场上已有的嵌入式微处理器供应商。

（2）嵌入式微处理器的处理速度。

（3）嵌入式微处理器的技术指标。

（4）嵌入式微处理器的低功耗。

（5）嵌入式微处理器的软件支持工具。

（6）嵌入式微处理器是否内置调试工具。

（7）嵌入式微处理器供应商是否提供评估板。

通常情况下，选择一个嵌入式系统运行所需要的微处理器，运算速度并不是最重要的考虑内容，有时候也必须考虑微处理器制造厂商对于该微处理器的支持态度，有些嵌入式系统产品一用就是几十年，如果过了五六年之后需要维修，却已经找不到该种微处理器的话，势必全部产品都要淘汰，所以许多专门制造嵌入式微处理器的厂商，都会为嵌入式微处理器留下足够的库存或是生产线，即使过了好几年之后还可以找到相同型号的微处理器或者完全兼容的替代品。

2. 嵌入式微控制器（单片机）

嵌入式微控制器又称单片机，它是将整个计算机系统集成到一块芯片中。图1-3所示为嵌入式微控制器外观结构图，图1-4所示为嵌入式微控制器芯片内部结构图。

嵌入式微控制器一般以某一种微处理器内核为核心，芯片内部集成ROM、RAM、总线、总线逻辑、定时/计数器、看门狗、I/O、串行口、脉宽调制输出、A/D、D/A、Flash RAM、EEPROM等各种必要功能和外设。为适应不同的应用需求，一般一个系列的单片机具有多种衍生产品，每种衍生产品的微处理器内核都是一样的，不同的是存储器和外设的配置及封装，这样可以使嵌入式微控制器最大限度地与应用需求相匹配，不但功能符合产品需要，而且可以减少功耗和成本。

图 1-3　嵌入式微控制器外观结构图

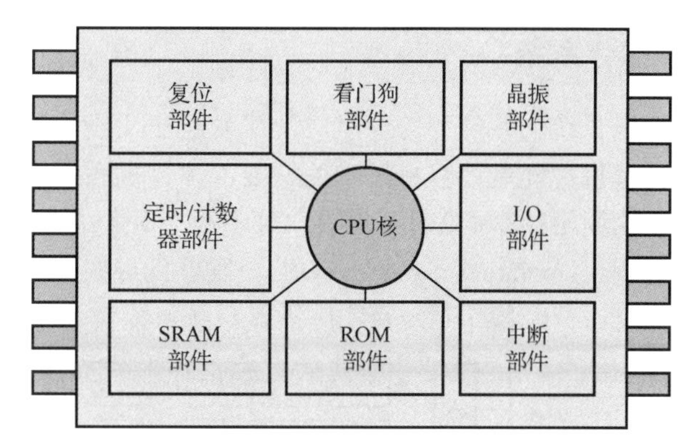

图 1-4　嵌入式微控制器芯片内部结构图

与嵌入式微处理器相比，嵌入式微控制器的最大特点是单片化，体积大大减小，从而使功耗和成本下降、可靠性提高。嵌入式微控制器是目前嵌入式系统工业的主流。嵌入式微控制器的片上外设资源一般比较丰富，适合于控制。

嵌入式微控制器目前的品种和数量多，比较有代表性的通用系列包括 8051、P51XA、MCS-251、MCS-96/196/296、C166/167、MC68HC05/11/12/16、68300、ARM 芯片等。目前嵌入式微控制器约占嵌入式系统 70%的市场份额。

3．嵌入式处理器——DSP 处理器

DSP 处理器对系统结构和指令进行了特殊设计，使其适合执行 DSP 算法，编译效率较高，指令执行速度也较快。在数字滤波、FFT、频谱分析等方面，DSP 算法正在大量进入嵌入式领域，DSP 应用正从在通用嵌入式微控制器中以普通指令实现 DSP 功能，过渡到采用嵌入式 DSP 处理器。

4．嵌入式处理器——嵌入式片上系统（SoC）

随着 EDA 的推广和 VLSI 设计的普及及半导体工艺的迅速发展，在一个硅片上实现一个更为复杂的系统的时代已来临，这就是 System on Chip（SoC）。各种通用处理器内核将作为 SoC 设计公司的标准库，和其他嵌入式系统外设一样，成为 VLSI 设计中一种标准的器件，用标准的 VHDL 等语言描述，存储在器件库中。用户只需定义出其整个应用系统，仿真通过后就可以将设计图交给半导体工厂制作样品。这样除个别无法集成的器件外，整个嵌入式系统大部分均可集成到一块或几块芯片中，应用系统电路板将变得很简洁，对于减小体积和功耗、提高可靠性非常有利。

SoC 可以分为通用 SoC 和专用 SoC 两类。通用系列包括 Infineon 的 TriCore、Motorola 的 M-Core、某些 ARM 系列器件、Echelon 和 Motorola 联合研制的 Neuron 芯片等。专用 SoC 一般专用于某个或某类系统中，不为一般用户所知。一个有代表性的产品是 Philips 的 Smart XA，它将 XA 嵌入式微控制器内核和支持超过 2048 位复杂 RSA 算法的 CCU 单元制作在一块硅片上，形成一个可加载 Java 或 C 语言的专用的 SoC，可用于公众互联网，如互联网安全方面。

1.2 嵌入式操作系统

1.2.1 操作系统

计算机系统由硬件和软件组成，在发展初期没有操作系统这个概念，用户使用监控程序来使用计算机。随着计算机技术的发展，计算机系统的硬件、软件资源也越来越丰富，监控程序已不能满足计算机应用的要求。于是在 20 世纪 60 年代中期监控程序又进一步发展形成了操作系统（Operating System，OS）。发展到现在，有三种操作系统广泛使用，即多道批处理操作系统、分时操作系统及实时操作系统，操作系统类别如图 1-5 所示。

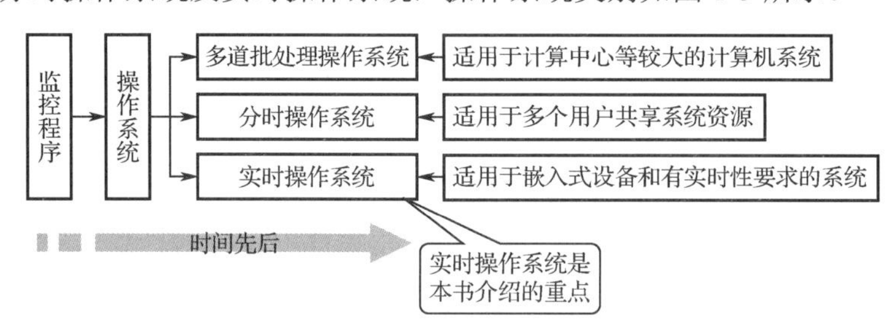

图 1-5 操作系统类别

提到桌面型计算机操作系统，全世界超过九成的计算机使用的是微软（Microsoft）公司的 Windows 操作系统，其他也有一些颇具知名度的操作系统，如苹果（Apple）公司的 macOS、工作站级计算机常用的 Sun 公司的 Solaris，还有 Linux 或是 FreeBSD 等免费的操作系统。但是提到嵌入式系统使用的操作系统，一般用户就很少了解了。由于大型嵌入式系统需要完成复杂的功能，所以需要操作系统来完成各任务之间的调度。由于桌面型计算机操作系统的体积，以及实时性等特性不能满足嵌入式系统的要求，从而促进了嵌入式操作系统的发展。

用户程序
操作系统
硬件驱动
硬件

图 1-6 操作系统示意图

操作系统的基本思想是隐藏底层不同硬件的差异，向在其上运行的应用程序提供一个统一的调用接口。应用程序通过这一接口实现对硬件的使用和控制，不必考虑不同硬件操作方式的差异。操作系统示意图如图 1-6 所示。

很多产品厂商选择购买操作系统，在此基础上开发自己的应用程序，形成产品。事实上，因为嵌入式系统是将所有程序，包括操作系统、驱动程序、应用程序的程序代码全部烧写进 ROM 中并执行，所以操作系统在这里的角色更像是一套函数库。

操作系统主要完成三项任务：内存管理、多任务管理和外围设备管理。

操作系统是计算机中最基本的程序。操作系统负责计算机系统中全部软件和硬件资源的分配与回收、控制与协调等并发的活动；操作系统提供用户接口，使用户获得良好的工作环境；操作系统为用户扩展新的系统功能提供软件平台。

嵌入式操作系统（Embedded Operating System，EOS）负责嵌入式系统的全部软件和硬件资源的分配、调度、控制、协调。它必须体现其所在系统的特征，能够通过加载/卸载某些模块来达到系统所要求的功能。

嵌入式系统的操作系统核心通常要求体积很小，因为硬件 ROM 的容量有限，除应用程序外，不希望操作系统占用太大的存储空间。事实上，嵌入式操作系统可以很小，只提供基本的管理功能和调度功能，缩小到 10～20KB 以内的嵌入式操作系统比比皆是，相信用惯微软的 Windows 系统的用户，可能会觉得不可思议。

不同的应用场合会产生不同特点的嵌入式操作系统，但都会有一个核心（Kernel）和一些系统服务（System Service）。操作系统必须提供一些系统服务给应用程序调用，包括文件系统、内存分配、I/O 存取服务、中断服务、任务（Task）服务、时间（Timer）服务等，设备驱动程序（Device Driver）则要建立在 I/O 存取和中断服务上。有些嵌入式操作系统也会提供多种通信协议，以及用户接口函数库等。嵌入式操作系统的性能通常取决于核心程序，而核心的工作主要为任务管理（Task Management）、任务调度（Task Scheduling）、进程间的通信（IPC）、内存管理（Memory Management）。

1.2.2　实时操作系统

实时操作系统（Real-Time Operating System，RTOS）是一段在嵌入式操作系统启动后首先执行的背景程序，用户的应用程序是运行于实时操作系统之上的各个任务，实时操作系统根据各个任务的要求，进行资源（包括存储器、外设等）管理、消息管理、任务调度、异常处理等工作。在实时操作系统支持的系统中，每个任务均有一个优先级，实时操作系统根据各个任务的优先级，动态地切换各个任务，从而保证对实时性的要求。

实时操作系统的操作系统本身要能在一个固定时限内对程序调用（或外部事件）做出正确的反应，即对时序与稳定性的要求十分严格。目前国际较为知名的实时操作系统有 WindRiver 的“VxWorks”、QNX 的“NeutrinoRTOS”、Accelerated Technology 的“Nucleus Plus”、Radisys 的“OS/9”、Mentor Graphic 的“VRTX”、LynuxWorks 的“LynuxOS”，以及 Embedded Linux 厂商所提供的 Embedded Linux 版本，如 Lynux Works 的“BlueCat RT”等。实时操作系统产品主要应用于航天、国防、医疗、工业控制等领域，这些领域的设备需要高度精确的实时操作系统，以确保系统任务的执行不会发生难以弥补的意外。

1. 实时操作系统的特点

IEEE 的实时 UNIX 分委会认为实时操作系统应具备以下几点。

（1）异步的事件响应。

（2）切换时间和中断延迟时间确定。

（3）优先级中断和调度。

（4）抢占式调度。

（5）内存锁定。

（6）连续文件。

（7）同步。

总体来说，实时操作系统是由事件驱动的，能对来自外界的作用和信号在限定的时间范围内做出响应。它强调的是实时性、可靠性和灵活性，与实时应用软件相结合成为有机的整体，起着核心作用，管理和协调各项工作，为应用软件提供良好的运行软件环境及开发环境。从实时操作系统的应用特点来看，实时操作系统可以分为两种：一般实时操作系统和嵌入式实时操作系统。一般实时操作系统应用于实时处理系统的上位机和实时查询系统等实时性较弱的实时系统，并且提供了开发、调试、运用一致的环境。

嵌入式实时操作系统应用于实时性要求高的实时控制系统，而且应用程序的开发过程是通过交叉开发来完成的，即开发环境与运行环境是不一致的。嵌入式实时操作系统具有规模小（一般在几 KB～几十 KB）、可固化、实时性强（在毫秒或微秒数量级上）的特点。

2. 使用嵌入式实时操作系统的必要性

嵌入式实时操作系统在目前的嵌入式应用中用得越来越广泛，尤其在功能复杂、系统庞大的应用中显得越来越重要。在嵌入式应用中，只有把 CPU 嵌入系统中，同时又把操作系统嵌入进去，才是真正的计算机嵌入式应用。使用嵌入式实时操作系统主要有以下几个因素。

（1）嵌入式实时操作系统提高了系统的可靠性。

（2）嵌入式实时操作系统提高了开发效率，缩短了开发周期。

（3）嵌入式实时操作系统充分发挥了 32 位 CPU 的多任务潜力。

3. 嵌入式实时操作系统的优缺点

优点：在嵌入式实时操作系统环境下开发实时应用程序，可使程序的设计和扩展变得容易，不需要大的改动就可以增加新的功能。将应用程序分割成若干独立的任务模块，可使应用程序的设计过程大为简化，而且对实时性要求苛刻的事件也得到了快速、可靠的处理。通过有效的系统服务，嵌入式实时操作系统使系统资源得到更好的利用。

缺点：使用嵌入式实时操作系统还需要额外的 ROM/RAM 开销、2%～5%的 CPU 额外负荷，以及内核的费用。

1.2.3 通用型操作系统

通用型操作系统的执行性能与反应速度比起实时操作系统，相对没有那么严格。目前较知名的有微软的“Windows CE”、Palm source 的“Palm OS”、Symbian 的“Symbian OS”及 Embedded Linux 厂商提供的各式 Embedded Linux 版本，如 Metrowerks 的“Embedix”、TimeSys 的“TimeSys Linux/GPL”、LynuxWorks 的“BlueCat Linux”、PalmPalm 的“Tynux”等，其产品主要应用于手持式设备、网络设备等领域。

1.2.4 常见的嵌入式操作系统

1. 嵌入式 Linux

Linux 是 UNIX 的一种克隆系统。它诞生于 1991 年的 10 月 5 日（这是第一次正式向外公布的时间）。此后借助于互联网，经过全世界各地计算机爱好者的共同努力，Linux 现已成为当今世界上使用最多的一种 UNIX 类操作系统，并且使用人数还在迅猛增长。

Linux 是目前流行的一款开放源码的操作系统，从 1991 年问世到现在，不仅在计算机平台，还在嵌入式应用中大放光彩，逐渐形成了与其他商业 EOS 抗衡的局面。目前正在开发的嵌入式系统中，70%以上的项目选择 Linux 作为嵌入式操作系统。

经过改造后的嵌入式 Linux 具有适合于嵌入式系统的特点，Linux 的界面如图 1-7 所示。

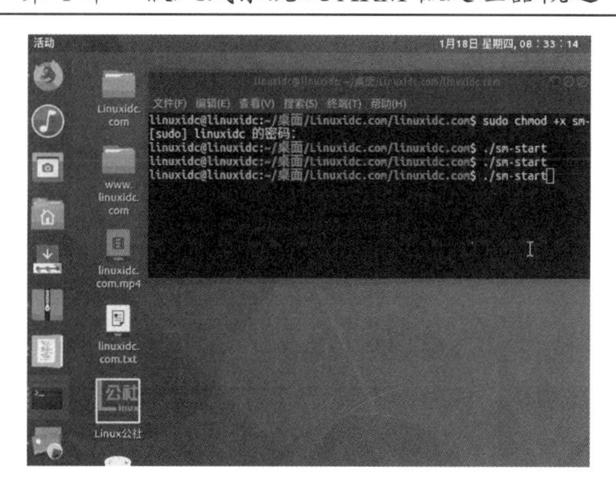

图 1-7 Linux 的界面

嵌入式 Linux 的特点如下。

（1）内核精简，高性能、稳定。

（2）良好的多任务支持。

（3）适用于不同的 CPU 体系架构：支持多种体系架构，如 x86、ARM、MIPS、ALPHA、SPARC 等。

（4）可伸缩的结构：可伸缩的结构使 Linux 适用于从简单到复杂的各种嵌入式应用。

（5）外设接口统一：以设备驱动程序的方式为应用提供统一的外设接口。

（6）开放源码，软件资源丰富，受到广泛的软件开发者的支持，价格低，结构灵活，适用面广。

（7）完整的技术文档，便于用户的二次开发。

μClinux 是一个完全符合 GNU/GPL 公约的操作系统，完全开放代码。μClinux 从 Linux 2.0/2.4 内核派生而来，沿袭了主流 Linux 的绝大部分特性。它专门针对没有内存管理单元（MMU）的 CPU，并且为嵌入式系统做了许多小型化的工作，适用于没有虚拟内存或 MMU 的处理器，如 ARM7TDMI。它通常用于具有很少内存或 Flash 的嵌入式系统。它保留了 Linux 的大部分优点：稳定、良好的移植性、优秀的网络功能、完备的对各种文件系统的支持，以及标准丰富的 API 等。

需要注意的是，Linux 2.6 版本已可以在没有 MMU 的处理器上运行。

2．Windows CE

Windows CE 是微软开发的一个开放的、可升级的 32 位嵌入式操作系统，是基于掌上型计算机类的电子设备操作系统，是精简的 Windows 95。Windows CE 的图形用户界面相当出色。Windows CE 具有模块化、结构化、基于 Windows 32 应用程序接口及与处理器无关等特点。Windows CE 不仅继承了传统的 Windows 图形界面，并且在 Windows CE 平台上可以使用 Windows 95/98 上的编程工具（如 Visual Basic、Visual C++等），使绝大多数的应用软件只需简单的修改和移植就可以在 Windows CE 平台上继续使用。

从多年前发布 Windows CE 开始，微软就开始涉足嵌入式操作系统领域，如今历经 Windows CE 2.0、Windows CE 3.0，新一代的 Windows CE 呼应微软.NET 的意愿，定名为“Windows CE.NET”。Windows CE 主要应用于 PDA，以及智能电话（Smart Phone）等多媒体网络产品。微软于 2004 年推出了代号为“Macallan”的新版 Windows CE 系列的操作系统。

Windows CE.NET 的目的是让不同语言编写的程序可以在不同的硬件上执行，也就是所谓的.NET Compact Framework，在 Framework 下的应用程序与硬件相互独立。而其核心本身是一个支持多线程及多 CPU 的操作系统。在工作调度方面，为了提高系统的实时性，主要设置了 256 级的工作优先级及可嵌入式中断处理。

如同在 PC Desktop 环境，Windows CE 系列在通信和网络的能力，以及多媒体方面极具优势，其提供的协议软件非常完整，如基本的 PPP、TCP/IP、IrDA、ARP、ICMP、Wireless Tunable TCP/IP、PPTP、SNMP、HTTP，几乎应有尽有，甚至还提供了保密与验证的加密通信，如 PCT/SSL。而在多媒体方面，目前在计算机上执行的 Windows Media 和 DirectX 都已经应用到 Windows CE 3.0 以上的平台。这些包括 Windows Media Technologies 4.1、Windows Media Player 6.4 Control、DirectDraw API、DirectSound API 和 DirectShow API，其主要功能就是对图形、影音进行编码译码，以及对多媒体信号进行处理。

3. μC/OS-Ⅱ

μC/OS-Ⅱ是 Jean J.Labrosse 编写的一个实时操作系统内核。名称 μC/OS-Ⅱ来源于术语 Micro-Controller Operating System（微控制器操作系统）。它通常也称为 MUCOS 或者 UCOS。严格地说，μC/OS-Ⅱ只是一个实时操作系统内核，它仅仅包含了任务调度、任务管理、时间管理、内存管理、任务间通信和同步等基本功能，没有提供 I/O 管理、文件管理、网络等额外的服务。但由于 μC/OS-Ⅱ良好的可扩展性和源码开放，这些功能完全可以由用户根据需要自己实现。μC/OS-Ⅱ的目标是实现一个基于优先级调度的抢占式实时内核，并在这个内核之上提供最基本的系统服务，如信号量、邮箱、消息队列、内存管理、中断管理等。虽然 μC/OS-Ⅱ并不是一个商业实时操作系统，但 μC/OS-Ⅱ的稳定性和实用性却被数百个商业级的应用验证，其应用领域包括便携式电话、运动控制卡、自动支付终端、交换机等。μC/OS-Ⅱ是一个源码公开、可移植、可固化、可裁剪、占先式的实时多任务操作系统，其绝大部分源码是用 ANSI C 编写的，只有与处理器的硬件相关的一部分代码用汇编语言编写，使其可以方便地移植并支持大多数类型的处理器。可以说，μC/OS-Ⅱ在最初设计时就考虑到了系统的可移植性，这一点和同样源码开放的 Linux 很不一样，后者在开始的时候只是用于 x86 体系结构，后来才将和硬件相关的代码单独提取出来。

目前 μC/OS-Ⅱ支持 ARM、PowerPC、MIPS、68k/Cold Fire 和 x86 等多种体系结构。

μC/OS-Ⅱ通过了联邦航空局（FAA）商用航行器认证。自问世以来，μC/OS-Ⅱ已经被应用到很多产品中。μC/OS-Ⅱ占用很少的系统资源，并且在高校教学使用时不需要申请许可证。

4. VxWorks

VxWorks 是美国 WIND RIVER 公司于 1983 年设计开发的一种嵌入式实时操作系统，是嵌入式开发环境的关键组成部分。VxWorks 因其良好的持续发展能力、高性能的内核及友好的用户开发环境，在嵌入式实时操作系统领域占据一席之地。它因良好的可靠性和卓越的实时性被广泛地应用于通信、军事、航空、航天等高精尖技术及实时性要求极高的领域中，如卫星通信、军事演习、弹道制导、飞机导航等，甚至在 1997 年 4 月登陆火星表面的火星探测器上也使用了 VxWorks。

5．eCos

eCos 是 RedHat 公司开发的源码开放的嵌入式 RTOS 产品，是一个可配置、可移植的嵌入式实时操作系统，设计的运行环境为 RedHat 公司的 GNUPro 和 GNU 开发环境。eCoS 的所有部分都开放源码，可以按照需要自由修改和添加。eCoS 的关键技术是操作系统可配置性，eCos 可配置组件框架，使得开发人员可选择那些能满足需求的组件，同时对其中一些组件进行配置，从而满足实现特定应用的需求，这意味着对于 eCos 中的一个组件来说，可以使用或者禁止它的某个特性，或者为它选择一种特定实现，使得 eCos 能有更广泛的应用范围。

6．μITRON

TRON 是指“实时操作系统内核（The Real-time Operatingsystem Nucleux)”。它是在 1984 年由东京大学的 Sakamura 博士提出的，目的是建立一个理想的计算机体系结构。通过工业界和大学院校的合作，TRON 方案被用到全新概念的计算机体系结构中。

μITRON 是 TRON 的子方案，具有标准的实时内核，适用于小规模的嵌入式系统，日本现有很多基于该内核的产品。目前 μITRON 已成为日本事实上的工业标准。

TRON 明确的设计目标使其甚至比 Linux 更适合嵌入式应用，内核小，启动速度快，即时性能好，也很适合汉字系统的开发。另外，TRON 的成功还源于以下两个重要的条件。

（1）它是免费的。

（2）它已经建立了开放的标准，形成了较完善的软件、硬件配套开发环境，较好地形成了产业化。

1.2.5　嵌入式常见术语

1．前后台系统

对基于芯片的开发来说，应用程序一般是一个无限的循环，可称为前后台系统或超循环系统。很多基于微处理器的产品采用前后台系统设计，如微波炉、电话机、玩具等。在另外一些基于微处理器应用中，从省电的角度出发，平时微处理器处于停机状态，所有事都靠中断服务来完成。前后台系统的结构框图如图 1-8 所示。

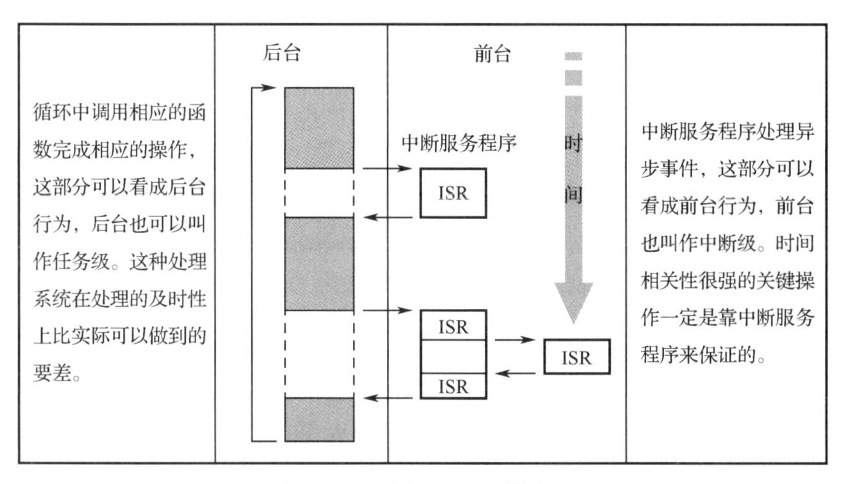

图 1-8　前后台系统的结构框图

2. 代码的临界区

代码的临界区（简称“临界区”）指处理时不可分割的代码，运行这些代码不允许被打断。一旦这部分代码开始执行，则不允许任何中断打入（这不是绝对的，如果中断不调用任何包含临界区的代码，也不会访问任何临界区使用的共享资源，这个中断可能会执行）。为确保临界区代码的执行，在进入临界区之前要关中断，而临界区代码执行完成以后要立即开中断。

3. 资源

程序运行时可使用的软件、硬件环境统称为资源。资源可以是 I/O 设备，如打印机、键盘、显示器。资源也可以是一个变量、一个结构或一个数组等。

4. 共享资源

可以被一个以上任务使用的资源叫作共享资源。为了防止数据被破坏，每个任务在与共享资源打交道时，必须独占该资源，这叫作互斥。

5. 任务

一个任务，也称作一个线程，是一个简单的程序，该程序可以认为 CPU 完全属于该程序自己。实时应用程序的设计过程包括如何把问题分割成多个任务，每个任务都是整个应用的某一部分，每个任务被赋予一定的优先级，有它自己的一套 CPU 寄存器和自己的栈空间，任务及共享资源联系图如图 1-9 所示。

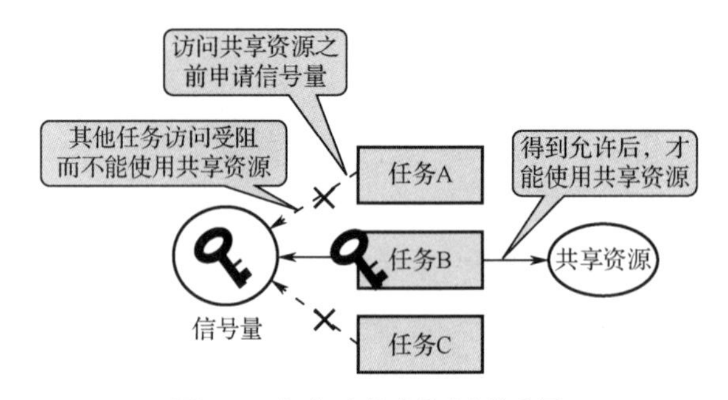

图 1-9 任务及共享资源联系图

6. 任务切换

当多任务内核决定运行另外的任务时，它保存正在运行任务的当前状态，即 CPU 寄存器中的全部内容。这些内容保存在任务的当前状态保存区，也就是任务自已的栈区之中。入栈工作完成以后，就把下一个将要运行的任务的当前状态从任务的栈中重新装入 CPU 寄存器，并开始下一个任务的运行，这个过程就称为任务切换。

这个过程增加了应用程序的额外负荷。CPU 的内部寄存器越多，额外负荷就越重。任务切换所需要的时间取决于 CPU 有多少寄存器要入栈。

7. 内核

多任务系统中，内核负责管理各个任务，或者说为每个任务分配 CPU 时间，并且负责任务之间的通信。内核提供的基本服务是任务切换。使用实时内核可以大大简化应用系统的设计，是因为实时内核允许将应用分成若干任务，由实时内核来管理它们。内核需要消耗一定的系统资源，如 2%～5%的 CPU 运行时间、RAM 和 ROM 等。内核提供必不可少的系统服务，如信号量、消息队列、延时等。

8. 调度

调度是内核的主要职责之一。调度就是决定该轮到哪个任务运行了。多数实时内核是基于优先级调度法的。每个任务根据其重要程序的不同被赋予一定的优先级。基于优先级调度法指 CPU 总是让处于就绪态的优先级最高的任务先运行。然而究竟何时让高优先级任务掌握 CPU 的使用权，有两种不同的情况，这要看用的是什么类型的内核，是非占先式内核还是占先式内核。

9. 非占先式内核

非占先式内核要求每个任务放弃 CPU 的使用权。非占先式调度法也称为合作型多任务，各个任务彼此合作共享一个 CPU。异步事件还是由中断服务来处理。中断服务可以使一个高优先级的任务由挂起状态变为就绪态。但中断服务以后控制权还是回到原来被中断了的那个任务，直到该任务主动放弃 CPU 的使用权，高优先级的任务才能获得 CPU 的使用权。

10. 占先式内核

当系统响应时间很重要时，要使用占先式内核。因此绝大多数商业上销售的实时内核都是占先式内核。最高优先级的任务一旦就绪，总能得到 CPU 的使用权。当一个运行着的任务使一个比它优先级高的任务进入了就绪态，当前任务的 CPU 的使用权就被剥夺了，或者说被挂起了，那个高优先级的任务立刻得到了 CPU 的使用权。如果是中断服务子程序使一个高优先级的任务进入就绪态，中断完成时，中断了的任务被挂起，优先级高的那个任务开始运行。

11. 任务优先级

任务优先级是表示任务被调度的优先程度。每个任务都具有优先级。任务越重要，赋予的优先级应越高，越容易被调度而进入运行态。

12. 中断

中断是一种硬件机制，用于通知 CPU 有异步事件发生了。中断一旦被识别，CPU 保存部分（或全部）上下文（部分或全部寄存器的值）跳转到专门的子程序，称为中断服务子程序（ISR）。不同系统的中断过程如图 1-10 所示，中断服务子程序进行事件处理，处理完成后，程序回到：

（1）在前后台系统中，程序回到后台程序；

（2）对非占先式内核而言，程序回到被中断了的任务；

（3）对占先式内核而言，让进入就绪态的优先级最高的任务开始运行。

13. 时钟节拍

时钟节拍是特定的周期性中断。这个中断可以看作系统心脏的脉动。中断之间的时间间隔取决于不同应用，一般为 10～200ms。时钟的节拍式中断使得内核可以将任务延时若干整数时钟节拍，以及当任务等待事件发生时，提供等待超时的依据。时钟节拍率越高，系统的额外开销就越大。

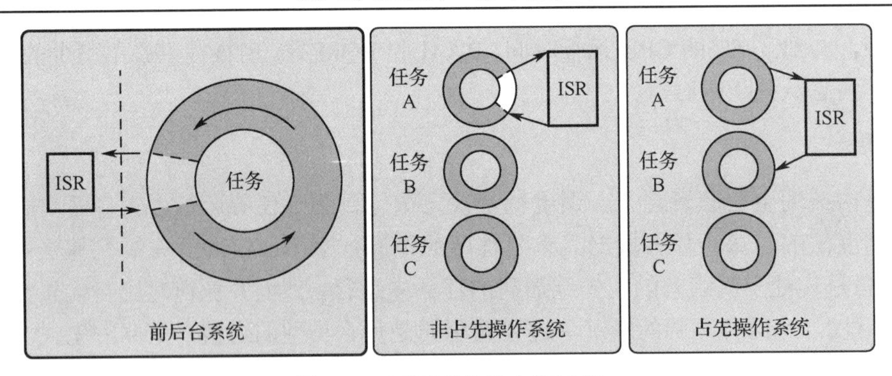

图 1-10　不同系统的中断过程

1.3　ARM 微处理器概述

1.3.1　ARM 描述

ARM（Advanced RISC Machines）是一家微处理器行业的知名企业，该企业设计了大量高性能、价廉、耗能低的 RISC （精简指令集计算机）处理器。

ARM 公司的特点是只设计芯片，不生产芯片。它将技术授权给世界上许多著名的半导体、软件和 OEM 厂商，并提供服务，ARM 公司产品属性如图 1-11 所示。

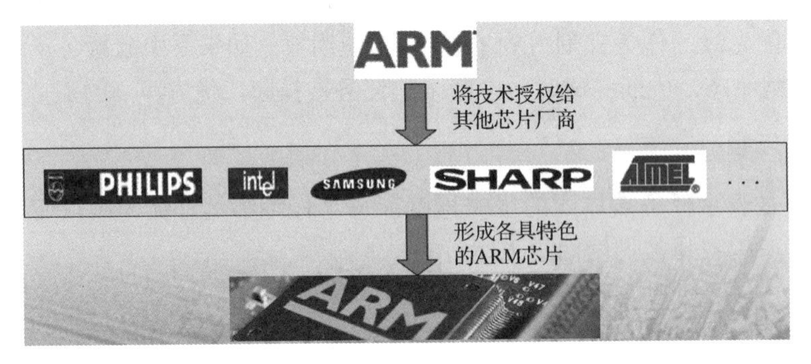

图 1-11　ARM 公司产品属性

ARM 既可以认为是一个公司的名字，也可以认为是对一类微处理器的通称，还可以认为是一种 CPU 的名称。

1991 年，ARM 公司成立于英国剑桥，主要出售芯片设计技术的授权。目前，采用 ARM 技术知识产权（IP）核的微处理器，即我们通常所说的 ARM 微处理器，已遍及工业控制、消费类电子产品、通信系统、网络系统、无线系统等各类产品市场，基于 ARM 技术的微处理器的应用约占据了 32 位 RISC 微处理器 75%以上的市场份额，ARM 技术正在逐步渗入我们生活的各个方面。

ARM 公司作为知识产权供应商，本身不直接从事芯片生产，靠转让设计许可由合作公司生产各具特色的芯片，世界各大半导体厂商从 ARM 公司购买其设计的 ARM 微处理器内核，根据各自不同的应用领域，加入适当的外围电路，从而形成自己的 ARM 微处理器芯片进入市场。目前，全世界有几十家大的半导体公司都使用 ARM 公司的授权，因此既使 ARM 技术获得更多的第三方工具、制造、软件的支持，又使整个系统成本降低，使产品更容易进入市场被消费者接受，更具有竞争力。

1.3.2　ARM 微处理器的应用领域及特点

1．ARM 微处理器的应用领域

到目前为止，ARM 微处理器及其技术的应用几乎已经深入各个领域。

（1）工业控制领域：基于 ARM 核的微控制器芯片不但占据了高端微控制器市场的大部分市场份额，同时逐渐向低端微控制器应用领域扩展，ARM 微控制器的低功耗、高性价比，向传统的 8 位/16 位微控制器提出了挑战。

（2）无线通信领域：目前已有超过 85%的无线通信设备采用了 ARM 技术，ARM 以其高性能和低成本，在该领域的地位日益巩固。

（3）网络应用：随着宽带技术的推广，采用 ARM 技术的 ADSL 芯片正逐步获得竞争优势。此外，ARM 在语音及视频处理上做了优化，并获得广泛支持，也对 DSP 的应用领域提出了挑战。（实际上还不如 DSP，就像单片机中内部集成了 AD/DA 一样，毕竟还是不如单独的 AD/DA 芯片）。

（4）消费类电子产品：ARM 技术在目前流行的数字音频播放器、数字机顶盒和游戏机中得到了广泛应用。

（5）成像和安全产品：现在流行的数码相机和打印机绝大部分采用 ARM 技术。手机中的 32 位 SIM 智能卡也采用 ARM 技术。

除此以外，ARM 微处理器及其技术还应用到许多不同的领域，并会在将来得到更加广泛的应用。

2．ARM 微处理器的特点

采用 RISC 架构的 ARM 微处理器一般具有如下特点。

（1）体积小、功耗低、成本低、性能高。

（2）支持 Thumb（16 位）/ARM（32 位）双指令集，能很好地兼容 8 位/16 位器件。

（3）大量使用寄存器，指令执行速度更快。

（4）大多数数据操作都在寄存器中完成。

（5）寻址方式灵活简单，执行效率高。

（6）指令长度固定（32 位或 16 位）。

1.3.3　ARM 微处理器系列

ARM 微处理器目前包括下面几个系列，以及其他厂商基于 ARM 体系结构的微处理器，除具有 ARM 体系结构的共同特点外，每一个系列的 ARM 微处理器都有各自的特点和应用领域。

（1）ARM7 系列。

（2）ARM9 系列。

（3）ARM9E 系列。

（4）ARM10E 系列。

（5）Secur Core 系列。

（6）Inter 的 Xscale。

（7）Inter 的 StrongARM。

（8）Cortex-R 系列针对实时系统设计，支持 ARM 指令集、Thumb 指令集和 Thumb-2 指令集。

（9）Cortex-M 系列（2008 年推出）。

其中，ARM7、ARM9、ARM9E 和 ARM10 为 4 个通用微处理器系列，每一个系列提供一套相对独特的性能来满足不同应用领域的需求。Secur Core 系列专门为安全要求较高的应用而设计。

下面详细了解一下各种微处理器的特点及应用领域。

1. ARM7 系列微处理器

ARM7 系列微处理器为低功耗的 32 位 RISC 微处理器，适合对功耗要求较高的应用。ARM7 系列微处理器具有如下特点。

（1）具有嵌入式 ICE-RT 逻辑，调试开发方便。

（2）极低的功耗，适合对功耗要求较高的应用，如便携式产品。

（3）能够提供 0.9MIPS/MHz 的三级流水线结构。

（4）代码密度高并兼容 16 位的 Thumb 指令集。

（5）对操作系统的支持广泛，包括 Windows CE、Linux 等。

（6）指令系统与 ARM9 系列、ARM9E 系列和 ARM10E 系列兼容，便于用户的产品升级换代。

（7）主频最高可达 130MIPS，高速的运算处理能力能胜任绝大多数的复杂应用。

ARM7 系列微处理器的主要应用领域有工业控制、互联网设备、网络和调制解调器设备、移动电话等多媒体和嵌入式应用。

2. ARM9 系列微处理器

ARM9 系列微处理器在高性能和低功耗特性方面提供最佳的性能。它具有如下特点。

（1）5 级整数流水线，指令执行效率更高。

（2）提供 1.1MIPS/MHz 的哈佛结构。

（3）支持 32 位 ARM 指令集和 16 位 Thumb 指令集。

（4）支持 32 位的高速 AMBA 总线接口。

（5）全性能的 MMU，支持 Windows CE、Linux、Palm OS 等主流嵌入式操作系统。

（6）支持实时操作系统。

（7）支持数据 Cache 和指令 Cache，具有更高的指令和数据处理能力。

ARM9 系列微处理器主要应用于无线设备、仪器仪表、安全系统、机顶盒、高端打印机、数字照相机和数字摄像机等。ARM9 系列微处理器包含 ARM920T、ARM922T 和 ARM940T 三种类型，以适用于不同的应用场合。

3. Cortex-A8

Cortex-A8 是一款基于 ARMv7 架构的应用微处理器。Cortex-A8 是 ARM 公司性能强劲的一款微处理器，主频为 600MHz～1GHz。Cortex-A8 可以满足各种移动设备的需求，其功耗低于 300mW，而性能却高达 2000MIPS。

Cortex-A8 是 ARM 公司第一款超级标量微处理器。在该微处理器的设计当中，采用了新的技术以提高代码效率和性能。Cortex-A 采用了专门针对多媒体和信号处理的 NEON 技术，同时还采用了 Jazelle RCT 技术，可以支持 Java 程序的预编译与实时编译。

针对 Cortex-A8，ARM 公司专门提供了新的函数库（Artisan Advantage-CE）。新的库函数可以有效地提高异常处理的速度并降低功耗。同时，新的库函数还提供了高级内存泄漏控制机制。

结构特性：Cortex-A8 采用了复杂的流水线结构。

（1）顺序执行、同步执行的超标量微处理器内核。

① 13 级主流水线。

② 10 级 NEON 多媒体流水线。

③ 专用的 L2 缓存。

④ 基于执行记录的跳转预判。

（2）针对强调功耗的应用，Cortex-A8 采用了一个优化的装载/存储流水线，可以提供 2 DMIPS/MHz 的性能。

（3）采用 ARMv7 架构。

① 支持 Thumb-2 指令集，提供了更高的性能，改善了功耗和代码效率。

② 支持 NEON 信号处理，增强了多媒体处理能力。

③ 采用了新的 Jazelle RCT 技术，增强了对 Java 的支持。

④ 采用了 TrustZone 技术，增强了安全性能。

（4）集成了 L2 缓存。

① 编译的时候，可以把缓存当作标准的 RAM 进行处理。

② 缓存大小可以灵活配置。

③ 缓存的访问延迟可以编程控制。

（5）优化的 L1 缓存。

可以提高存储访问速度，并降低功耗。

（6）动态跳转预判。

① 基于跳转目的和执行记录的预判。

② 提供高达 95%的准确性。

③ 提供重放机制以有效降低预判错误带来的性能损失。

4．Cortex-M3

Cortex-M3 是一个 32 位的核，在传统的单片机领域中，有一些不同于通用 32 位 CPU 应用的要求。举例说明，在工控领域，用户要求具有更快的中断速度，Cortex-M3 采用了 Tail-Chaining 中断技术，完全基于硬件进行中断处理，最多可减少 12 个时钟周期数，在实际应用中可减少 70%的中断。

嵌入式微控制器的另外一个特点是调试工具非常便宜，不像 ARM 的仿真器动辄几千上万。针对这个特点，Cortex-M3 采用了新型的单线调试（Single Wire）技术，专门用一个引脚来做调试，从而节约了大笔的调试工具费用。同时，Cortex-M3 还集成了大部分存储器控制器，这样工程师可以直接在嵌入式微控制器外连接 Flash，降低了设计难度和应用障碍。Cortex-M3 结合了多种突破性技术，使芯片供应商提供超低费用的芯片，仅 33 000 门的内核性能可达 1.2DMIPS/MHz。Cortex-M3 还集成了许多紧耦合系统外设，使系统能满足下一代产品的控制需求。

Cortex-M3 的优势应该在于低功耗、低成本、高性能三者的结合。关于编程模式，Cortex-M3 采用 ARMv7-M 架构，它包括所有的 16 位 Thumb 指令集和基本的 32 位 Thumb-2 指令集架构，Cortex-M3 不能执行 ARM 指令集。Thumb-2 指令集在 Thumb 指令集架构（ISA）上进行了大量的改进，它与 Thumb 指令集相比，具有更高的代码密度并提供 16 位/32 位指令的更高性能。

1.3.4 ARM 微处理器的结构

1. RISC 体系结构

传统的 CISC（Complex Instruction Set Computer，复杂指令集计算机）结构有其固有的缺点，即随着计算机技术的发展而不断引入新的复杂的指令集，为支持这些新增的指令，计算机的体系结构会越来越复杂，然而，在 CISC 指令集的各种指令中，其使用频率却相差悬殊，大约有 20%的指令会被反复使用，占整个程序代码的 80%。而余下的 80%的指令却不经常使用，在程序设计中只占 20%，显然，这种结构是不太合理的。

基于以上的不合理性，1979 年，美国加州大学伯克利分校提出了 RISC（Reduced Instruction Set Computer，精简指令集计算机）的概念，RISC 并非只是简单地减少指令，而是把着眼点放在了如何使计算机的结构更加简单合理地提高运算速度上。RISC 体系结构优先选取使用频率最高的简单指令，避免复杂指令；将指令长度固定，指令格式和寻址方式种类减少；以控制逻辑为主，不用或少用微码控制等措施来达到上述目的。到目前为止，RISC 体系结构也还没有严格的定义，一般认为，RISC 体系结构应具有如下特点。

（1）采用固定长度的指令格式，指令归整、简单、基本寻址方式有 2～3 种。

（2）使用单周期指令，便于流水线操作执行。

（3）大量使用寄存器，数据处理指令只对寄存器进行操作，只有加载/存储指令可以访问存储器，以提高指令的执行效率。除此以外，ARM 体系结构还采用了一些特别的技术，在保证高性能的前提下尽量缩小芯片的面积，并降低功耗。所有的指令都可根据前面的执行结果决定是否被执行（条件执行），从而提高指令的执行效率。

（4）可用加载/存储指令批量传输数据，以提高数据的传输效率。

（5）可在一条数据处理指令中同时完成逻辑处理和移位处理。

（6）在循环处理中使用地址的自动增减来提高运行效率。

当然，和 CISC 体系结构相比较，尽管 RISC 体系结构有上述的优点，但不能认为 RISC 体系结构就可以取代 CISC 体系结构，事实上，RISC 和 CISC 各有优势，而且界限并不那么明显。现代的 CPU 往往采用 CISC 的外围，内部加入了 RISC 的特性，如超长指令集 CPU 就是融合了 RISC 和 CISC 的优势，成为未来的 CPU 发展方向之一。

2. ARM 微处理器的寄存器结构

ARM 微处理器共有 37 个寄存器，被分为若干组（BANK），这些寄存器包括：

（1）31 个通用寄存器，包括程序计数器（PC），它们均为 32 位的寄存器。

（2）6 个状态寄存器，用以标识 CPU 的工作状态及程序的运行状态，它们均为 32 位的寄存器，目前只使用了其中的一部分。

同时，ARM 微处理器又有 7 种不同的处理器模式，在每一种处理器模式下均有一组相应的寄存器与之对应，即在任意一种处理器模式下，可访问的寄存器包括 15 个通用寄存器（R0～R14）（快中断模式除外）、1～2 个状态寄存器（CPSR、SPSR 用户模式和系统模式没有）和程序计数器。在所有的寄存器中，有些是在 7 种处理器模式下公用的同一个物理寄存器，而有些寄存器则是在不同的处理器模式下有不同的物理寄存器。关于 ARM 微处理器的寄存器结构，在后面的相关章节将会详细描述。

3．ARM 微处理器的指令结构

ARM 微处理器的在较新的体系结构中支持两种指令集：ARM 指令集和 Thumb 指令集。其中，ARM 指令的长度为 32 位，Thumb 指令的长度为 16 位。Thumb 指令集为 ARM 指令集的功能子集，但与等价的 ARM 代码相比较，可节省 30%以上的存储空间，同时具备 32 位代码的所有优点。

关于 ARM 微处理器的指令结构，在后面的相关章节将会详细描述。

1.3.5　ARM 微处理器的应用选型

鉴于 ARM 微处理器的众多优点，随着国内外嵌入式应用领域的逐步发展，ARM 微处理器必然会获得广泛的重视和应用。但是，由于 ARM 微处理器有多达十几种的内核结构，几十个芯片生产厂家，以及千变万化的内部功能配置组合，给开发人员在选择方案时带来一定的困难，所以，对 ARM 芯片做一些对比研究是十分必要的。

以下从应用的角度出发，对在选择 ARM 微处理器时所应考虑的主要问题做一些简要的探讨。从应用的角度出发，在选择 ARM 微处理器时所应考虑的主要问题有以下几个方面。

1．ARM 微处理器内核的选择

ARM 微处理器包含一系列的内核结构，以适应不同的应用领域，如果用户希望使用 Windows CE 或标准 Linux 等操作系统以减少软件开发时间，就需要选择 ARM720T 以上带有 MMU 功能的 ARM 芯片，如 ARM720T、ARM920T、ARM922T、ARM946T、Strong-ARM 都带有 MMU 功能。

2．系统的工作频率

系统的工作频率在很大程度上决定了 ARM 微处理器的处理能力。ARM7 系列微处理器的典型处理速度为 0.9MIPS，常见的 ARM7 芯片系统主时钟频率为 20MHz～133MHz，ARM9 系列微处理器的典型处理速度为 1.1MIPS/MHz，常见的 ARM9 芯片系统主时钟频率为 100MHz～233MHz，ARM10 芯片系统主时钟频率最高可以达到 700MHz。MIPS 含义：百万条指令/秒。

3．芯片内存储器的容量

大多数的 ARM 微处理器片内存储器的容量都不大，需要用户在设计系统时外扩存储器，

但也有部分芯片具有相对较大的片内存储空间。

4．片内外围电路的选择

除 ARM 微处理器内核外，几乎所有的 ARM 芯片均根据各自不同的应用领域，扩展了相关功能模块，并集成在芯片中，称为片内外围电路，如 USB 接口、I^2S 接口、LCD 控制器、键盘接口、RTC、ADC、DAC、DSP 协处理器等。

第2章　ARM 体系结构描述

Cortex-M3 系列微处理器包含了 Thumb 指令集。使用 Thumb 指令集先要使用 CODE16伪指令声明。编写 ARM 指令时，可使用 CODE32 伪指令声明。

我们使用的开发板 STM32F103RBT6 芯片内核属于 Cortex-M3 的版本，指令集版本属于 V7 版本。

2.1　ARM 体系结构特点

ARM 微处理器为 RISC 芯片，其简单的结构使 ARM 内核非常小，使器件的功耗也非常低。ARM 体系结构具有经典 RISC 的特点。

（1）大量的寄存器文件，可用于多种用途。

（2）装载/保存结构，数据处理操作只针对寄存器的内容，而不直接对存储器进行操作。

（3）寻址模式简单化。

（4）统一和固定长度的指令域，简化了指令的译码。

（5）每条数据处理指令都对算术逻辑单元（ALU）和移位器进行控制，以实现 ALU 和移位器的最大利用。

（6）地址自动增加和减少寻址模式，优化程序循环。

（7）多寄存器装载和存储指令，实现最大数据交互量。

（8）每条指令都有条件指令执行，确保代码执行速度。

2.2　各 ARM 体系结构版本

ARM 体系结构从最初开发到现在有了巨大的改进，并仍在完善和发展中。为了清楚地表达每个 ARM 应用实例所使用的指令集，ARM 公司定义了 7 种主要的 ARM 体系结构版本，以版本号 V1～V7 表示。

2.2.1　ARM 体系结构版本 V1

V1 版本的 ARM 体系结构只有 26 位的寻址空间，没有商业化，其特点如下。

（1）具有基本的数据处理指令（无乘法）。

（2）具有基于字节、字和半字加载/存储指令。

（3）具有转移指令，包括在子程序调用中使用的分支和链接指令。

（4）具有在操作系统调用中使用的软件中断指令。

2.2.2　ARM 体系结构版本 V2

V2 版本的 ARM 体系结构同样有 26 位的寻址空间，但现在已经废弃不再使用，它相对

V1 版本有以下改进。

（1）具有乘法和乘加指令。

（2）支持协处理器操作指令。

（3）快中断模式中有两个以上的分组寄存器。

（4）具有基本存储器与寄存器交互指令 SWP 和 SWPB。

2.2.3 ARM 体系结构版本 V3

V3 版本的 ARM 体系结构的寻址范围扩展到 32 位（目前也基本废弃），它具有独立的程序。

（1）增加了程序状态保存寄存器（SPSR）。

（2）增加了异常模式，使操作系统代码方便使用数据访问中止异常、指令预取中止异常和未定义指令异常。

（3）增加了 MRS/MSR 指令，以访问新增的 CPSR/SPSR。

（4）增加了从异常处理返回的指令功能。

2.2.4 ARM 体系结构版本 V4

V4 版本的 ARM 体系结构不再为了与以前的版本兼容而支持 26 位体系结构，并明确了哪些指令会引起未定义指令发生异常。它相对 V3 版本做了以下的改进。

（1）具有符号化和非符号化半字存/取指令。

（2）具有符号化字节存/取指令。

（3）具有可以转换到 Thumb 状态的指令。

（4）用户模式寄存器的新的特权处理器模式。

2.2.5 ARM 体系结构版本 V5

V5 版本的 ARM 体系结构在 V4 版本的基础上，对现在指令的定义进行了必要的修正，对 V4 版本的体系结构进行了扩展并增加了指令，具体如下。

（1）改进了 ARM/Thumb 状态之间的切换效率。

（2）允许非 T 变量和 T 变量一样，使用相同的代码生成技术。

（3）增加了计数前导零指令和软件断点指令。

（4）对乘法指令如何设置标志做了严格的定义。

2.2.6 ARM 体系结构版本 V6

V6 版本的 ARM 体系结构是在 2001 年发布的。它有以下基本特点。

（1）100%与以前的体系相容。

（2）SIMD 媒体扩展，使媒体处理速度快 1.75 倍。

（3）改进了存储器管理，使系统性能提高 30%。

（4）改进了混合端（Endian）与不对齐资料支援，使小端系统支援大端资料（如 TCP/IP），许多实时操作系统是小端的。

（5）为实时操作系统改进了中断响应时间，将最坏情况下的 35 个周期改进到了 11 个周期。

V6 版本的 ARM 体系结构的主要特点是增加了 SIMD 功能扩展，适用于电池供电的高性能的便携式设备。这些设备一方面需要处理器提供高性能，另一方面又需要功耗很低。SIMD 功能扩展为包括音频/视频处理在内的应用系统提供优化功能，可以使音频/视频处理性能提高 4 倍。V6 版本的 ARM 体系结构首先在 2002 年春季发布的 ARM11 微处理器中使用。

2.2.7　ARM 体系结构版本 V7

V7 版本的 ARM 体系结构是在 V6 版本的 ARM 体系结构的基础上诞生的。它采用了 Thumb-2 技术，它是在 ARM 的 Thumb 代码压缩技术的基础上发展起来的，并且保持了对现存 ARM 解决方案的完整的代码兼容性。Thumb-2 技术比纯 32 位代码少使用 31%的内存，减小了系统开销，同时能够提供比已有的基于 Thumb 技术的解决方案高出 38%的性能。它还采用了 NEON 技术，将 DSP 和媒体处理能力提高了近 4 倍，并支持改良的浮点运算，满足下一代 3D 图形、游戏物理应用及传统嵌入式控制应用的需求。此外，它还支持改良的运行环境，以迎合不断增加的 JIT（Just In Time）和 DAC（Dynamic Adaptive Compilation）技术的使用。

2.3　处理器模式

ARM 体系结构支持 7 种处理器模式，分别为用户模式、快中断模式、中断模式、管理模式、中止模式、未定义模式和系统模式。这样的好处是可以更好地支持操作系统并提高工作效率。ARM9TDMI 完全支持这 7 种处理器模式，如表 2-1 所示。

表 2-1　ARM 体系结构支持的 7 种处理器模式

处理器模式	说　明	备　注
用户模式	正常程序工作模式	不能直接切换到其他模式
系统模式	用于支持操作系统的特权任务等	与用户模式类似，但具有可以直接切换到其他模式等特权
快中断模式	用于支持高速数据传输及通道处理	FIQ 异常响应时进入此模式
中断模式	用于支持通用中断处理	IRQ 异常响应时进入此模式
管理模式	操作系统保护代码	系统复位和软件中断响应时进入此模式
中止模式	用于支持虚拟内存和存储器保护	取指令，数据越界
未定义模式	用于支持硬件协处理器的软件仿真	未定义指令异常响应时进入此模式

2.4　内部寄存器

寄存器的功能是存储二进制代码，它是由具有存储功能的触发器组合起来构成的。一个触发器可以存储 1 位二进制代码，故存放 n 位二进制代码的寄存器，需用 n 个触发器来构成。

移位寄存器中的数据可以在移位脉冲作用下依次逐位右移或左移，数据既可以并行输入、并行输出，也可以串行输入、串行输出，还可以并行输入、串行输出，或串行输入、并行输出，十分灵活，用途也很广。ARM 状态各模式下的寄存器如表 2-2 所示。

表 2-2　ARM 状态各模式下的寄存器

寄存器类别	寄存器在汇编中的名称	各模式下实际访问的寄存器						
		用户模式	系统模式	管理模式	中止模式	未定义模式	中断模式	快中断模式
通用寄存器和程序计数器（PC）	R0（a1）	R0						
	R1（a2）	R1						
	R2（a3）	R2						
	R3（a4）	R3						
	R4（v1）	R4						
	R5（v2）	R5						
	R6（v3）	R6						
	R7（v4）	R7						
	R8（v5）	R8						R8_fiq
	R9（SB、v6）	R9						R9_fiq
	R10（SL、v7）	R10						R10_fiq
	R11（FP、v8）	R11						R11_fiq
	R12（IP）	R12						R12_fiq
	R13（SP）	R13		R13_svc	R13_abt	R13_und	R13_irq	R13_fiq
	R14（LR）	R14		R14_svc	R14_abt	R14_und	R14_irq	R14_fiq
	R15（PC）	R15						R15_fiq
程序状态寄存器	CPSR	CPSR						
	SPSR	无		SPSR_abt	SPSR_abt	SPSR_und	SPSR_irq	SPSR_irq

ARM9TDMI 内核包含 1 个 CPSR 和 5 个供异常处理程序使用的 SPSR。CPSR 反映了当前处理器的状态，其包含：

（1）4 个条件代码标志：负（N）、零（Z）、进位（C）和溢出（V）；

（2）2 个中断禁止位，它们分别控制一种类型的中断。

（3）5 个对当前处理器模式进行编码的位。

（4）1 个用于指示当前执行指令（ARM 还是 Thumb）的位。

各标志位的含义如下。

（1）N：运算结果的最高位反映在该标志位上。对于有符号二进制补码，当结果为负数时，N=1；当结果为正数或零时，N=0。

（2）Z：当指令结果为 0 时，Z=1（通常表示比较结果“相等”），否则 Z=0。

（3）C：当进行加法运算（包括 CMN 指令），并且最高位产生进位时，C=1，否则 C=0。当进行减法运算（包括 CMP 指令），并且最高位产生借位时，C=0，否则 C=1。对于结合移位操作的非加法/减法指令，C 为从最高位最后移出的值，对于其他指令，C 通常不变。

（4）V：当进行加法/减法运算，并且发生有符号溢出时，V=1，否则 V=0。对于其他指令，V 通常不变。

CPSR 的最低 8 位为控制位，当发生异常时，这些位被硬件改变。当处理器处于一个特权模式时，可用软件操作这些位。它们分别是中断禁止位、T 位、模式位。

中断禁止位包括 I 和 F 位。

（1）当 I 位被置位时，IRQ 中断被禁止。

（2）当 F 位被置位时，FIQ 中断被禁止。

T 位反映了正在操作的状态。

（1）当 T 位被置位时，处理器正在 Thumb 状态下运行。

（2）当 T 位清零时，处理器正在 ARM 状态下运行。

模式位包括 M4、M3、M2、M1 和 M0，这些位的数值决定处理器的操作模式。

需要注意的是，不是所有模式位的组合都定义了有效的处理器模式，如果使用了错误的设置，将导致一个无法恢复的错误。CPSR 模式位设置如表 2-3 所示。

表 2-3　CPSR 模式位设置

M[4:0]	模式	可见的 Thumb 状态寄存器	可见的 ARM 状态寄存器
10000	用户模式	R0～R7、SP、LR、PC、CPSR	R0～R14、PC、CPSR
10001	快中断模式	R0～R7、SP_fiq、LR_fiq、CPSR、SPSR_fiq	R0～R7、R8_fiq~R14_fiq,PC、CPSR、SPSR_irq
10010	中断模式	R0～R7、SP_fiq、LR_fiq、CPSR、SPSR_fiq	R0～R12、R13_irq、R14_irq、PC、CPSR、SPSR_irq
10011	管理模式	R0～R7、SP_svc、LR_svc、PC、CPSR、SPSR_svc	R0～R12、R13_svc、R14_svc、PC、CPSR、SPSR_svc
10111	中止模式	R0~R7、SP_abt、LR_abt、PC、CPSR、SPSR_abt	R0～R12、R13_abt、R14_abt、PC、CPSR、SPSR_abt
11011	未定义模式	R0～R7、SP_und、LR_und、PC、CPSR、SPSR_und	R0～R12、R13_und、R14_und、PC、CPSR、SPSR_und
11111	系统模式	R0～R7、SP、LR、PC、CPSR	R0～R14、SP、LR、PC、CPSR

CPSR 中的保留位被保留在将来使用。为了提高程序的可移植性，当改变 CPSR 标志和控制位时，请不要改变这些保留位。另外，需确保程序的运行不受保留位的值影响，因为将来的处理器可能会将这些位设置为 1 或者 0。

2.5　处理器异常

只要正常的程序流被暂时中止，处理器就进入异常模式，如响应一个来自外设的中断。在处理异常之前，内核保存当前的处理器状态，这样当处理程序结束时可以恢复执行原来的程序。如果同时发生两个或更多异常，那么将按照固定的顺序来处理异常，详见“异常优先级”部分，异常入口/出口汇总表如表 2-4 所示。

表 2-4　异常入口/出口汇总表

异常类型	返回指令	之前的状态		备注
		ARM R14_x	Thumb R14_x	
BL（保留）	MOV PC,R14	PC+4	PC+2	此处 PC 为 BL，SWI 为定义的指令取指或预取指中止指令的地址
SWI	MOVS PC,R14_svc	PC+4	PC+2	
未定义指令	MOVS PC,R14_und	PC+4	PC+2	
预取指中止	SUBS PC,R14_abt,#4	PC+4	PC+4	

续表

异常类型	返回指令	之前的状态		备注
		ARM R14_x	Thumb R14_x	
FIQ	SUBS PC,R14_fiq,#4	PC+4	PC+4	此处为 PC 被 FIQ 或 IRQ 打断而未被执行的地址
IRQ	SUBS PC,R14_irq,#4	PC+4	PC+4	
数据中止	SUBS PC,R14_abt,#8	PC+8	PC+8	此处为 PC 命令执行被打断的地址
复位	无	—	—	复位时保存在 R14_svc 中的值不可预知

需要注意的是，“MOVS PC,R14_svc”指在管理模式执行“MOVS PC,R14”指令。“MOVS PC,R14_und”“SUBS PC,R14_abt,#4”等指令也是类似的。

1. 异常的入口和出口处理

如果异常处理程序已经把返回地址复制到堆栈，那么可以使用一条多寄存器传送指令来恢复用户寄存器并返回。

中断处理代码的开始部分和退出部分，中断处理开始与返回指令如图 2-1 所示。

在异常发生后，ARM9TDMI 内核会做以下工作。

（1）在适当的 LR 中保存下一条指令的地址，如果异常入口来自 ARM 状态，那么 ARM9TDMI 将当前指令地址加 4 或加 8（取决于异常的类型）复制到 LR 中；如果异常入口来自 Thumb 状态，那么 ARM9TDMI 将当前指令地址加 2、4 或加 8（取决于异常的类型）复制到 LR 中。异常处理器程序不必确定状态。

（2）将 CPSR 复制到适当的 SPSR 中。

（3）将 CPSR 模式位强制设置为与异常类型相对应的值。

（4）强制 PC 从相关的异常向量处取指。

ARM9TDMI 内核在中断异常时置位中断禁止标志，这样可以防止不受控制的异常嵌套。

需要注意的是，异常总是在 ARM 状态中进行处理的。当处理器处于 Thumb 状态时发生了异常，在异常向量地址装入 PC 时，会自动切换到 ARM 状态。中断返回特殊指令形式如图 2-2 所示。

```
SUB   LR,LR,#4        ;计算返回地址
STMFD   SP!,{R0-R3,LR}   ;保存使用到的寄存器
...
LDMFD   SP!,{R0-R3,PC} ^; 中断返回
```

图 2-1 中断处理开始与返回指令

注意：中断返回指令的寄存器列表(其中必须包括PC)后的“^”符号表示这是一条特殊形式的指令。这条指令在从存储器中装载PC的同时(PC是最后恢复的)，CPSR也得到恢复。这里使用的堆栈指针SP(R13)是属于异常模式的寄存器，每个异常模式有自己的堆栈指针。这个堆栈指针应必须在系统启动时初始化。

```
LDMFD SP!,{R0-R3,Pc},中断返回
```

图 2-2 中断返回特殊指令形式

2. 退出异常

当异常结束时，异常处理程序必须：

（1）将 LR 的值减去偏移量后存入 PC，偏移量根据异常的类型而有所不同；

（2）将 SPSR 的值复制回 CPSR；

（3）在入口置位的中断禁止标志清零。

需要注意的是，恢复 CPSR 的动作会将 T、F 和 I 位自动恢复为异常发生前的值。

程序在系统模式下运行用户程序，假定当前处理器状态为 Thumb 状态，允许 IRQ 中断；如果用户程序在运行时发生 IRQ 中断，硬件将完成以下动作。

（1）将 CPSR 的内容存入中断模式的 SPSR。

（2）置位 I 位（禁止 IRQ 中断）。

（3）清零 T 位（进入 ARM 状态）。

（4）设置 MOD 位，切换处理器模式至中断模式。

（5）将下一条指令的地址存入中断模式的 LR。

（6）将跳转地址存入 PC，实现跳转。

在异常处理结束后，异常处理程序将完成以下动作。

（1）将 SPSR 的值复制回 CPSR。

（2）将 LR 的值减去一个常量后复制到 PC，跳转到被中断的用户程序。

异常处理程序流程及退出异常流程分别如图 2-3、图 2-4 所示。

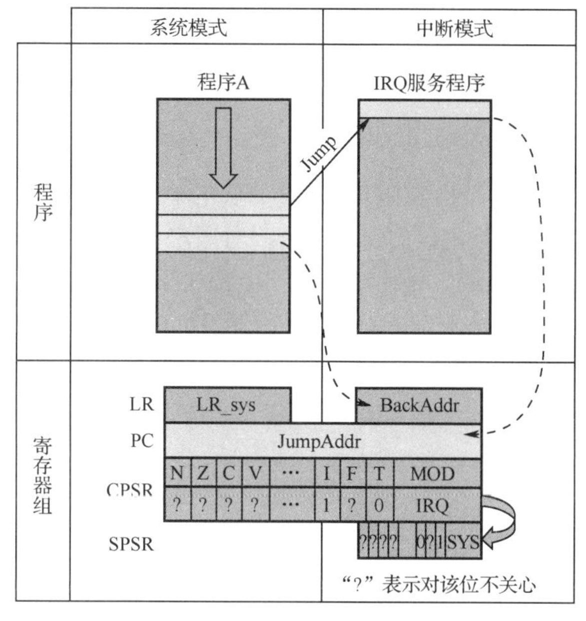

图 2-3　异常处理程序流程

3. 快速中断请求

快速中断请求（FIQ）适用于对一个突发事件的快速响应，这得益于在 ARM 状态中，快中断模式有 8 个专用的寄存器可用来满足寄存器保护的需要(这可以加速上下文切换的速度)。不管异常入口是来自 ARM 状态还是 Thumb 状态，FIQ 处理程序都会通过执行下面的指令从中断返回：

```
SUBS PC, R14_fiq, #4
```

在一个特权模式中，可以通过置位 CPSR 中的 F 位来禁止 FIQ 异常。

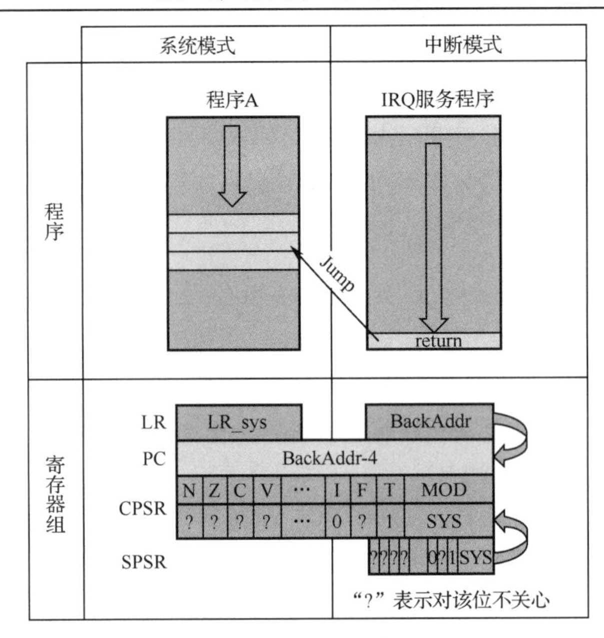

图 2-4 退出异常流程

4. 中断请求

中断请求（IRQ）异常是一个由 nIRQ 输入端的低电平产生的正常中断（在具体的芯片中，nIRQ 由片内外设拉低，nIRQ 是内核的一个信号，对用户不可见）。IRQ 的优先级低于 FIQ。对于 FIQ 序列，IRQ 是被屏蔽的。任何时候在一个特权模式下，都可通过置位 CPSR 中的 I 位来禁止 IRQ。不管异常入口是来自 ARM 状态还是 Thumb 状态，FIQ 处理程序都会通过执行下面的指令从中断返回：

```
SUBS PC, R14_fiq, #4
```

5. 中止

中止发生在对存储器的访问不能完成时，中止包含以下两种类型。

（1）预取指中止：发生在指令预取过程中。

（2）数据中止：发生在对数据访问时。

当发生预取指中止时，ARM9TDMI 内核将预取的指令标记为无效，但在指令到达流水线的执行阶段时才进入异常。如果指令在流水线中因为发生分支而没有被执行，中止将不会发生。在处理中止的原因之后，不管处于哪种处理器操作状态，中止处理程序都会执行下面的指令恢复 PC 和 CPSR，并重试被中止的指令：

```
SUBS PC, R14_fiq, #4
```

当发生数据中止时，ARM9TDMI 内核根据产生数据中止的指令类型做出不同的处理。

（1）数据转移指令（LDR、STR）回写到被修改的基址寄存器。中止处理程序必须注意这一点。

（2）交换指令（SWP）中止好像没有被执行过一样（中止必须发生在 SWP 指令进行读访问时）；块数据转移指令（LDM、STM）完成。当回写被设置时，基址寄存器被更新。在指示出现中止后，ARM9TDMI 内核防止所有寄存器被覆盖，这意味着 ARM9TDMI 内核总是会保护被中止的 LDM 指令中的 R15（总是最后一个被转移的寄存器）。

在修复产生中止的原因之后，不管处于哪种处理器操作状态，中止处理程序都会执行下面的返回指令：

```
SUBS PC, R14_fiq, #4
```

6. 软件中断指令

使用软件中断（SWI）指令可以进入管理模式，通常用于请求一个特定的管理函数。SWI 处理程序通过执行下面的指令返回：

```
MOVS PC, R14_svc
```

这个动作恢复了 PC 和 CPSR，并返回 SWI 之后的指令。SWI 处理程序读取操作码以提取 SWI 函数编号。

7. 未定义指令

当 ARM9TDMI 处理器遇到一条自己和系统内任何协处理器都无法处理的指令时，ARM9TDMI 内核执行未定义指令陷阱。软件可使用这一机制通过模拟未定义的协处理器指令来扩展 ARM 指令集。

需要注意的是，ARM9TDMI 处理器完全遵循 ARM 结构 V4T，可以捕获所有分类未被定义的指令位格式。在模拟处理了失败的指令后，陷阱程序执行下面的指令：

```
MOVS PC, R14_svc
```

这个动作恢复了 PC 和 CPSR，并返回未定义指令之后的指令。

8. 异常向量

表 2-5 所示为异常时类型、模式及状态表。

表 2-5　异常时类型、模式及状态表

地　　址	异 常 类 型	进入时的模式	进入时 I 的状态	进入时 F 的状态
0x0000 0000	复位	管理模式	禁止	禁止
0x0000 0004	未定义指令	未定义模式	I	F
0x0000 0008	SWI	管理模式	禁止	F
0x0000 000C	预取指中止	中止模式	I	F
0x0000 0010	数据中止	中止模式	I	F
0x0000 0014	保留	保留模式	—	—
0x0000 0018	IRQ	中断模式	禁止	F
0x0000 001C	FIQ	快中断模式	禁止	禁止

注：表中的 I 和 F 表示不对该位有影响，保留原来的值。

异常类型的优先级是当多个异常同时发生时，一个固定的优先级系统决定它们被处理的顺序，如图 2-5 所示。

异常类型	优先级	
复位	1（最高优先级）	优先级降低
数据中止	2	
FIQ	3	
IRQ	4	
预取指中止	5	
未定义指令	6	
SWI	7（最低优先级）	

图 2-5 异常类型的优先级

需要注意的是，未定义指令和 SWI 异常互斥。因为同一条指令不能既是未定义的，又能产生有效的软件中断；当 FIQ 使能，并且 FIQ 和数据中止异常同时发生时，ARM9TDMI 内核首先进入数据中止处理程序，然后立即跳转到 FIQ 向量。在 FIQ 处理结束后返回数据中止处理程序。数据中止的优先级必须高于 FIQ 以确保数据转移错误不会被漏过。

9. 中断延迟

最大中断延迟：当 FIQ 使能时，最坏情况是正在执行一条装载所有寄存器的指令“LDM”（它耗时最长），同时发生了 FIQ 和数据中止异常，在响应 FIQ 中断之前要先把正在执行的指令完成，然后进入数据中止异常，再马上跳转到 FIQ 异常入口，所以延迟时间包含：

（1）Tsyncmax，请求通过同步器的最长时间，为 2 个周期（由内核决定）。

（2）Tldm，最长指令执行需要的时间。Tldm 在零等待状态系统中的执行时间为 20 个周期。一般的基于 ARM7 的芯片的存储器系统比内核速度慢，造成其不是零等待的。

（3）Texc，数据中止入口的时间。Texc 为 3 个周期（由内核决定）。

（4）Tfiq，FIQ 入口的时间。Tfiq 为 2 个周期（由内核决定）。

FIQ 总的延迟时间=Tsyncmax +Tldm +Texc +Tfiq=27 个周期

在处理器时钟频率为 40MHz 时，最大延迟时间略少于 0.7μs。在此时间结束后，ARM9TDMI 内核执行位于 0x1C 处的指令。最大的 IRQ 延迟时间与之相似，但必须考虑到这样一种情况，当更高优先级的 FIQ 和 IRQ 同时申请时，IRQ 要延迟到 FIQ 处理程序允许 IRQ 中断时才处理（可能需要对中断控制器进行相应的操作）。IRQ 延迟时间也要相应增加。

最小中断延迟：FIQ 或 IRQ 的最小中断延迟是请求通过同步器的最短时间 Tsyncmin 加上 Tfiq（共 4 个周期）。

2.6 STM32 存储器组织

程序存储器、数据存储器、寄存器和 I/O 端口被组织在同一个 4GB 的线性地址空间内。数据字节以小端格式存放在存储器中。一个字的最低地址字节被认为是该字的最低有效字节，而最高地址字节是最高有效字节。外设寄存器的映像请参考相关章节。

可访问的存储器空间被分成 8 个主要块，每个块为 512MB。其他所有没有分配给片上存储器和外设的存储器空间都是保留的地址空间，参考相应器件的数据手册中的存储器映像图。

复位后从用户编程角度所看到的整个地址空间映射图如图 2-6 所示。

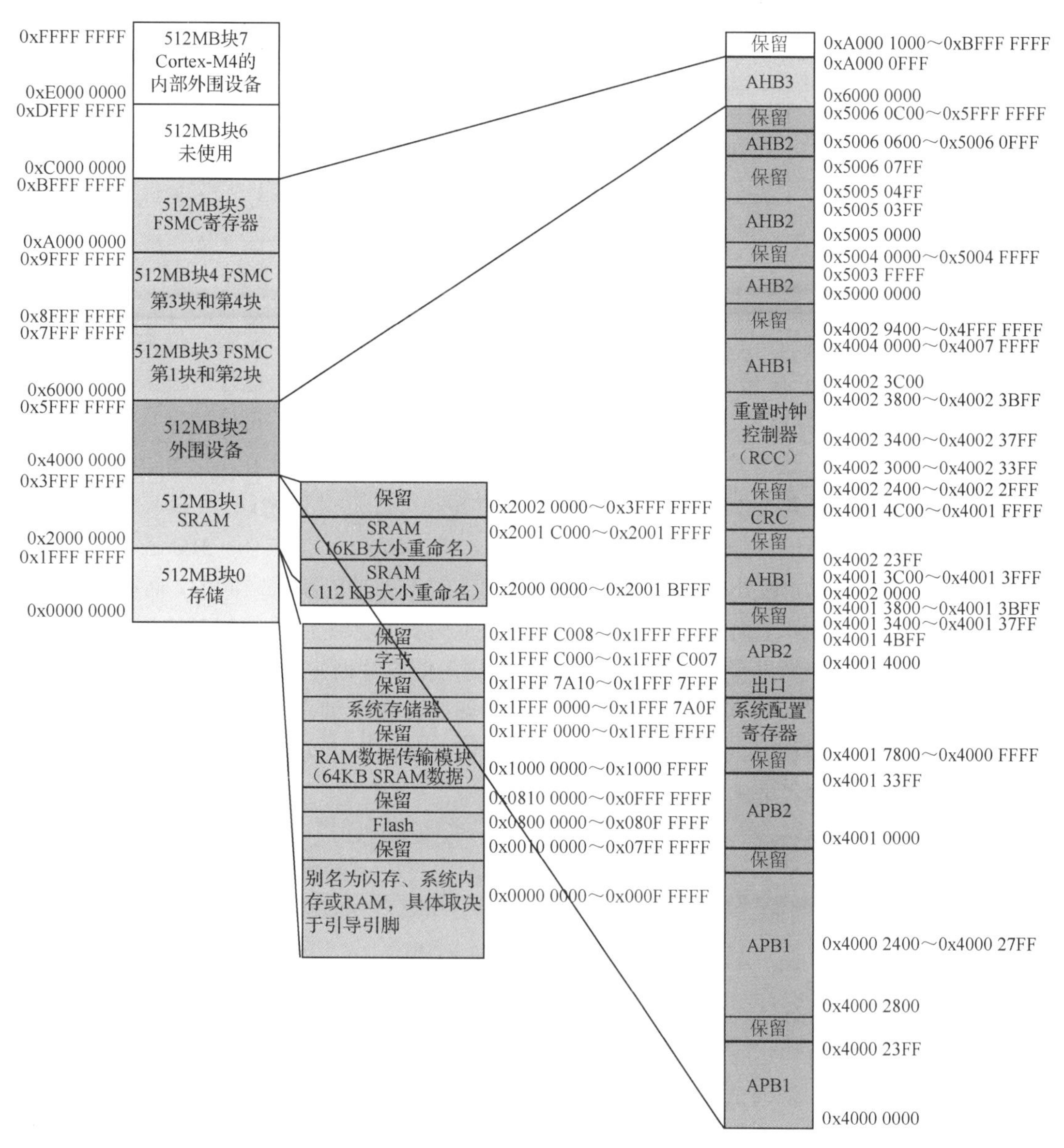

图 2-6　地址空间映射图

2.7　调试接口

ARM9TDMI 处理器的高级调试特性使应用程序、操作系统和硬件的开发变得更加容易。JTAG 的接口是一种特殊的 4/5 个引脚接口连到芯片上，所以在电路板上的很多芯片可以将它们的 JTAG 引脚通过 Daisy Chain 的方式连在一起，并且 Probe 只需连接到一个“JTAG 端口”就可以访问一块电路板上的所有 IC，如图 2-7 所示，这些引脚是：①TDI（测试数据输入）引脚；②TDO（测试数据输出）引脚；③TCK（测试时钟）引脚；④TMS（测试模式选择）引脚；⑤TRST（测试复位）引脚（可选）。

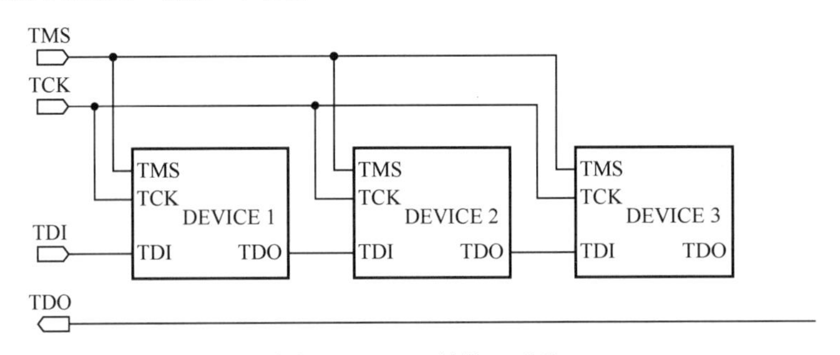

图 2-7 JTAG 的接口引脚

因为只有一条数据线，通信协议有必要像其他串行设备接口，如 SPI 一样为串行传输。时钟由 TCK 引脚输入。配置是通过 TMS 引脚采用状态机的形式一次操作一位来实现的。每位数据在每个 TCK 时钟脉冲下分别由 TDI 和 TDO 引脚传入或传出。可以通过加载不同的命令模式来读取芯片的标识对输入引脚进行采样，进而驱动输入引脚对芯片命令进行传达和操纵，或者旁路（将 TDI 与 TDO 引脚连通以在逻辑上短接多个芯片的链路）。TCK 引脚的工作频率依芯片的不同而不同，但其通常工作在 10MHz～100MHz（每位 10～100ns）。当在集成电路中进行边界扫描时，被处理的信号是在同一块 IC 的不同功能模块之间的，而不是不同 IC 之间的。Embedded ICE-RT 模块如图 2-8 所示。TRST 引脚是一个可选的相对待测逻辑低电平有效的复位开关，通常是异步的，但有时也是同步的，依芯片而定。若 TRST 引脚没有定义，则待测逻辑可由同步时钟输入复位指令复位。尽管如此，极少消费类产品提供外部的 JTAG 端口接口，但作为开发样品的残留，这些接口在印制电路板上十分常见。在研发后，这些接口常常为反向工程提供了非常良好的途径。

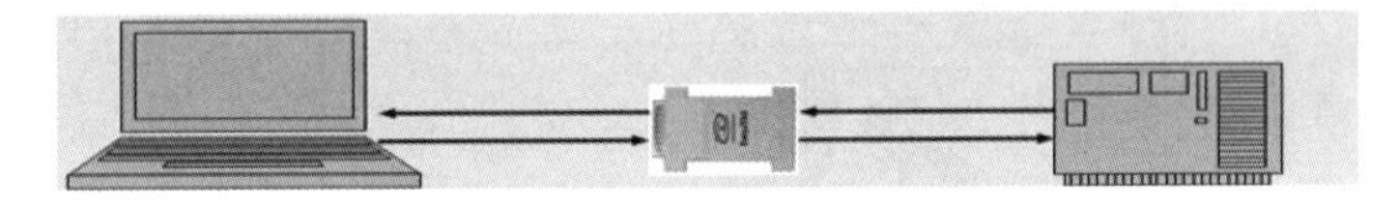

图 2-8 Embedded ICE-RT 模块

图 2-8 中，从左到右依次代表调试主机、协议转换器、调试目标。

（1）调试主机：一台运行调试软件的计算机。

（2）协议转换器：将调试主机发出的高级命令转换到处理器 JTAG 接口的低级命令。

（3）调试目标：具体的硬件目标板。

第3章　Cortex-M3 微控制器

3.1　STM32 概述

STM32 系列 Cortex-M3 微控制器用于处理要求高度集成和低功耗的嵌入式应用。ARM Cortex-M3 是下一代新生内核，可提供系统增强型特性，如现代化调试特性和支持更高级别的块集成。

STM32 系列 Cortex-M3 微控制器的操作频率可达 72MHz。ARM Cortex-M3 处理器具有 3 级流水线和哈佛结构，带独立的本地指令和数据总线，以及用于外设的稍微低性能的第 3 条总线。ARM Cortex-M3 处理器还包含 1 个支持随机跳转的内部预取指单元。

STM32 系列 Cortex-M3 微控制器的外设组件包含高达 512KB 的 Flash 存储器、64KB 的数据存储器、以太网 MAC、USB 主机/从机/OTG 接口、8 通道的通用 DMA 控制器、4 个 UART、2 条 CAN 通道、2 个 SSP 控制器、SPI 接口、3 个 I^2C 接口、2-输入和 2-输出的 I^2S 接口、8 通道的 12 位 ADC、10 位 DAC、电机控制 PWM、正交编码器接口、4 个通用定时器、6-输出的通用 PWM、带独立电池供电的超低功耗 RTC 和多达 70 个的通用 I/O 引脚。

3.2　Cortex-M3 微控制器特性

3.2.1　ARM Cortex-M3 处理器

ARM Cortex-M3 是一个 32 位处理器内核。内部的数据路径是 32 位的，寄存器是 32 位的，存储器接口也是 32 位的。ARM Cortex-M3 处理器采用了哈佛结构，拥有独立的指令总线和数据总线，可以让取指与数据访问并行不悖。这样一来数据访问不再占用指令总线，从而提升了性能。为实现这个特性，ARM Cortex-M3 处理器内部含有好几条总线，每条都为自己的应用场合优化过，并且它们可以并行工作。但是另一方面，指令总线和数据总线共享同一个存储器空间（一个统一的存储器系统）。

ARM Cortex-M3 处理器可在高至 72MHz 的频率下运行，并包含一个支持 8 个区的存储器保护单元（MPU）。

3.2.2　NVIC

ARM Cortex-M3 处理器内置了嵌套的向量中断控制器（NVIC）。

NVIC 依照优先级处理所有支持的异常，所有异常在“处理器模式”下处理。NVIC 结构支持 32（IRQ[31:0]）个离散中断，每个中断可以支持 4 级离散中断优先级。所有的中断和大多数系统异常可以配置为不同优先级。当中断发生时，NVIC 将比较新中断与当前中断的优先级，如果新中断优先级高，则立即处理新中断。当接受任何中断时，中断服务程序（ISR）的开始地址可从内存的向量表中取得。不需要确定哪个中断被响应，也不需要软件分配相关ISR的开始地址。当获取中断入口地址时，NVIC 将自动保存处理状态到栈中，包括 PC、PSR、LR、R0～R3、R12 等寄存器的值。在 ISR 结束时，NVIC 将从栈中恢复相关寄存器的值进行正常操作，因此需花费少量且确定的时间处理中断请求。NVIC 支持末尾连锁“Tail Chaining”，有效处理背对背中断“back-to-back interrupts”，无须保存和恢复当前状态，减少在切换当前 ISR 时的延迟时间。NVIC 还支持迟到“Late Arrival”，提高同时发生的 ISR 的效率。当较高优先级中断请求发生在当前 ISR 开始执行之前（保持处理器状态和获取起始地址阶段），NVIC 将立即处理更高优先级的中断，从而提高实时性。

3.2.3 片上 Flash 程序存储器

Cortex-M3 微控制器具有在系统编程（ISP）和在应用编程（IAP）功能的 128KB 片上 Flash 程序存储器。将增强型的 Flash 存储加速器和 Flash 存储器在 CPU 本地代码/数据总线上的位置进行整合，则 Flash 可提供高性能的代码。

3.2.4 20KB 片内 SRAM

20KB SRAM 可供高性能 CPU 通过本地代码/数据总线访问。

20KB 的内置 SRAM 可以通过 CPU 利用零等待周期访问（读/写），带独立访问路径，可进行更高吞量的操作。这些 SRAM 模块可用于以太网、USB、DMA 存储器，以及通用指令和数据存储。

3.2.5 通用 DMA 控制器

多层 AHB 矩阵的具有 8 通道的通用 DMA 控制器，它可结合 SSP、I^2S、UART、模/数和数/模转换器外设、定时器匹配信号和 GPIO 使用，并可用于存储器到存储器的传输。

3.2.6 多层 AHB 矩阵

多层 AHB 矩阵的内部连接为每个 AHB 主机提供独立的总线。AHB 主机包括 CPU、通用 DMA 控制器、以太网 MAC 和 USB 接口。这个内部连接特性提供无仲裁延迟的通信，除非两个主机尝试同时访问同一个从机。

3.2.7 串行接口

（1）以太网 MAC 带 RMII 接口和相关的 DMA 控制器。

（2）USB2.0 全速从机/主机/OTG 控制器，带用于从机、主机功能的片内 PHY 和相关的 DMA 控制器。

（3）4 个 UART，带小数波特率发生功能、内部 FIFO、DMA 支持和 RS-485 支持。1 个 UART 带 modem 控制 I/O 并支持 RS-485/EIA-485，全部的 UART 都支持 IrDA。

（4）CAN 控制器，带 2 个通道。

（5）SPI 控制器，具有同步、串行、全双工通信和可编程的数据长度。

（6）2 个 SSP 控制器，带 FIFO，可按多种协议进行通信。其中一个可选择用于 SPI，并且和 SPI 共用中断。SSP 接口可以与 GPDMA 控制器一起使用。

（7）3 个增强型的 I^2C 总线接口，其中 1 个具有开漏输出功能，支持整个 I^2C 规范和数据速率为 1Mbit/s 的快速模式，另外 2 个具有标准的端口引脚。增强型特性包括多个地址识别功能和监控模式。

（8）I^2S（Inter-IC Sound）接口，用于数字音频的输入/输出，具有小数速率控制功能。I^2S 接口可与 GPDMA 一起使用。I^2S 接口支持 3-线的数据发送和接收或 4-线的组合发送和接收连接，以及主机时钟的输入/输出。

3.2.8　其他外设

（1）通用 I/O（GPIO）带可配置的上拉/下拉电阻。AHB 总线上的所有 GPIO 可进行快速访问，支持新的、可配置的开漏操作模式；GPIO 位于存储器中，支持 Cortex-M3 位带宽并且由通用 DMA 控制器使用。

（2）12 位模/数转换器（ADC），可实现多路输入，转换频率高达 1MHz，并具有多个结果寄存器。12 位 ADC 可与 DMA 控制器一起使用。

（3）中等容量的 STM32F103xx 增强型系列产品，包含 1 个高级控制定时器、3 个通用定时器、2 个看门狗定时器和 1 个系统滴答定时器。

（4）实时时钟（RTC）带独立的电源域。RTC 由专用的 RTC 振荡器驱动。RTC 模块包括 20 字节的由电池供电的备用寄存器，当芯片的其他部分掉电时允许系统状态存储在该寄存器中。电池电源可由标准的 3V 锂电池供电。当电池电压掉至 3.1V 的低电压时，RTC 仍将会继续工作。RTC 中断可将 CPU 从任何低功率模式中唤醒。

（5）看门狗定时器（WDT），该定时器的时钟源可在内部 RC 振荡器、RTC 振荡器或 APB 时钟三者间进行选择。

（6）ARM Cortex-M3 系统节拍定时器，包括外部时钟输入选项。

（7）重复性的中断定时器，提供可编程和重复定时的中断。

3.2.9　JTAG

标准 JTAG 作为测试/调试接口，以及串行线调试和串行线跟踪端口选项。ARM Cortex-M3 处理器内部信息如表 3-1 所示。

表 3-1　ARM Cortex-M3 处理器内部信息

<table>
<tr><td colspan="2">外　设</td><td>STM32F103Tx</td><td colspan="2">STM32F103Cx</td><td colspan="2">STM32F103Rx</td><td colspan="2">STM32F103Vx</td></tr>
<tr><td colspan="2">内存（KB）</td><td>64</td><td>64</td><td>128</td><td>64</td><td>128</td><td>64</td><td>128</td></tr>
<tr><td colspan="2">SRAM（B）</td><td>20</td><td>20</td><td>20</td><td colspan="2">20</td><td colspan="2">20</td></tr>
<tr><td rowspan="2">定时器</td><td>通用定时器</td><td colspan="7">3 个（TIM2、TIM3、TIM4）</td></tr>
<tr><td>高级控制定时器</td><td colspan="7">1 个（TIM1）</td></tr>
<tr><td rowspan="5">通信接口</td><td>SPI</td><td>1 个（SPI1）</td><td colspan="6">2 个（SPI1、SPI2）</td></tr>
<tr><td>I^2C</td><td>1 个（I^2C）</td><td colspan="6">2 个（I^2C1、I^2C2）</td></tr>
<tr><td>USART</td><td>2 个（USART1、USART2）</td><td colspan="6">3 个（USART1、USART2、USART3）</td></tr>
<tr><td>USB</td><td colspan="7">1 个（USB2.0 全速）</td></tr>
<tr><td>CAN</td><td colspan="7">1 个（2.0B 主动）</td></tr>
</table>

续表

外　　设	STM32F103Tx	STM32F103Cx	STM32F103Rx	STM32F103Vx
GPIO	26	37	51	80
12 位 ADC 模块（通道数）	2（10）	2（10）	2（16）	2（16）
CPU 频率	72MHz			
工作电压	2.0～3.6V			
工作温度	环境温度：-40～85℃/-40～105℃ 结温度：-40～125℃			
封装形式	VFQFPN36	LQFP48	LQFP64 TFBGA64	LQFP100 LFBGA100

3.3　STM32 系列内部结构方框图

如图 3-1 所示，STM32 系列内部结构连接总线主要有：

1. 4 个主动单元

ARM Cortex-M3 内核的 ICode 总线（I-Bus）、DCode 总线（D-Bus）、系统总线（S-Bus）、DMA（DMA1、DMA2、以太网 DMA）。

2. 4 个被动单元

内部 SRAM、内部闪存、FSMC、AHB 到 APB 桥。

3. ICode 总线

将 ARM Cortex-M3 内核的指令总线与 Flash 指令接口相连，用于指令预取。

4. DCode 总线

将 ARM Cortex-M3 内核的数据总线与 Flash 数据接口相连，用于常量加载和调试。

5. 系统总线

将 ARM Cortex-M3 内核的系统总线与总线矩阵相连，协调内核与 DMA 访问。

6. DMA 总线

将 DMA 的 AHB 主控接口与总线矩阵相连，协调 CPU 的 DCode 总线和 DMA 到 SRAM、闪存、外设的访问。

7. 总线矩阵

协调 ARM Cortex-M3 内核的系统总线和 DMA 主控总线间的访问仲裁，仲裁采用轮换算法，包含 DCode 总线、系统总线、DMA1 和 DMA2 总线、被动单元。

8. AHB 到 APB 桥

两个 AHB/APB 桥在 AHB 和两条 APB 总线间提供同步连接。APB1 频率限于 36MHz，APB2 频率最高为 72MHz。

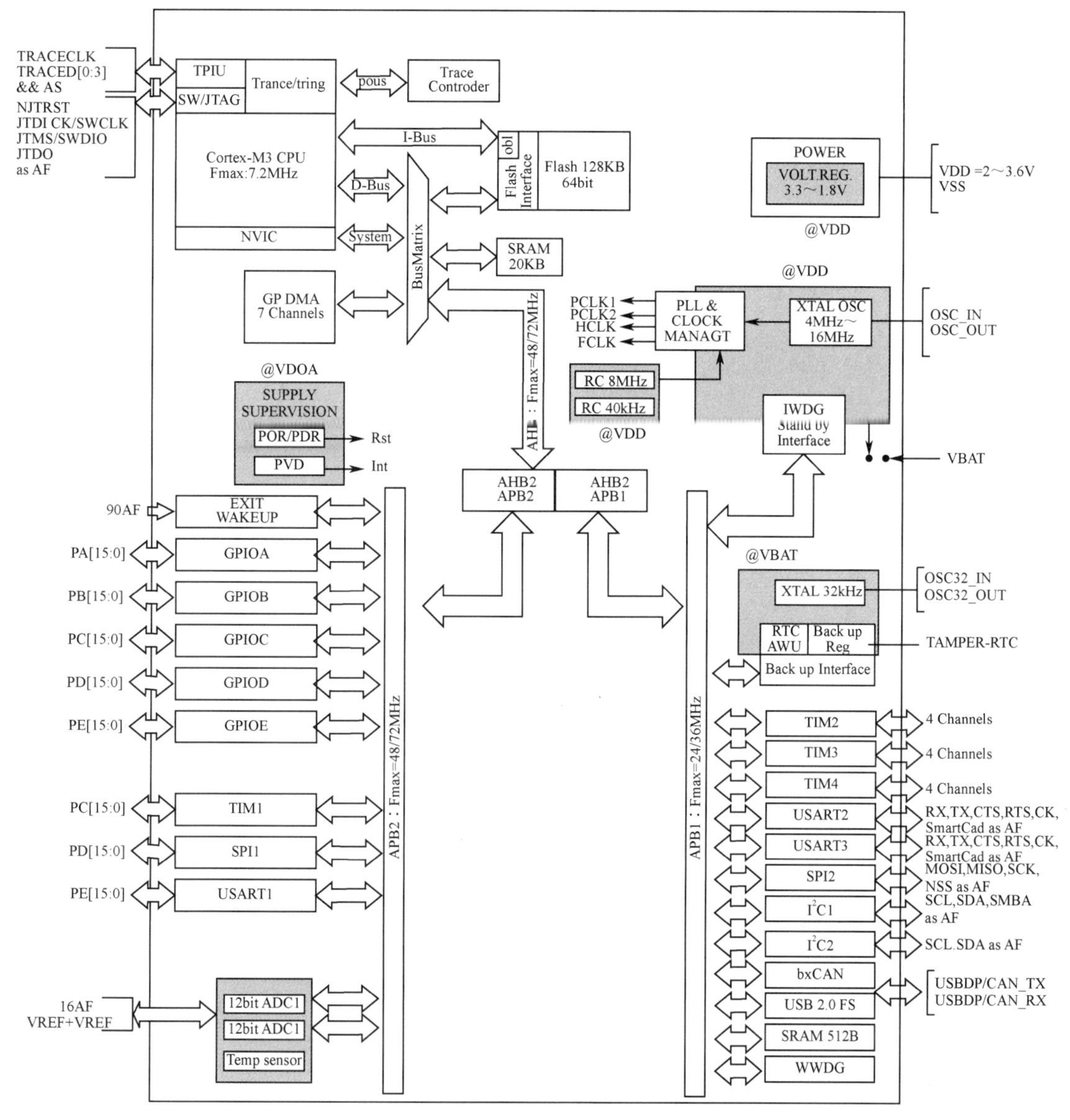

图 3-1　STM32 系列内部结构图

3.4　外围硬件介绍

3.4.1　STM32F103RBT6 硬件电路图

1．STM32F103RBT6 释义

（1）STM32：STM32 代表 ARM Cortex-M3 内核的 32 位微控制器。

（2）F：F 代表芯片子系列。

（3）103：103 代表增强型系列。

（4）R：R 这一项代表引脚数，其中 T 代表 36 脚，C 代表 48 脚，R 代表 64 脚，V 代表

100 脚，Z 代表 144 脚。

（5）B：B 这一项代表内嵌 Flash 容量，其中 6 代表 32KB Flash，8 代表 64KB Flash，B 代表 128KB Flash，C 代表 256KB Flash，D 代表 384KB Flash，E 代表 512KB Flash。

（6）T：T 这一项代表封装，其中 H 代表 BGA 封装，T 代表 LQFP 封装，U 代表 VFQFPN 封装。

（7）最后的数字是温度范围。

2. STM32F103RBT6 引脚

参看图 3-2 中各引脚标注的功能。

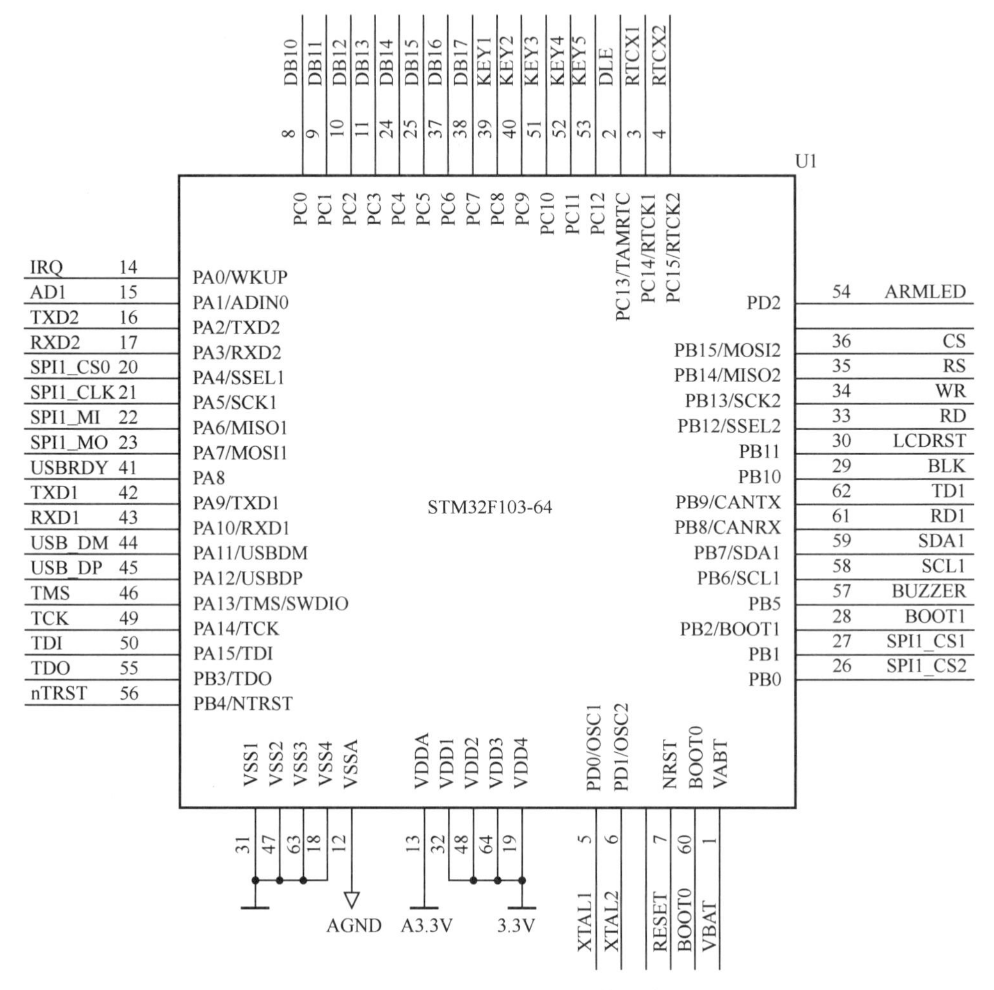

图 3-2 STM32F103RBT6 硬件电路图

3. STM32F103RBT6 功能

STM32F103RBT6 中密度性能微控制器融合了高性能 ARM Cortex-M3 32bit RISC 内核，运行频率为 72MHz，高速内嵌内存（闪存高达 128KB 和 SRAM 高达 20KB），一系列强化并可广泛使用的 I/O 接口及外设连接至 2 条 APB 总线。此设备包含 2 个 12bit ADC、3 个 16bit 通用定时器、1 个 PWM 定时器，以及标准和高级通信接口：2 个 I^2C 和 2 个 SPI、3 个 USART，

1 个 USB 和 1 个 CAN。

此外 STM32F103RBT6 还具备以下功能。

（1）72MHz 最大频率，零等待状态存储器访问时，性能为 1.25DMIPS/MHz（Dhrystone 2.1）。

（2）单周期乘法和硬件部分。

（3）20KB SRAM。

（4）时钟、复位和电源管理。

（5）2～3.6V 应用电源和输入/输出。

（6）POR、PDR 和可编程电压检测器（PVD）。

（7）4～16MHz 晶体振荡器。

（8）内部 8MHz 工厂微调 RC 振荡器。

（9）内部 40kHz RC 振荡器。

（10）锁相环，用于 CPU 时钟。

（11）32kHz 振荡器用于实时时钟，带校准功能。

（12）睡眠、停止和待机模式。

（13）VBAT 为实时时钟和备份寄存器供电。

（14）2×12bit、1μs ADC，高达 16 通道。

（15）转换范围为 0～3.6V。

（16）双路采样和保持能力。

（17）温度传感器。

（18）7 通道 DMA 控制器。

该芯片可广泛应用于自动化与过程控制、时钟与计时、消费电子产品、嵌入式设计与开发、工业、电机驱动与控制、多媒体、便携式器材等领域。

3.4.2　电源电路

图 3-3 所示的电源电路经由 SW1 开关传送 5V 电压，经过稳压滤波后，由 SPX1117-3.3V 芯片实现电压变换，输出电压为 3.3V。

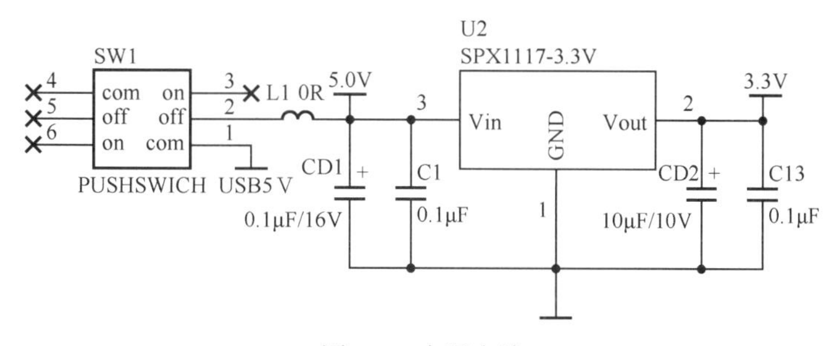

图 3-3　电源电路

3.4.3　晶振电路

晶振电路提供 12MHz 与 32MHz 的时钟频率，提供非常高的初始精度和较低的温度系数，且功耗很小。晶振电路如图 3-4 所示。

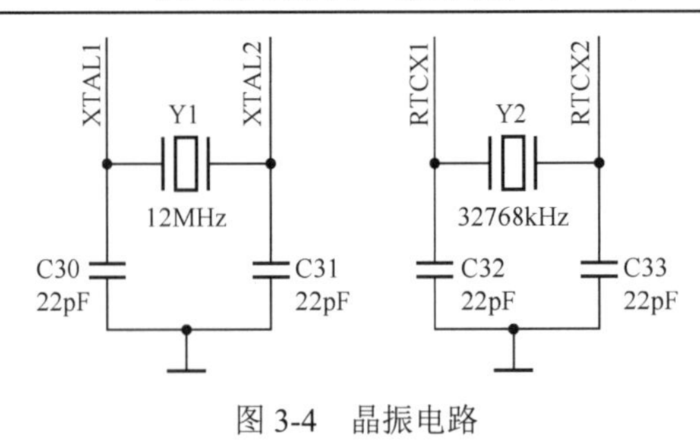

图 3-4 晶振电路

3.4.4 复位电路

图 3-5 所示的电路通过 RST 复位键实现电路复位，低电平有效。

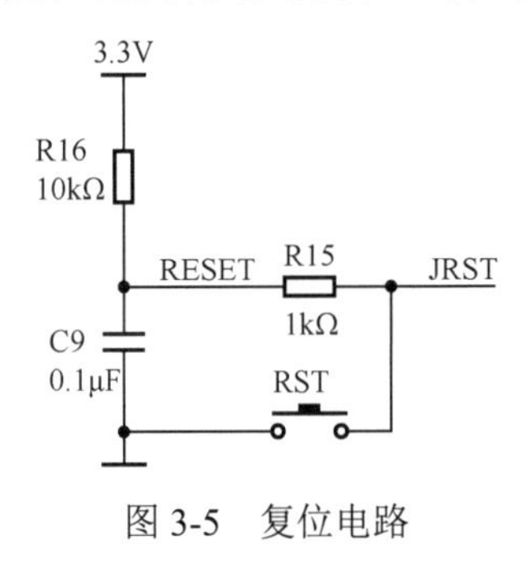

图 3-5 复位电路

3.4.5 LCD 显示接口电路

LCD 显示接口电路如图 3-6 所示。常用的 TFTLCD，即薄膜晶体管液晶显示器与无源 TN-LCD、STN-LCD 的简单矩阵不同，在液晶显示器的每一个像素上都设置一个薄膜晶体管（TFT），可有效地克服非选通时的串扰，使液晶显示器的静态特性与扫描线数无关，因此大大提高了图像质量。

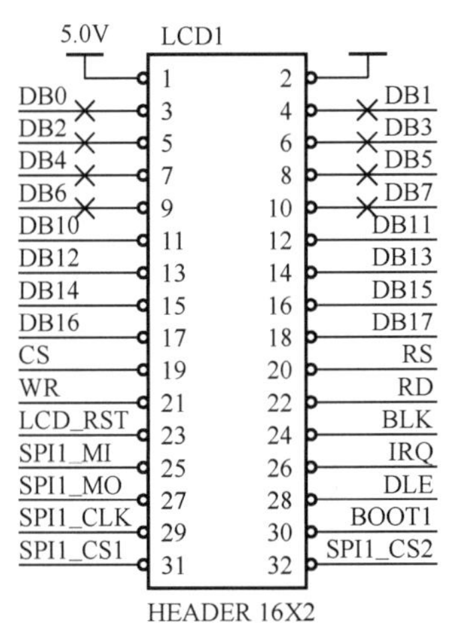

图 3-6 LCD 显示接口电路

TFTLCD 具有亮度好、对比度高、层次感强、颜色鲜艳等特点，是目前最主流的液晶显示器之一，广泛应用于电视、手机、计算机、平板电脑等电子产品。

3.4.6　独立按键电路

独立按键电路实现独立按键 KEY1、KEY2、KEY3、KEY4、KEY5 的功能。独立按键电路如图 3-7 所示。

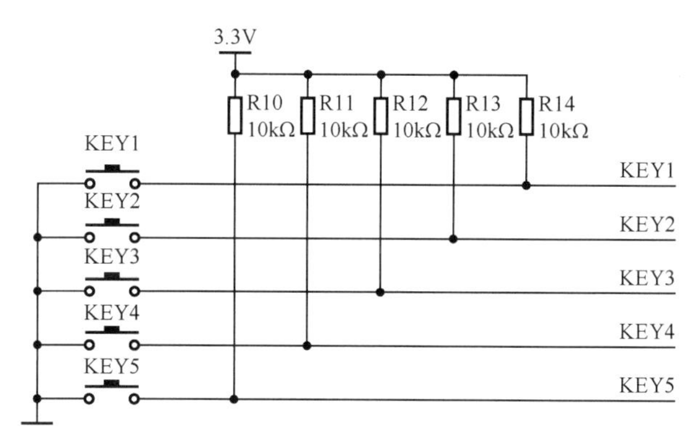

图 3-7　独立按键电路

3.4.7　串口电路

图 3-8 所示的电路通过 SP3232EEN 芯片实现串口通信功能。

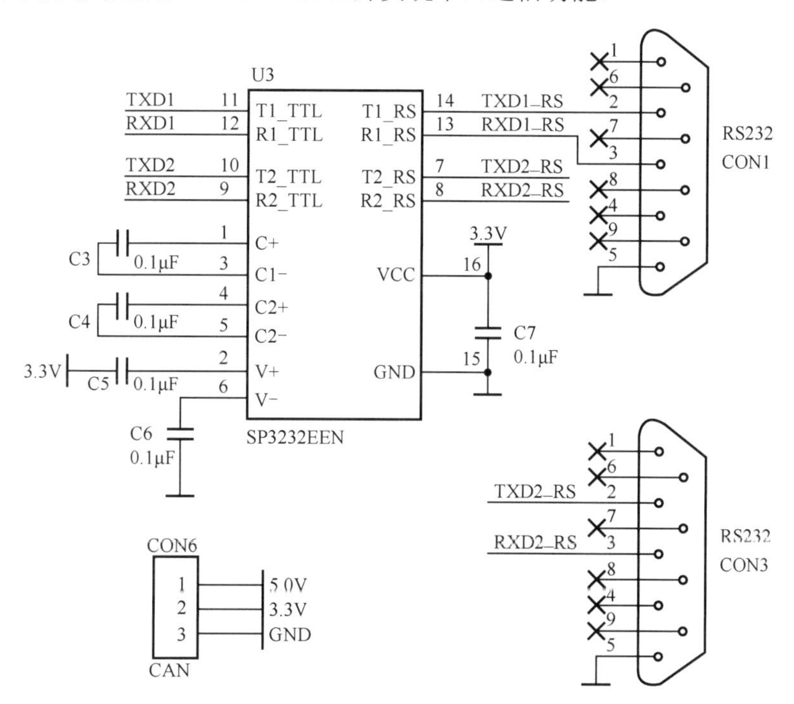

图 3-8　串口电路

3.4.8　蜂鸣器电路

图 3-9 所示的电路实现蜂鸣功能，高电平有效，三极管 VT5 处于饱和状态。

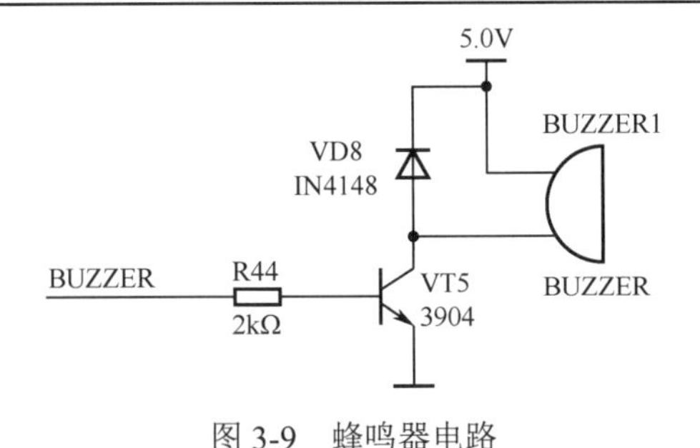

图 3-9 蜂鸣器电路

3.4.9 RTC 供电电路

VCCRTC 有两路来源，一路为 VCCS-3.3V，这个电源来自主电源，同时可供网卡使用；另一路为电池 VBAT 电源，作为备用电源。图 3-10 所示的电路主要利用二极管单向导电特性，当未接电源线时，VCCS-3.3V 这一路没电，VBAT 使二极管导通，提供 VCCRTC。当接上电源线时，VCCS-3.3V 产生，电压一般为 3.3V，而 VBAT 电压一般小于 3.2V，因此，VCCS-3.3V 提供 VCCRTC。

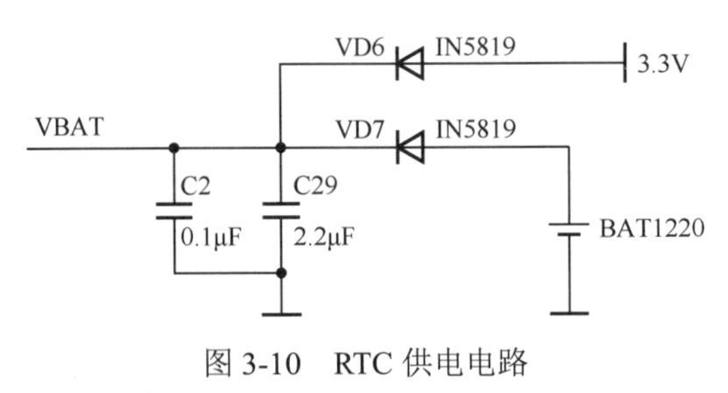

图 3-10 RTC 供电电路

3.4.10 JTAG 调试电路

JTAG 是一种国际标准测试协议，主要用于芯片内部测试。现在多数的高级器件都支持 JTAG，如 ARM、DSP、FPGA 等器件。标准的 JTAG 接口是 4 线的，TMS、TCK、TDI、TDO 分别为模式选择线、时钟线、数据输入线和数据输出线。JTAG 调试电路如图 3-11 所示。

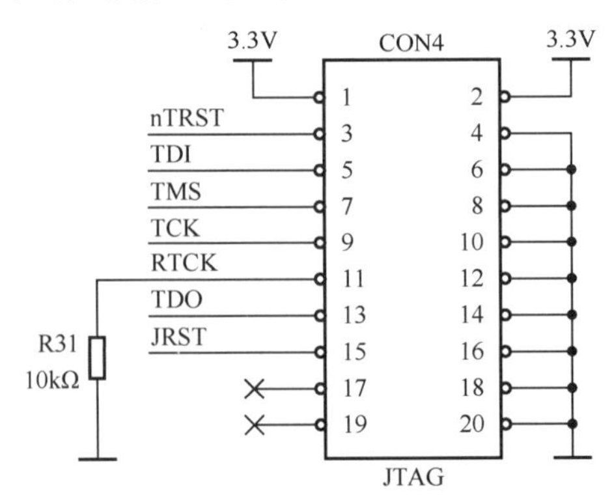

图 3-11 JTAG 调试电路

JTAG 最初是用来对芯片进行测试的，基本原理是在器件内部定义一个 TAP（Test Access Port，测试访问端口），通过专用的 JTAG 测试工具对内部节点进行测试。JTAG 测试允许多个器件通过 JTAG 接口串联在一起，形成一个 JTAG 链，能实现对各个器件分别测试。现在，JTAG 接口还常用于实现在系统编程（In-System Programmable，ISP），对 Flash 等器件进行编程。

JTAG 编程方式是在系统编程，在传统生产流程中，先对芯片进行预编程实现烧录到板上，简化的流程为先固定器件到电路板上，再用 JTAG 编程，从而大大加快工程进度。JTAG 接口可对 PSD 芯片内部的所有部件进行编程。

3.4.11　AT24C02 硬件电路

AT24C02 存储芯片可长期存储信息，可上百万次以上重新擦写，是一个 2Kbit 串行 CMOS EEPROM，内部含有 256 个 8 位字节，先进的 CMOS 技术大大降低了器件的功耗。AT24C02 存储芯片有一个 16B 页写缓冲器。该器件通过 I^2C总线接口进行操作，有一个专门的写保护功能。AT24C02 硬件电路和引脚功能分别如图 3-12 和表 3-2 所示。

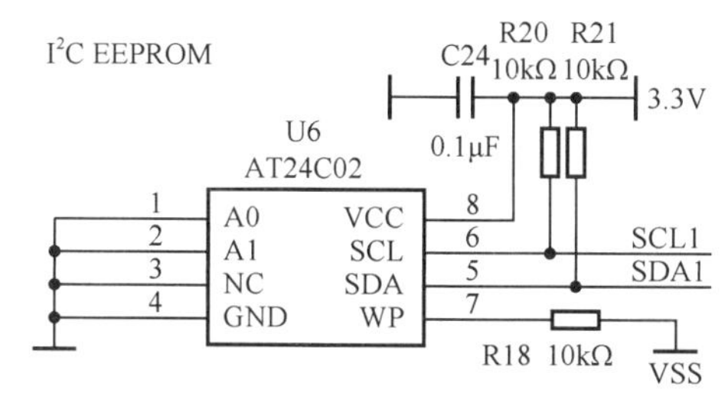

图 3-12　AT24C02 硬件电路

表 3-2　AT24C02 引脚功能

引 脚 名 称	功　　能
A0 A1	器件地址选择
SDA	串行数据/地址
SCL	串行时钟
WP	写保护
VCC	1.8～6.0V 工作电压
GND	地

3.4.12　SPI Flash 通信电路

SPI（Serial Peripheral Interface，串行外设接口）作为一种高速的全双工同步通信总线，在芯片引脚上占用四根线，能够节约引脚，方便电路制版布局。

AT26DF161 芯片是一款串行接口的 Flash 存储器件。为方便运行，程序代码需要从 Flash 存储器件中映射到内置或外接的 RAM 中。

AT26DF161 的擦除架构极具灵活性，其擦除细度可小至 4KB，这让 AT26DF161 成为数据存储的理想选择，并且无须额外的 EEPROM 器件。

AT26DF161 的物理扇区和擦除区域大小都得到了优化，以满足代码和数据存储应用的需要。通过优化物理扇区和擦除区域大小，AT26DF161 的存储空间可被更有效地利用。由于某些代码模块和数据存储区必须存放在各自受保护的扇区内，物理扇区和擦除区域过大的 Flash 存储器件将出现存储空间被浪费或闲置的问题。而对于 AT26DF161 来说，这些问题被极大地减少，存储效率也得到了提高。也就是说，在保持相同的总器件密度的条件下，AT26DF161 允许添加额外的代码例程和数据存储区。SPI Flash 通信电路如图 3-13 所示。

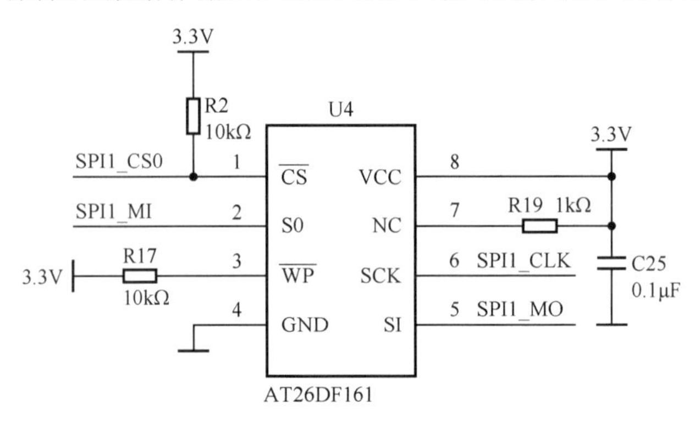

图 3-13 SPI Flash 通信电路

AT26DF161 还提供了先进的方法来保护单独的扇区，防止错误或恶意的编程和擦除操作。由于具有对扇区分别保护的能力，系统可对某个具体的扇区取消保护以便修改其内容，而同时保持存储器阵列其余的扇区处于受保护状态。这对以下的应用非常有用：子程序或模块基础需要打补丁或升级程序代码；程序代码的数据存储区需要在无风险的情况下进行修改。除了扇区分别保护，AT26DF161 还整合了全局保护和全局取消功能，允许整个存储器一次性完成整体保护或者整体取消保护的动作。在初始编程之前，扇区不必一个个地取消保护，因此降低了生产过程的开销。

AT26DF161 专门设计用于 3V 系统，工作在 2.7～3.6V 的电压范围内，支持读取、编程和擦除操作，在编程和擦除时，无须单独供压。

3.4.13 A/D（D/A）转换电路

A/D（D/A）转换电路实现模/数（数/模）转换，一般均可通过 A/D（D/A）芯片来实现。

AD 公司生产的各种模/数转换器（ADC）和数/模转换器（DAC）（统称数据转换器）一直保持市场领先地位。下面介绍几种 A/D 及 D/A芯片，结构包括了高速、高精度的数据转换器和目前流行的微转换器系统（MicroConvertersTM）。A/D 采样电路如图 3-14 所示。

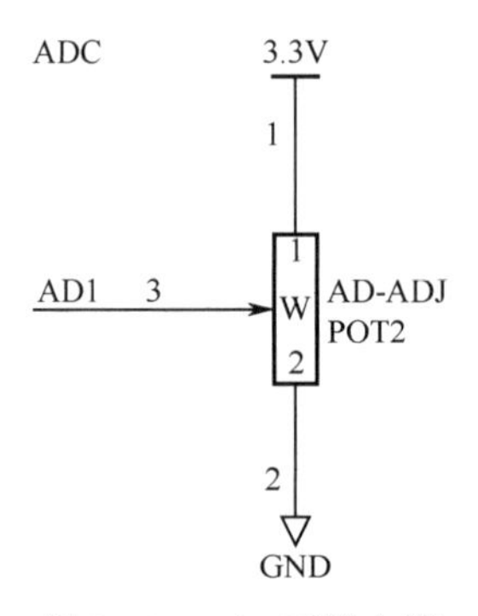

图 3-14 A/D 采样电路

（1）带信号调理、1mW 功耗、双通道 16 位 ADC：AD7705。AD7705 是 AD 公司出品的适用于低频测量仪器的 ADC。它能将从传感器接收到的很弱的输入模拟信号直接转换成串行数字信号并输出，而无须接外部仪表放大器。采用 Σ-Δ 的 ADC 可实现 16 位无误码的良好性能，片内可编程放大器可设置输入信号增益。通过片内控制寄存器调整内部数字滤波器的关闭时间和更新速率，可设置数字滤波器的第一个凹口。在+3V 电源和 1MHz 主时钟时，AD7705 功耗仅为 1mW。AD7705 是基于微控制器、数字信号处理器（DSP）系统的理想电路，能够进一步节省成本、缩小体积、减小系统的复杂性，应用于微控制器、数字信号处理系统、手持式仪器、分布式数据采集系统。

（2）3V/5V CMOS 信号调节 ADC：AD7714。AD7714 是一个完整的用于低频测量应用场合的模拟前端，用于直接从传感器接收小信号并输出串行数字量。它使用 Σ-Δ 转换技术实现高达 24 位精度的代码而不会丢失。输入信号加至位于模拟调制器前端的专用可编程增益放大器。调制器的输出经片内数字滤波器进行处理。数字滤波器的第一次陷波通过片内控制寄存器来编程，此寄存器可以调节滤波的截止时间和建立时间。AD7714 有 3 个差分模拟输入（也可以是 5 个伪差分模拟输入）和 1 个差分基准输入。因此，AD7714 能够为含有多达 5 个通道的系统进行所有的信号调节和转换。AD7714 很适合灵敏的基于微控制器或数字信号处理器的系统，它的串行接口可进行 3 线操作，通过串行端口可用软件设置增益、信号极性和通道选择。AD7714 具有自校准、系统和背景校准选择，也允许用户读/写片内校准寄存器。CMOS 结构保证了很低的功耗，省电模式使待机功耗减至 15μW（典型值）。

（3）微功耗 8 通道 12 位 ADC：AD7888。AD7888 是高速、低功耗的 12 位 ADC，单电源工作，电压范围为 2.7～5.25V，转换速率高达 125kbit/s，输入跟踪-保持信号宽度最小为 500ns，采用单端采样方式。AD7888 包含 8 个单端模拟输入通道，每个通道的模拟输入范围均为 0～VREF。该器件转换满功率信号可至 3MHz。AD7888 具有片内 2.5V 电压基准，可用于 ADC 的基准源，引脚 REF in/REF out 允许用户使用这一基准，也可以反过来驱动这一引脚，向 AD7888 提供外部基准，外部基准的电压范围为 1.2～VDD（单位：V）。CMOS 结构确保正常工作时的功率消耗为 2mW（典型值），省电模式下为 3μW。

（4）微功耗、满幅度电压输出、12 位 DAC：AD5320。AD5320 是单片 12 位电压输出 DAC，单电源工作，电压范围为 2.7～5.5V。片内高精度输出放大器提供满幅度电压输出，AD5320 利用一个 3 线串行接口，时钟频率可高达 30MHz，能与标准的 SPI、QSPI、MICROWIRE 和 DSP 接口标准兼容。AD5320 的基准来自电源输入端，因此提供了最宽的动态输出范围。该器件含有一个上电复位电路，保证 DAC 的输出电压稳定在 0V，直到接收到一个有效的写输入信号。该器件具有省电功能以降低器件的电流损耗，5V 时典型值为 200nA，在省电模式下，提供软件可选输出负载，通过串行接口的控制，可以进入省电模式。正常工作时的低功耗性能，使该器件很适合手持式电池供电的设备，5V 时功耗为 0.7mW，省电模式时功耗为 1μW。

（5）24 位智能数据转换系统 MicroConvertersTM：ADuC824。ADuC824 是 MicroConvertersTM 系列的最新成员，是 AD 公司率先推出的带闪烁电可擦可编程存储器（Flash/EEPROM）的 Σ-Δ 转换器。它的独特之处在于将高性能数据转换器、程序和数据闪烁存储器及 8 位微控制器集中在一起。当需要满足工业、仪器仪表和智能传感器接口应用要求选择高精度数据转换器时，ADuC824 是一种完整的高精度数据采集片上系统。

3.4.14 USB 接口电路

USB 外设要求具备以下特点：①符合 USB2.0 全速设备的技术规范；②可配置 1～8 个 USB 端点；③CRC（循环冗余校验）生成/校验，反向不归零（NRZI）编码/解码和位填充；④支持同步传输；⑤支持批量/同步端点的双缓冲区机制；⑥支持 USB 挂起/恢复操作；⑦帧锁定时钟脉冲生成。USB 接口电路如图 3-15 所示。

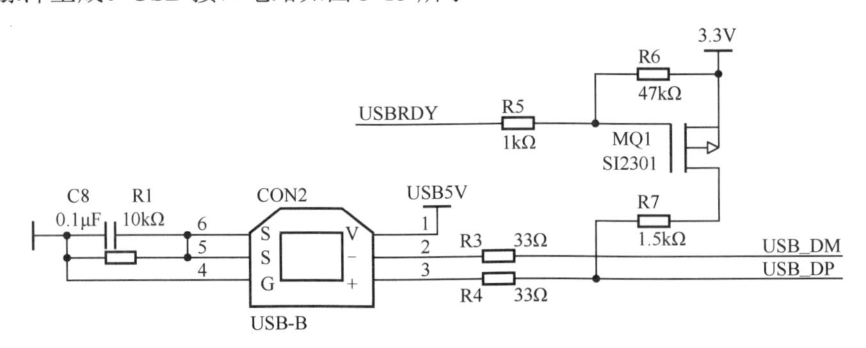

图 3-15 USB 接口电路

USB 接口电路实现数据传输，其金属接点为 4 根金属线，包括两根电源线和两根数据信号线。

USB 接口电路的工作原理：当主机的 USB 接口接入 USB 设备时，通过 USB 接口的 5V 为 USB 设备供电，设备得到供电后，内部电路开始工作，并向 USB_DP 输出高电平信号（USB DM）。同时主板芯片中的 USB 模块会不停地检测 USB 接口的 USBRDY 的电压。当芯片中的 USB 模块检测到信号后，就认为 USB 设备准备好，并向 USB 设备发送准备好信号。接着 USB 设备的控制芯片通过 USB 接口向主板的 USB 总线发送 USB 设备的数据信息。USB 功能电路如图 3-16 所示。

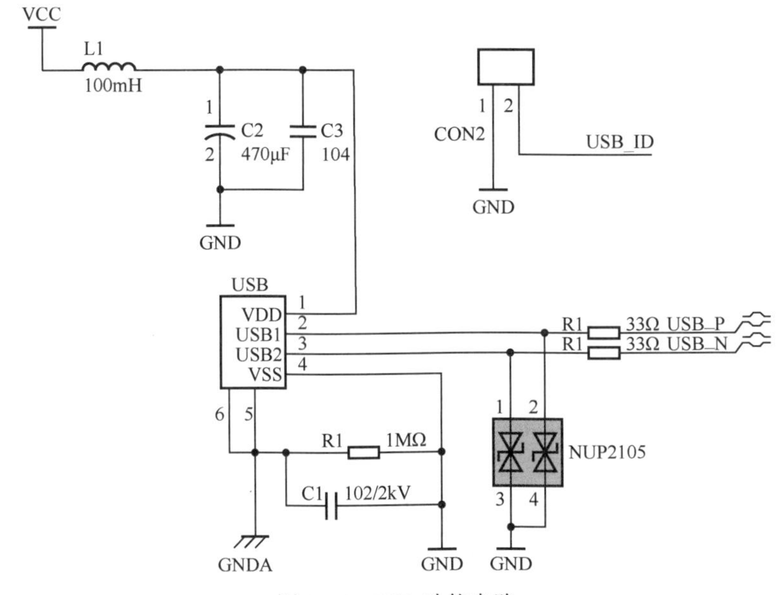

图 3-16 USB 功能电路

1. USB_P 和 USB_N 两个网络的走线注意事项

（1）USB_P 和 USB_N 这两个网络的走线必须走差分等长线。

（2）必须做阻抗匹配，一般这两个网络上的阻抗为 33～66Ω（R1_P、R1_N），可以选取两个高精度的电阻，然后在线路上做阻抗匹配。或者直接让 PCB 加工厂做到这两根线阻抗匹配，但加工成本会增加。

（3）一般这两根线的间距是线宽的 1.5 倍。

2. 电源后面接电感和电容的技巧

（1）电感和后面两个电容的位置必须是电感更靠近电源，当突然上电时，由于 USB（从机端 U 盘里面的 CPU 要复位，这里假设 USB 复位是低电平复位或高电平复位）需要复位，在复位时，电感接在两个电容的前面，电容能够输出一定的电压，这样能使 USB 正常复位，如果接在后面，电容放电会被电感延时，这样，USB 就很有可能得不到正常的复位电平，不能在规定的复位时间内复位和恢复，因此 USB 是不能够正常工作的。

（2）在一些场合，电感可以用 3～5Ω 的电阻替代。

3. 接 EDS 的原因

EDS 能吸收在刚接通，或者是在信号传输过程中的一些短时间的高频脉冲。

4. R1 和 C1 的作用

由于 5、6 脚是接 USB 外壳的，外壳上可能出现很高的静电电压（如漏电），如果没有 R1、C1 所接的电路，GNDA 与 GND 连通，GND 上就会带很高的电压，那么上面的信号就会在这个电压基础上通信，也就是说，USB 上的电压不只是 5V 左右的电压，如果静电电压有 1000V，那么 USB 引脚上都是在 1000V 电压基础上工作的。当手碰到 USB 引脚时，引脚通过人体放电，这样就很轻易地烧毁 USB。

（1）R1 的作用：在短时间出现上面的情况下（静电、瞬间高电压），GNDA 和 GND 上的电压是不同的（因为 R1 的电阻为 1MΩ，电压差基本上都在该电阻上），这样就会避免漏电的电压传输到 USB，因此也就不会出现上面的结果了，即避免 USB 被烧毁。

（2）C1 的作用：在长期出现漏电的情况下，隔离 GNDA 和 GND。

5. USB_ID 处理

有些 USB 有 USB_ID 引脚，主要用于判断 USB 的主从；当 USB_ID 引脚接 1 时，（DEVICE）USB 作为从 USB。当 USB_ID 引脚接 0 时，（HOST）USB 作为主 USB；有些 USB 还可以通过设定 USB_ID 设置主从（OTG）USB。

3.4.15　CAN 总线电路

CAN（Controller Area Network）属于现场总线的范畴，是一种有效支持分布式控制或实时控制的串行通信网络。较之许多RS-485基于 R 线构建的分布式控制系统而言，基于 CAN 总线的分布式控制系统在以下几个方面具有明显的优越性。

（1）网络各节点之间的数据通信实时性强。首先，CAN 控制器工作于多种方式，网络中的各节点都可根据总线访问优先权（取决于报文标识符）采用无损结构的逐位仲裁的方式竞争向总线发送数据，且 CAN 协议废除了站地址编码，而代之以对通信数据进行编码，这可使不同的节点同时接收到相同的数据，这些特点使 CAN 总线构成的网络各节点之间的数据通信实时性强，并且容易构成冗余结构，提高系统的可靠性和系统的灵活性。而利用 RS-485 只能构成主从式结构系统，通信方式也只能以主站轮询的方式进行，系统的实时性、可靠性较差。CAN 总线电路如图 3-17 所示。

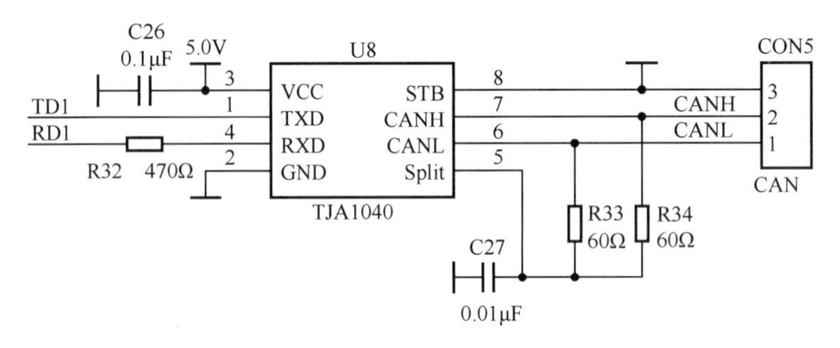

图 3-17　CAN 总线电路

（2）开发周期短。CAN 总线通过 CAN 收发器接口芯片 82C250 的两个输出端 CANH 和 CANL 与物理总线相连，而 CANH 端的状态只能是高电平或悬浮状态，CANL 端只能是低电平或悬浮状态。这就保证不会再出现在 RS-485 网络中的现象，即当系统有错误，出现多节点同时向总线发送数据时，导致总线呈现短路，从而损坏某些节点的现象。而且CAN 节点在错误严重的情况下具有自动关闭输出功能，以使总线上其他节点的操作不受影响，从而保证不会出现像在网络中，因个别节点出现问题，使总线处于“死锁”状态。CAN 具有的完善的通信协议可由 CAN 控制器芯片及其接口芯片来实现，从而大大降低了系统开发难度，缩短了开发周期，这些是仅有电气协议的 RS-485 所无法比拟的。

（3）已形成国际标准的现场总线。另外，与其他现场总线比较而言，CAN 总线是具有通信速率高、容易实现且性价比高等诸多特点的一种已形成国际标准的现场总线。这些也是 CAN 总线应用于众多领域，具有强劲的市场竞争力的重要原因。

CAN 总线性能强，可靠性高，应用十分广泛。与 CAN 协议相关的芯片主要有两类：一类是 CAN 控制器芯片；另一类是 CAN 收发器芯片，如 TJA1040、TJA1050 等，图 3-17 采用的是 TJA1040。TJA1040 引脚功能如表 3-3 所示。

表 3-3　TJA1040 引脚功能

引脚标识	引脚号	功能描述
TXD	1	发送数据输入
GND	2	接地
VCC	3	电源电压
RXD	4	接收数据输出；从总线读出数据
Split	5	共模稳态输出
CANL	6	低电平 CAN 总线

续表

引脚标识	引　脚　号	功能描述
CANH	7	高电平 CAN 总线
STB	8	待机模式控制输入

作为 CAN 总线的收发器 TJA1040，以 TJA1050 的设计为基础，使用了 SOI 技术，具备较强的 EMC 性能。同时，TJA1040 具备待机模式，可以通过总线远程唤醒，提供在不上电环境下理想的无源特性。

第 4 章　指令集、时钟

4.1　Thumb-2 指令集

ARM Cortex-M3 处理器支持 Thumb-2 指令集，与采用传统 Thumb 指令集的 ARM7 相比，避免了 ARM 状态与 Thumb 状态来回转换所带来的额外开销，所有工作都可以在单一的 Thumb 状态下进行处理，包括中断异常处理。

ARM Cortex-M3 处理器支持的 Thumb-2 指令集基于 RISC 原理设计，是 16 位 Thumb 指令集的一个超集，同时支持 16 位和 32 位指令，指令集和相关译码机制较为简单，在一定程度上降低了软件开发难度。

4.2　指令格式

指令的基本格式如下：

```
<指令助记符> {<执行条件>} {s}        <目标寄存器>, <第一操作数寄存器>{, <第二操作数>}
```

其中，<>内的内容是必需的，{}内的内容是可选的。

指令格式举例：

```
LDR       R0,[R1]                    ;将 R1 中的内容放入 R0 中
LDREQ     R0,[R1]                    ;当 Z==1 时才执行此条指令，将 R1 中的内容放入 R0 中
```

由于 ARM 指令较多，详细指令见 Cortex 指令手册。

4.3　常用指令

Thumb 指令集分为存储器访问指令、数据处理指令、分支指令，以及中断和断点指令。Thumb 指令集没有协处理器指令、信号量指令，以及访问 CPSR 或 SPSR 的指令。

4.3.1　存储器访问指令

1．dr 和 str：立即数偏移

dr 代表加载寄存器，str 代表存储寄存器，指令功能表示存储器的地址以一个寄存器的立即数偏移。指令格式：

```
op rd, rn, #immed_5×4]
oph rd, rn, #immed_5×2]
opb rd, rn, #immed_5×1]
```

其中，op 表示 dr 或 str；h 表示指明无符号半字传送的参数；b 表示指明无符号字节传送的参数；rd 表示加载寄存器和存储寄存器，rd 必须在 r0～r7 范围内；rn 表示基址寄存器，rn 必须在 r0～r7 范围内；immed_5×n 表示偏移量，它是一个表达式，取值（在汇编时）是 n 的倍数，在（0～31）× n 范围内，n=4、2、1。

str 表示存储一个字、半字或字节到存储器中。

dr 表示从存储器中加载一个字、半字或字节。

rn 中的基址加上偏移量形成操作数的地址。

立即数偏移的半字和字节加载是无符号的。数据加载到 rd 的最低有效字或字节，rd 的其余位补 0。

字传送的地址必须可被 4 整除，半字传送的地址必须可被 2 整除。

指令示例：

```
dr r3,5,#0]
strb r0,3,#31]
strh r7,3,#16]
drb r2,4,#1abe-{pc}
```

2．dr 和 str：寄存器偏移

dr 代表加载寄存器，str 代表存储寄存器，指令功能表示用一个寄存器的基于寄存器偏移指明存储器地址。指令格式：

```
op rd,n,rm]
```

其中，op 是下列情况之一。

dr：加载寄存器，4 字节字。

str：存储寄存器，4 字节字。

drh：加载寄存器，2 字节无符号半字。

drsh：加载寄存器，2 字节带符号半字。

strh：存储寄存器，2 字节半字。

drb：加载寄存器，无符号字节。

drsb：加载寄存器，带符号字节。

strb：存储寄存器，字节。

rm 表示内含偏移量的寄存器，rm 必须在 r0～r7 范围内。

带符号存储指令和无符号存储指令没有区别。

str 指令将 rd 中的一个字、半字或字节存储到存储器。

dr 指令从存储器中将一个字、半字或字节加载到 rd。

rn 中的基址加上偏移量形成存储器的地址。

寄存器偏移的半字和字节加载可以是带符号或无符号的。数据加载到 rd 的最低有效字或字节。对于无符号加载，rd 的其余位补 0；对于带符号加载，rd 的其余位复制符号位。

字传送的地址必须可被 4 整除，半字传送的地址必须可被 2 整除。

指令示例：

```
dr r2,r5]
```

```
drsh r0,0,r6]
strb r7,r0]
```

3. dr 和 str：pc 或 sp 相对偏移

dr 代表加载寄存器，str 代表存储寄存器，指令功能表示用 pc 或 sp 中值的立即数偏移指明存储器中的地址。没有 pc 相对偏移的 str 指令。指令格式：

```
dr rd,c,#immed_8×4]
dr rd,be
dr rd,sp,#immed_8×4]
str rd,p,#immed_8×4]
```

其中，immed_8×4 表示偏移量，它是一个表达式，取值（在汇编时）为 4 的整数倍，范围为 0～1020；be 表示程序相对偏移表达式，它必须在当前指令之后且 1KB 范围内；str 表示将一个字存储到存储器；dr 表示从存储器中加载一个字。

pc 或 sp 的基址加上偏移量形成存储器地址。pc 的位被忽略，这确保了地址是字对准的。字或半字传送的地址必须是 4 的整数倍。

指令示例：

```
dr r2,c,#1016]
dr r5,ocadata
dr r0,p,#920]
str r,p,#20]
```

4. push 和 pop

push 代表低寄存器，pop 代表可选的 r 进栈，以及低寄存器和可选的 pc 出栈。

指令格式：

```
push {regist}
pop {regist}
push {regist, r}
pop {regist, pc}
```

其中，regist 表示低寄存器的全部或其子集。括号{}是指令格式的一部分，它们不代表指令列表可选。列表中至少有 1 个寄存器。Thumb 堆栈是满递减堆栈，堆栈向下增长，且 sp 指向堆栈的最后入口。寄存器以数字顺序存储在堆栈中。最低数字的寄存器存储在最低地址处。

pop{regist, pc}指令引起处理器转移到从堆栈弹出给 pc 的地址，通常从子程序返回，其中 r 在子程序开头压进堆栈。这些指令不影响条件码标志。

指令示例：

```
push {r0,r3,r5}
push {r1,r4～r7}
push {r0,r}
pop {r2,r5}
pop {r0~r7,pc}
```

5. dmia 和 stmia

dmia 表示对多个寄存器进行加载，stmia 表示对多个寄存器进行存储。

指令格式：

```
op rn!, {regist}
```

其中，op 表示 dmia 或 stmia；regist 表示低寄存器或低寄存器范围的、用逗号隔开的列表。括号{}是指令格式的一部分，它们不代表指令列表可选，列表中至少应有 1 个寄存器。寄存器以数字顺序加载或存储，最低数字的寄存器存储在 rn 的初始地址中。

rn 的值以 regist 中寄存器个数的 4 倍增加。如果 rn 在寄存器列表中，那么对于 dmia 指令，rn 的最终值是加载的值，不是增加后的地址；对于 stmia 指令，rn 存储的值有两种情况：若 rn 是寄存器列表中最低数字的寄存器，则 rn 存储的值为 rn 的初值；其他情况则不可预知，当然，regist 中最好不包括 rn。

指令示例：

```
dmia r3!,{r0,r4}
dmia r5!,{r0～r7}
stmia r0!,{r6,r7}
stmia r3!,{r3,r5,r7}
```

4.3.2　数据处理指令

1. add 和 sub：低寄存器加法和减法

对于低寄存器操作，这两条指令均有如下 3 种形式：两个寄存器的内容相加或相减，结果放到第 3 个寄存器中。寄存器中的值加上或减去一个小整数，结果放到另一个不同的寄存器中。寄存器中的值加上或减去一个大整数，结果放到同一个寄存器中。指令格式：

```
op rd,rn,rm
op rd,rn,#expr3
op rd,#expr8
```

其中，op 表示 add 或 sub；rd 表示目的寄存器，它也用作“op rd, #expr8”的第一操作数；rn 表示第一操作数寄存器；rm 表示第二操作数寄存器；expr3 表示表达式，其为取值在-7～7 范围内的整数（3 位立即数）；expr8 表示表达式，其为取值在-255～255 范围内的整数（8 位立即数）。

“op rd, rn, rm”指令表示执行 rn+rm 或 rn-rm 操作，结果放在 rd 中。

“op rd, rn, #expr3”指令表示执行 rn+expr3 或 rn-expr3 操作，结果放在 rd 中。

“op rd, #expr8”指令表示执行 rd+expr8 或 rd-expr8 操作，结果放在 rd 中。

expr3 或 expr8 为负值的 add 指令汇编成相对应的带正数常量的 sub 指令。expr3 或 expr8 为负值的 sub 指令汇编成相对应的带正数常量的 add 指令。

rd、rn 和 rm 必须是低寄存器（r0～r7）。

这些指令更新标志 n、z、c 和 v。

指令示例：

```
add r3,r,r5
sub r0,r4,#5
add r7,#201
```

2．add：高或低寄存器

add 表示将寄存器中的值相加，结果送回第一操作数寄存器。指令格式：

```
add rd,rm
```

其中，rd 表示目的寄存器，也是第一操作数寄存器；rm 表示第二操作数寄存器。

这条指令将 rd 和 rm 中的值相加，结果放在 rd 中。

当 rd 和 rm 都是低寄存器时，“add rd,rm”指令汇编成“add rd, rd, rm”指令。若 rd 和 rm 都是低寄存器，则更新条件码标志 n、z、c 和 v；其他情况下这些标志不受影响。

指令示例：

```
add r12,r4
```

3．add 和 sub：sp

add 表示 sp 加上立即数常量，sub 表示 sp 减去立即数常量。

指令格式：

```
add sp, #expr
sub sp, #expr
```

其中，expr 表示表达式，取值（在汇编时）为在-508～508 范围内的 4 的整倍数。

该指令把 expr 的值加到 sp 的值上或用 sp 的值减去 expr 的值，结果放到 sp 中。expr 为负值的 add 指令汇编成相对应的带正数常量的 sub 指令。expr 为负值的 sub 指令汇编成相对应的带正数常量的 add 指令。该指令不影响条件码标志。

指令示例：

```
add sp,#32
sub sp,#96
```

4．add：pc 或 sp 相对偏移

add 的功能为 sp 或 pc 值加上立即数常量，结果放入低寄存器中。指令格式：

```
add rd, rp, #expr
```

其中，rd 表示目的寄存器。rd 必须在 r0～r7 范围内。rp 表示 sp 或 pc；expr 表示表达式，取值（在汇编时）为在 0～1020 范围内的 4 的整倍数。

这条指令把 expr 加到 rp 的值中，结果放在 rd 中。若 rp 是 pc，则使用值是（当前指令地址+4）and &ffffffc，即忽略地址的低 2 位。这条指令不影响条件码标志。

指令示例：

```
add r6,sp,#64
add r2,pc,#980
```

5．adc、sbc 和 mu

adc 的功能为带进位的加法，sbc 的功能为带进位的减法，mu 的功能为带进位的乘法。指令格式：

```
op rd, rm
```

其中，op 表示 adc、sbc 或 mu；rd 表示目的寄存器，也是第一操作数寄存器；rm 表示第二操作数寄存器，rd、rm 必须是低寄存器。

adc 指令将带进位标志的 rd 和 rm 的值相加，结果放入 rd 中，用这条指令可组合成多字加法。

sbc 指令考虑进位标志，从 rd 值中减去 rm 的值，结果放入 rd 中，用这条指令可组合成多字减法。

mu 指令进行 rd 和 rm 值的乘法，结果放入 rd 中。

rd 和 rm 必须是低寄存器（r0～r7）。

adc 和 sbc 指令更新标志 n、z、c 和 v，mu 指令更新标志 n 和 z。

在 ARMV4 及以前版本中，mu 指令会使标志 c 和 v 不可靠。在 ARMV5 及以后版本中，mu 指令不影响标志 c 和 v。

指令示例：

```
adc r2,r4
sbc r0,r1
mu r7,r6
```

6．and、orr、eor 和 bic：按位逻辑操作

指令格式：

```
op rd,rm
```

其中，op 表示 and、orr、eor 或 bic；rd 表示目的寄存器，也是第一操作数寄存器，rd 必须在 r0～r7 范围内；rm 表示第二操作数寄存器，rm 必须在 r0～r7 范围内。

这些指令用于对 rd 和 rm 中的值进行按位逻辑操作，结果放在 rd 中，操作如下。

and 指令进行逻辑“与”操作。

orr 指令进行逻辑“或”操作。

eor 指令进行逻辑“异或”操作。

bic 指令进行“rd and not rm”操作。

这些指令根据结果更新标志 n 和 z。

指令示例：

```
and r1,r2
orr   r0,r1
eor   r5,r6
bic   r7,r6
```

7．asr、s、sr 和 ror：移位和循环移位操作

Thumb 指令集中，移位和循环移位操作作为独立的指令使用，这些指令可使用寄存器中

的值或立即数移位量。

指令格式：

```
op rd,rs
op rd,rm,#expr
```

op 是下列其中之一：

asr：算术右移，将寄存器中的内容看作补码形式的带符号整数。将符号位复制到空出位。

s：逻辑左移，空出位填零。

sr：逻辑右移，空出位填零。

ror：循环右移，将寄存器右端移出的位循环移回到左端。ror 仅能与寄存器控制的移位一起使用。

rd 表示目的寄存器，它也是寄存器控制移位的源寄存器。rd 必须在 r0～r7 范围内。

rs 表示包含移位量的寄存器，rs 必须在 r0～r7 范围内。

rm 表示立即数移位的源寄存器，rm 必须在 r0～r7 范围内。

expr 表示立即数移位量，它是一个取值（在汇编时）为整数的表达式。若 op 是 s，则整数的范围为 0～31；若 op 是其他情况，则整数的范围为 1～32。

对于除 ror 以外的所有指令：若移位量为 32，则 rd 清零，最后移出的位保留在标志 c 中；若移位量大于 32，则 rd 和标志 c 均被清零。

这些指令根据结果更新标志 n 和 z，且不影响标志 v。对于标志 c，若移位量是零，则不受影响。其他情况下，标志 c 包含源寄存器的最后移出位。

指令示例：

```
asr r3,r5
sr r0,r2,#16;     将 r2 的内容逻辑右移 16 次后，结果放入 r0 中
```

8．cmp 和 cmn：比较指令

指令格式：

```
cmp rn,#expr
cmp rn,rm
cmn rn,rm
```

其中，rn 表示第一操作数寄存器；expr 表示表达式，取值（在汇编时）为在 0～255 范围内的整数；rm 表示第二操作数寄存器。

cmp 指令从 rn 的值中减去 expr 或 rm 的值，cmn 指令将 rm 和 rn 的值相加。这些指令根据结果更新标志 n、z、c 和 v，但不往寄存器中存放结果。

对于“cmp rn,#expr”和 cmn 指令，rn 和 rm 必须在 r0～r7 范围内。

对于“cmp rn,rm”指令，rn 和 rm 可以是 r0～r15 中的任何寄存器。

指令示例：

```
cmp r2,#255
cmp r7,r12
cmn r,r5
```

9．mov、mvn 和 neg：传送、传送非和取负

指令格式：

```
mov rd,#expr
mov rd,rm
mvn rd,rm
neg rd,rm
```

其中，rd 表示目的寄存器；expr 表示表达式，取值为在 0～255 范围内的整数；rm 表示源寄存器。

mov 指令将#expr 或 rm 的值放入 rd。mvn 指令从 rm 中取值，然后对该值进行按位逻辑“非”操作，结果放入 rd 中。neg 指令取 rm 的值再乘以-1，结果放入 rd 中。

对于“mov rd, #expr”、mvn 和 neg 指令，rd 和 rm 必须在 r0～r7 范围内。

对于“mov rd, rm”指令，rd 和 rm 可以是寄存器 r0～r15 中的任意一个。

“mov rd, #expr”和 mvn 指令更新标志 n 和 z，对标志 c 或 v 无影响。neg 指令更新标志 n、z、c 和 v。在“mov rd, rm”指令中，若 rd 或 rm 是高寄存器（r8～r18），则标志不受影响；若 rd 和 rm 都是低寄存器（r0～r7），则更新标志 n 和 z，且清除标志 c 和 v。

指令示例：

```
mov r3,#0
mov r0,r12
mvn r7,r1
neg r2,r2
```

10．tst：测试位

指令格式：

```
tst rn,rm
```

其中，rn 表示第一操作数寄存器；rm 表示第二操作数寄存器。

tst 指令对 rm 和 rn 中的值进行按位逻辑“与”操作。但不把结果放入寄存器中。该指令根据结果更新标志 n 和 z，标志 c 和 v 不受影响。rn 和 rm 必须在 r0～r7 范围内。

指令示例：

```
tst r2,r4
```

4.3.3　分支指令

1．分支 b 指令

它是 Thumb 指令集中唯一的有条件指令。

指令格式：

```
b{cond} abe
```

其中，abe 为程序相对偏移表达式，通常是同一代码块内的标号。若使用 cond，则 abe 必须在当前指令的±256B 范围内。若指令是无条件的，则 abe 必须在±2KB 范围内。若 cond 满足或不使用 cond，则 b 指令引起处理器转移到 abe。

abe 必须在指定限制内。ARM 链接器不能增加代码来产生更长的转移。

指令示例：

```
b doop
beg sectb
```

2．带链接的长分支 b 指令

指令格式：

```
b abe
```

其中，abe 为程序相对转移表达式。b 指令将下一条指令的地址复制到 r14（链接寄存器）中，并引起处理器转移到 abe。

b 指令不能转移到当前指令±4MB 以外的地址。必要时，ARM 链接器插入代码以允许更长的转移。

指令示例：

```
b extract
```

3．分支，并可选地切换指令集 bx

指令格式：

```
bx    rm
```

rm 装有分支目的地址的 ARM 寄存器。rm 的位不用于地址部分。若 rm 的位清零，则位也必须清零，指令清除 CPSR 中的标志 t，目的地址的代码被解释为 ARM 代码，bx 指令引起处理器转移到 rm 存储的地址。若 rm 的位置位，则指令集切换到 Thumb 状态。

指令示例：

```
bx r5
```

4．带链接分支，并可选地交换指令集 bx

指令格式：

```
bx    rm bx abe
```

rm 装有分支目的地址的 ARM 寄存器。rm 的位不用于地址部分。若 rm 的位清零，则位必须也清零，指令清除 CPSR 中的标志 t，目的地址的代码被解释为 ARM 代码。abe 为程序相对偏移表达式，“bx abe”指令始终引起处理器切换到 ARM 状态。bx 指令可用于复制下一条指令的地址到 r14，引起处理器转移到 abe 或 rm 存储的地址。如果 rm 的位清零，或使用“bx abe”形式，则指令集切换到 ARM 状态。指令不能转移到当前指令±4MB 范围以外的地址。必要时，ARM 链接器插入代码以允许更长的转移。

指令示例：

```
bx r6 bx armsub
```

4.3.4 中断和断点指令

1．软件中断 swi 指令

指令格式：

```
swi immed_8
```

其中，immed_8 为数字表达式，取值为 0～255 范围内的整数。swi 指令引起 SWI 异常。这意味着处理器状态切换到 ARM 状态；处理器模式切换到管理模式，CPSR 保存到管理模式的 SPSR 中，执行转移到 SWI 向量地址。处理器忽略 immed_8，但 immed_8 出现在指令操作码的位[8:0]中，而异常处理程序用它来确定正在请求何种服务，这条指令不影响条件码标志。

指令示例：

```
swi 12
```

2. 断点 bkpt 指令

指令格式：

```
bkpt immed_8
```

其中，immed_8 为数字表达式，取值为 0～255 范围内的整数。

bkpt 指令引起处理器进入调试模式。调试工具利用这一点来调查到达特定地址的指令时的系统状态。尽管 immed_8 出现在指令操作码的位[8:0]中，但是处理器忽略 immed_8。调试器用 immed_8 来保存有关断点的附加信息。

指令示例：

```
bkpt 67
```

4.4　Cortex-M3 时钟控制

Cortex-M3 时钟主要有：

（1）高速内部时钟 HSI，其中 RC 振荡器的频率为 8MHz。

（2）高速外部时钟 HSE，可接石英/陶瓷谐振器，或接外部时钟源，频率范围为 4MHz～16MHz。

（3）低速内部时钟 LSI，其中 RC 振荡器的频率为 32kHz。

（4）低速外部时钟 LSE，可接频率为 32.768kHz 的石英晶体。

可将时钟系统看作是一个时钟树，则以上 4 种可以看作是树的根部，是时钟产生源。STM32 系列时钟如图 4-1 所示。

4.4.1　SYSCLK 系统时钟

作为时钟树的主要躯干部分，图 4-1 中的 SYSCLK 是系统时钟（最大频率为 72MHz），有 3 种不同的时钟源可以用来驱动系统时钟：HSI 振荡器时钟、HSE 振荡器时钟、PLL 时钟。这 3 个时钟源由 SW 确定。

系统复位后，HSI 振荡器被选为系统时钟。当时钟源被直接或通过 PLL 间接作为系统时钟时，它将不能被停止。只有当目标时钟源准备就绪了（经过启动稳定阶段的延迟或 PLL 稳定），从一个时钟源到另一个时钟源的切换才会发生。在目标时钟源没有就绪时，系统时钟的切换不会发生。直至目标时钟源就绪，才发生切换。在时钟控制寄存器（RCC_CR）中的状态位指示哪个时钟已经准备好了，哪个时钟就目前被用作系统时钟。I^2S 音频总线时钟直接来源于系统时钟。

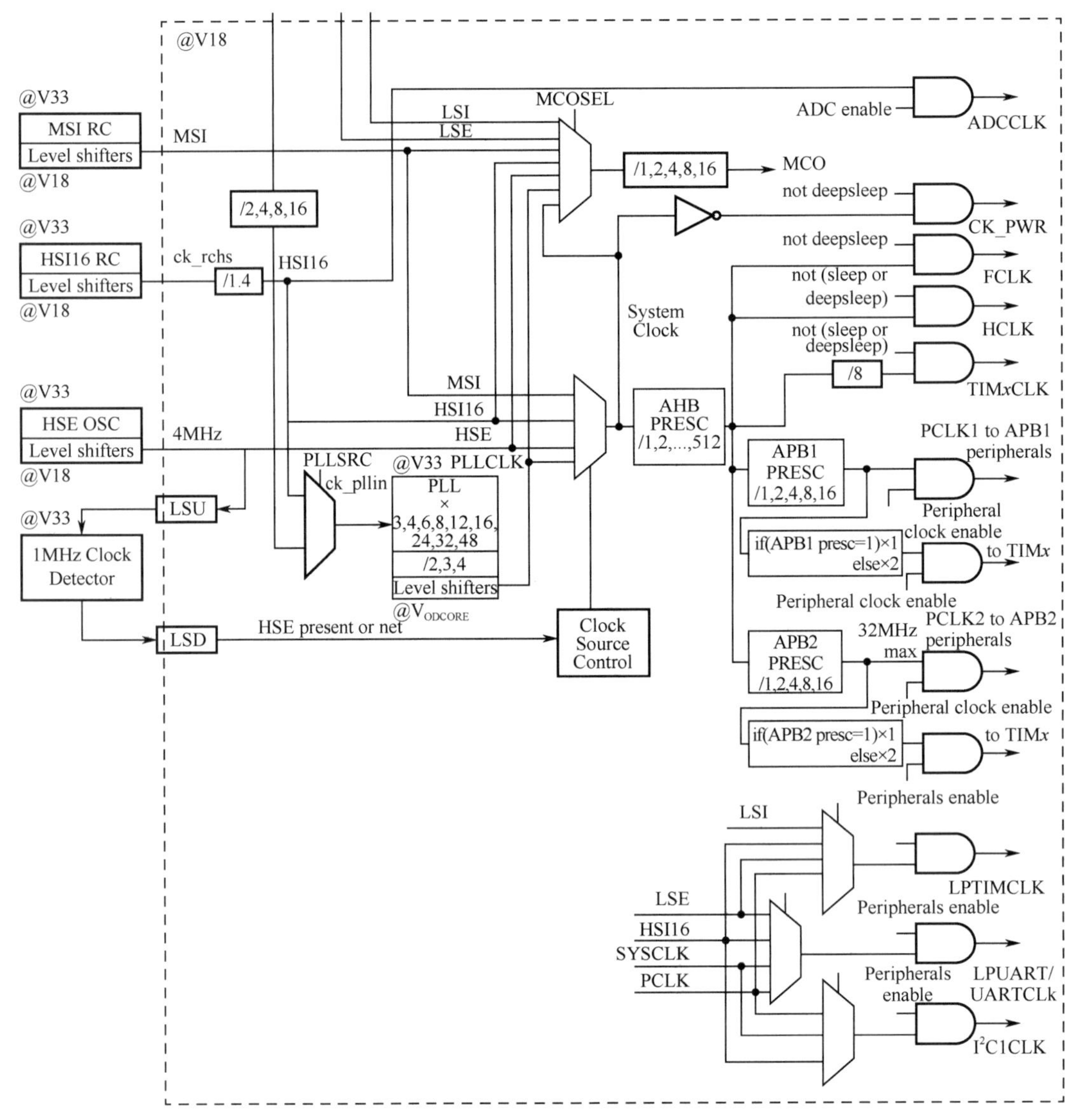

图 4-1 STM32 系列时钟

系统时钟切换状态标志位如表 4-1 所示。

表 4-1 系统时钟切换状态标志位

位 3:2	SWS[1:0]：系统时钟切换状态。 通过硬件将该位域置 1 或清零来指示哪一个时钟源作为系统时钟。 00：HSI 作为系统时钟； 01：HSE 作为系统时钟； 10：PLL 输出作为系统时钟； 11：不可用

续表

位 1:0	SW[1:0]：系统时钟切换。 通过硬件将该位域置 1 或清零来选择系统时钟。 在从停止或待机模式中返回或直接或间接作为系统时钟的 HSE 出现故障时，由硬件强制选择 HSI 作为系统时钟（如果时钟安全系统已经启动）。 00：HSI 作为系统时钟； 01：HSE 作为系统时钟； 10：PLL 输出作为系统时钟； 11：不可用

4.4.2　高速外部时钟信号 HSE

HSE 由两种时钟源产生，即 HSE 用户外部时钟（HSE 旁路）源和 HSE 外部晶体/陶瓷谐振器。

（1）第一种模式：外部时钟源，它的频率最高可达 25MHz。用户可以通过设置在时钟控制寄存器中的 HSEBYP 和 HSEON 位来选择这一模式。外部时钟信号（50%占空比的方波、正弦波或三角波）必须连接到 SOC_IN 引脚，同时保证 OSC_OUT 引脚悬空。外部高速时钟旁路位如表 4-2 所示。

表 4-2　外部高速时钟旁路位

位 18	HSEBYP：外部高速时钟旁路。 在调试模式下通过软件将该位置 1 或清零来旁路外部晶体振荡器。只有在外部 4MHz～16MHz 振荡器关闭的情况下，才能写入该位。 0：外部 4MHz～16MHz 振荡器没有被旁路； 1：外部 4MHz～16MHz 振荡器被旁路

（2）第二种模式：外部晶体/陶瓷谐振器。在这种情况下需要等晶体振荡器稳定才能采用。

在时钟控制寄存器中的 HSERDY 位用来指示外部高速振荡器是否稳定。在启动时，直到该位被硬件置 1，时钟信号才被释放出来。如果在时钟中断寄存器（RCC_CIR）中允许产生中断，将会产生相应中断。HSE 晶体振荡器可以通过设置时钟控制寄存器中的 HSEON 位被启动和关闭。外部高速时钟就绪标志位和外部高速时钟使能位分别如表 4-3 和表 4-4 所示。

表 4-3　外部高速时钟就绪标志位

位 17	HSERDY：外部高速时钟就绪标志。 通过硬件将该位置 1 来指示外部 4MHz～16MHz 振荡器已经稳定，在 HSEON 位清零后，该位需要 6 个外部 4MHz～25MHz 振荡器周期清零。 0：外部 4MHz～16MHz 振荡器没有就绪； 1：外部 4MHz～16MHz 振荡器就绪

表 4-4　外部高速时钟使能位

位 16	HSEON：外部高速时钟使能。 该位由软件置 1 或清零。 当进入待机或停止模式时，该位由硬件清零，关闭外部 4MHz～16MHz 振荡器。当外部 4MHz～16MHz 振荡器被用作或被选择将要作为系统时钟时，该位不能被清零。 0：HSE 振荡器关闭； 1：HSE 振荡器开启

高速外部时钟信号 HSE 可直接作为 SYSCLK 系统时钟（通过 SW 选择），也可以经过 PLLXTPRE多路复用器直接选择或者二分频后输给 PLLMUL 倍频器（RCC_PLLConfig 函数中配置）作为系统时钟。HSE 分频器作为 PLL 输入位如表 4-5 所示。

表 4-5 HSE 分频器作为 PLL 输入位

位 17	PLLXTPRE：HSE 分频器作为 PLL 输入。 通过软件将该位置 1 或清零来分频 HSE 后作为 PLL 输入时钟。只能在关闭 PLL 时才能写入该位。 0：HSE 不分频； 1：HSE 分频

4.4.3 监控 SYSCLK 时钟

监控 SYSCLK 时钟的特性与 HSE 振荡器有关。

时钟安全系统（CSS）可以通过软件被激活。一旦其被激活，时钟监测器将在 HSE 振荡器启动延迟后被使能，并在 HSE 时钟关闭后关闭。如果 HSE 时钟发生故障，HSE 振荡器被自动关闭，时钟失效事件将被送到高级定时器（TIM1 和 TIM8）的刹车输入端，并产生时钟安全中断 CSSI，允许软件完成营救操作。该 CSSI 中断连接到 Cortex-M3 的 NMI 中断（不可屏蔽中断）。

需要注意的是，一旦 CSS 被激活，并且 HSE 时钟出现故障，CSS 中断就产生，并且 NMI 也自动产生。NMI 将被不断执行，直到 CSS 中断挂起位被清除。因此，在 NMI 的处理程序中必须通过设置时钟中断寄存器中的 CSSC 位清除 CSS 中断。如果 HSE 振荡器被直接或间接地作为系统时钟（间接的意思是：它被作为 PLL 输入时钟，并且 PLL 时钟被作为系统时钟），时钟故障将导致系统时钟自动切换到 HSI 振荡器，同时外部 HSE 振荡器被关闭。在时钟失效时，如果 HSE 时钟（被分频或未被分频）是用作系统时钟的 PLL 的输入时钟，PLL 也将被关闭。时钟安全系统使能位如表 4-6 所示。

表 4-6 时钟安全系统使能位

位 19	CSSON：时钟安全系统使能。 通过软件将该位置 1 或清零以使能时钟监测器。 0：时钟监测器关闭； 1：如果外部 4MHz～16MHz 振荡器就绪，则时钟监测器开启

4.4.4 高速内部时钟信号 HSI

高速内部时钟信号 HSI 由内部 8MHz 的 RC 振荡器产生，可直接作为系统时钟或在 2 分频后作为 PLL 输入。当 HSI 被用于作为 PLL 时钟的输入时，系统时钟能得到的最大频率是 64MHz。HSI RC 振荡器能够在不需要任何外部器件的条件下提供系统时钟，它的启动时间比 HSE 晶体振荡器短。然而，即使在校准之后它的时钟频率精度仍较差。校准制造工艺决定了不同芯片的 RC 振荡器频率会不同，这就是每个芯片的 HSI 时钟频率在出厂前已经被 ST 校准到 1%（25℃）的原因。

系统复位时，工厂校准值被装载到时钟控制寄存器的 HSICAL[7:0]位。如果用户的应用基于不同的电压或环境温度，这将会影响 RC 振荡器的精度。可以通过时钟控制寄存器中的

HSITRIM[4:0]位来调整 HSI 频率。时钟控制寄存器中的 HSIRDY 位用来指示 HSI RC 振荡器是否稳定。在时钟启动过程中，直到 HSIRDY 位被硬件置 1，HSI RC 输出时钟信号才被释放。HSI RC 振荡器可由时钟控制寄存器中的 HSION 位启动和关闭。如果 HSE 晶体振荡器失效，HSI 时钟会被作为备用时钟源。

4.4.5　PLL 时钟

PLL 可以用来倍频 HSI RC 输出时钟或 HSE 晶体输出时钟。

PLL 的设置分为选择输入时钟和选择倍频因子两步，输入时钟的数值为 HSI/2 或 HSE，必须在 PLL 被激活前完成。一旦 PLL 被激活，这些参数就不能被改动。如果 PLL 中断在时钟中断寄存器中被允许，当 PLL 准备就绪时，可产生中断请求。

PLL 时钟的一个小流向：如果需要在应用中使用 USB 接口，PLL 必须被设置为输出 48MHz 或 72MHz 时钟，用于提供 48MHz 的 USB 时钟。USB 预分频位如表 4-7 所示。

表 4-7　USB 预分频位

位 22	USBPRE：USB 预分频。 通过软件将该位置 1 或清零来产生 48MHz 的 USB 时钟。在寄存器 RCC_APB1ENR 中使能 USB 时钟之前，必须保证该位已经有效。若 USB 时钟被使能，则该位不能被清零。 0：PLL 时钟 1.5 倍分频作为 USB 时钟； 1：PLL 时钟直接作为 USB 时钟

USB 时钟源于 PLLCLK，通过 USB 时钟分频器为 USB 外设提供 48MHz 时钟。由于 USB 时钟分频器只能 1 分频和 1.5 分频，所以 PLL 出来的时钟频率只能是 48MHz 和 72MHz。

4.4.6　AHB、APB1、APB2 时钟

由 SYSCLK 得到 AHB 时钟（HCLK）、低速 APB1 时钟、高速 APB2 时钟。AHB 和 APB2 域的最大允许频率是 72MHz。APB1 域的最大允许频率是 36MHz。

配置 AHB 时钟的频率（分频系数）是时钟数由 SYSCLK 到 AHB 的第一个节点（图 4-1 中的 AHB 预分频器模块）。

AHB 时钟下挂载了外设（如 DMA、SRAM、FLITF、CRC、FSMC、SDIO）和 APB1 分频器和 APB2 分频器。RCC 通过 AHB 时钟(HCLK)8 分频后作为 Cortex 系统定时器(SysTick)的外部时钟。通过对 SysTick 控制与状态寄存器的设置，可选择上述时钟或 Cortex（HCLK）时钟作为 SysTick 时钟。FCLK 是 Cortex-M3 的自由运行时钟。

配置 APB1 分频系数，从而获得低速 APB1 时钟（PCLK1），其频率最大不超过 36MHz。

APB1 分频器下挂载的外设有 TIM2、TIM3、TIM4、TIM5、TIM6、TIM7、WWDG、SPI2、SPI3、USART2、USART3、USART4、USART5、I^2C1、I^2C2、USB、CAN1、BKP、PWR、DAC 等。

配置 APB2 分频系数，从而获得高速 APB2 时钟（PCLK2），其频率最大不超过 72MHz。

ADC 时钟由高速 APB2 时钟经 2、4、6 或 8 分频后获得。

需要注意的是，定时器的时钟频率分配由硬件按以下两种情况自动设置：①若相应的 APB 分频系数是 1，则定时器的时钟频率与所在 APB 总线的频率一致；②如果相应的 APB 分频系

数不是 1，则定时器的时钟频率被设为与其相连的 APB 总线的频率的 2 倍。

4.4.7 MCO 时钟

MCO 时钟输出微控制器允许输出时钟信号到外部 MCO 引脚。相应的 GPIO 端口寄存器必须被配置为相应功能。

以下 4 个时钟信号可被选作 MCO 时钟：SYSCLK、HSI、HSE、除 2 的 PLL 时钟。时钟的选择由时钟配置寄存器（RCC_CFGR）中的 MCO[2:0]位控制。微控制器时钟输出位如表 4-8 所示。

表 4-8 微控制器时钟输出位

位 26:24	MCO：微控制器时钟输出。 该位域由软件置 1 或清零。 0xx：没有时钟输出； 100：系统时钟（SYSCLK）输出； 101：内部 RC 振荡器时钟（HSI）输出； 110：外部振荡器时钟（HSE）输出； 111：PLL 时钟 2 分频后输出。 注意：①该时钟输出在启动和切换 MCO 时钟源时可能会被截断；②在系统时钟作为输出至 MCO 引脚时，请保证输出时钟频率不超过 50MHz（I/O 端口最高频率）

4.4.8 低速外部时钟 LSE

LSE 晶体是一个 32.768kHz 的低速外部晶体或陶瓷谐振器。它为实时时钟或者其他定时功能提供一个低功耗且精确的时钟源。LSE 晶体通过在备份域控制寄存器（RCC_BDCR）中的 LSEON 位启动和关闭。备份域控制寄存器中的 LSERDY 位指示 LSE 晶体振荡器是否稳定，在启动阶段，直到 LSERDY 位被硬件置 1 后，LSE 时钟信号才被释放出来。如果 LSE 释放出来的时钟信号在时钟中断寄存器（RCC_CIR）中被允许，将产生 LSE 中断请求。

外部时钟源（LSE 旁路）在这个模式下必须提供一个 32.768kHz 频率的外部时钟源。可以通过设置备份域控制寄存器中的 LSEBYP 和 LSEON 位来选择这个模式。具有 50%占空比的外部时钟信号（方波、正弦波或三角波）必须连到 OSC32_IN 引脚，同时保证 OSC32_OUT 引脚悬空。外部低速时钟位如表 4-9 所示。

表 4-9 外部低速时钟位

位 2	LSEBYP：外部低速时钟振荡器旁路。 在调试模式下通过软件将该位置 1 或清零来旁路 LSE。只有在外部 32kHz 振荡器关闭时，才能写入该位。 0：LSE 时钟未被旁路； 1：LSE 时钟被旁路
位 1	LSERDY：外部低速时钟振荡器就绪。 通过硬件将该位置 1 或清零来指示外部 32kHz 振荡器就绪。在 LSEON 位被清零后，LSERDY 位需要 6 个外部低速振荡器的周期才能被清零。 0：外部 32kHz 振荡器未就绪； 1：外部 32kHz 振荡器就绪

续表

位 0	LSEON：外部低速振荡器使能。 该位由软件置 1 或清零。 0：外部 32kHz 振荡器关闭； 1：外部 32kHz 振荡器开启

4.4.9　低速内部时钟 LSI

LSI RC 振荡器担当一个低功耗时钟源的角色，它可以在停机和待机模式下保持运行，为独立看门狗和自动唤醒单元提供时钟。LSI 时钟频率大约为 40kHz（30kHz～60kHz）。进一步信息请参考数据手册中有关电气特性部分。LSI RC 振荡器可以通过控制/状态寄存器（RCC_CSR）中的 LSION 位启动或关闭。控制/状态寄存器中的 LSIRDY 位指示低速内部振荡器是否稳定，在启动阶段，直到这个位被硬件置 1，此时时钟信号才被释放。如果 LSI 释放出来的时钟信号在时钟中断寄存器中被允许，将产生 LSI 中断请求。

需要注意的是，只有大容量和互联型产品可以进行 LSI 校准。

LSI 校准可以通过校准 LSI 振荡器来补偿其频率偏移，从而获得精度可接受的 RTC 时间基数，以及独立看门狗的超时时间（这些外设以 LSI 为时钟源）。校准可以通过使用 TIM5 的输入时钟（TIM5_CLK）测量 LSI 时钟频率实现。测量以 HSE 的精度为保证，软件可以通过调整 RTC 的 20 位预分频器来获得精确的 RTC 时钟基数，以及通过计算得到精确的独立看门狗的超时时间。

LSI 校准步骤如下。

（1）打开 TIM5，设置通道 4 为输入捕获模式。

（2）设置 AFIO_MAPR 的 TIM5_CH4_IREMAP 位为 1，在内部把 LSI 连接到 TIM5 的通道 4。

（3）通过 TIM5 的捕获/比较 4 事件或者中断测量 LSI 时钟频率。

（4）根据测量结果和期望的 RTC 时间基数和独立看门狗的超时时间，设置 20 位预分频器。内部低速时钟位如表 4-10 所示。

表 4-10　内部低速时钟位

位 1	LSIRDY：内部低速时钟振荡器就绪。 通过硬件将该位置 1 或清零来指示内部 40kHz 振荡器就绪。在 LSEON 位被清零后，LSIRDY 位需要 3 个内部低速 40kHz RC 振荡器的周期才能被清零。 0：内部 40kHz RC 振荡器未就绪； 1：内部 40kHz RC 振荡器就绪
位 0	LSION：内部低速振荡器使能。 该位由软件置 1 或清零。 0：内部 40kHz RC 振荡器关闭； 1：内部 40kHz RC 振荡器开启

如果独立看门狗已经由硬件选项或软件启动，LSI 振荡器将被强制在打开状态，并且不能被关闭。在 LSI 振荡器稳定后，时钟供应给独立看门狗。

4.4.10 RTC 时钟

RTC 时钟通过设置备份域控制寄存器中的 RTCSEL[1:0]位，RTC 时钟源可以由 HSE/128 时钟、LSE 时钟或 LSI 时钟提供。除非备份域复位，此选择不能被改变。LSE 时钟在备份域中，但 HSE 时钟和 LSI 时钟不在。因此，如果 LSE 时钟被选为 RTC 时钟，只要 VBAT 维持供电，尽管 VDD 供电被切断，RTC 就还会继续工作；如果 LSI 时钟被选为自动唤醒单元（AWU）时钟，VDD 供电被切断，AWU 状态就不能被保证；如果 HSE 时钟 128 分频后作为 RTC 时钟，VDD 供电被切断或内部电压调压器被关闭（1.8V 域的供电被切断），RTC 状态就会不确定。

必须设置电源控制寄存器的 DPB 位（取消备份域的写保护）为 1。

RTC 时钟位如表 4-11 所示。

表 4-11 RTC 时钟位

位 15	RTCEN：RTC 时钟使能。 该位由软件置 1 或清零。 0：RTC 时钟关闭； 1：RTC 时钟开启
位 14:10	保留，始终读为 0
位 9:8	RTCSEL[1:0]：RTC 时钟源选择。 通过软件设置来选择 RTC 时钟源。一旦 RTC 时钟源被选定，直到下次备份域被复位，它不能再被改变。可以通过设置 BDRST 位来清除。 00：无时钟； 01：LSE 时钟作为 RTC 时钟； 10：LSI 时钟作为 RTC 时钟； 11：HSE 时钟在 128 分频后作为 RTC 时钟

第 5 章　Cortex-M3 接口分析与应用

5.1　GPIO 分析与应用

5.1.1　GPIO 简介

每个 GPIO 端口有 2 个 32 位配置寄存器（GPIO*x*_CRL、GPIO*x*_CRH）、2 个 32 位数据寄存器（GPIO*x*_IDR、GPIO*x*_ODR）、1 个 32 位置位/复位寄存器（GPIO*x*_BSRR）、1 个 16 位复位寄存器（GPIO*x*_BRR）和 1 个 32 位锁定寄存器（GPIO*x*_LCKR）。

GPIO 引脚的每个位可以由软件配置成以下几种模式。

（1）浮空输入模式。

（2）上拉输入模式。

（3）下拉输入模式。

（4）模拟输入模式。

（5）通用开漏输出模式。

（6）通用推挽输出模式。

（7）复用功能推挽输出模式。

（8）复用功能开漏输出模式。

普通 I/O 端口位的基本结构（见图 5-1），与 5V 兼容 I/O 端口位的基本结构（见图 5-2）相比，除箝位保护不同外，其他无区别。

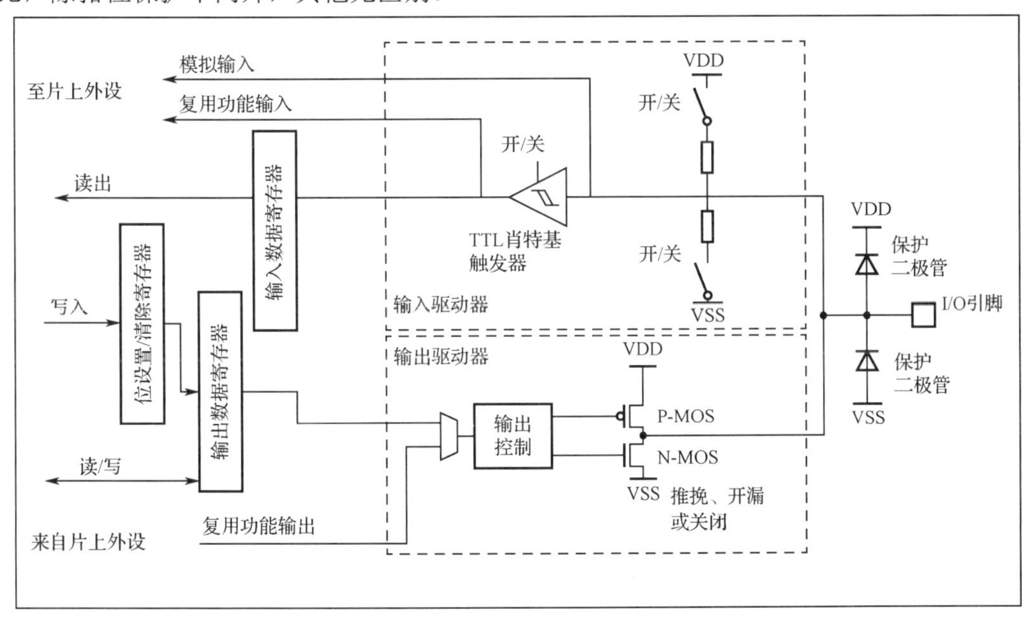

图 5-1　普通 I/O 端口位的基本结构

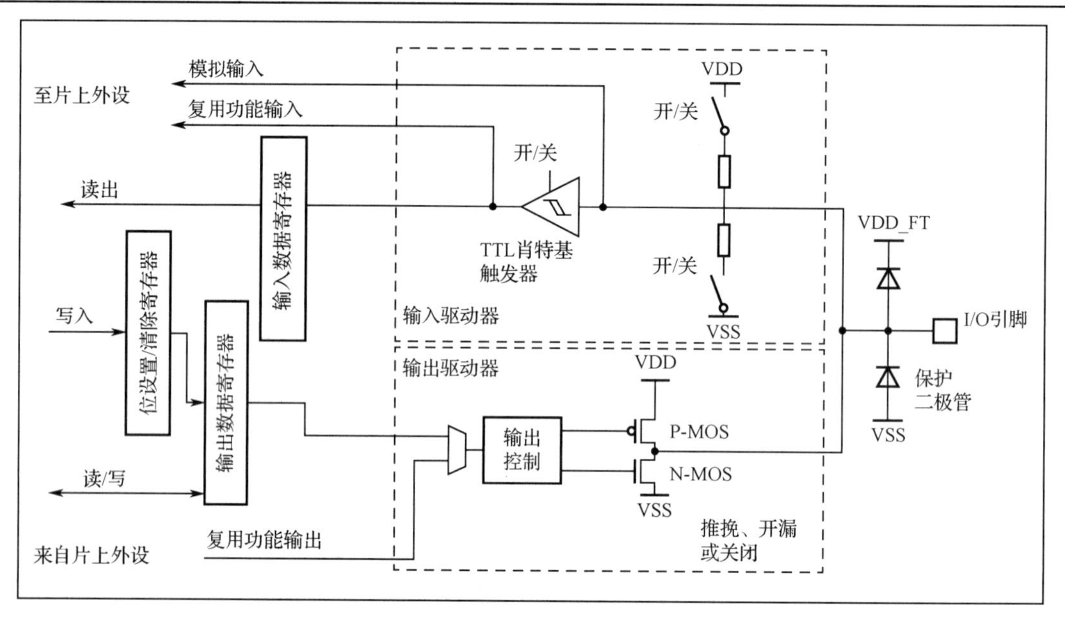

图 5-2　5V 兼容 I/O 端口位的基本结构

VDD_FT 对 5V 容忍 I/O 引脚是特殊的，它与 VDD 不同。GPIO 配置模式如表 5-1 所示。

表 5-1　GPIO 配置模式

配置模式		CNF1	CNF0	MODE1	MODE0	PxODR 寄存器
通用输出	推挽（Push-Pull）	0	0	01		0 或 1
	开漏（Open-Drain）		1	10		0 或 1
复用功能输出	推挽（Push-Pull）	1	0	11		不使用
	开漏（Open-Drain）		1			不使用
输入	模拟输入	0	0	00		不使用
	浮空输入		1			不使用
	下拉输入	1	0			0
	上拉输入					1

输出模式位的意义如表 5-2 所示。

表 5-2　输出模式位的意义

MODE[1:0]	意　义
00	保留
01	最大输出速度为 10MHz
10	最大输出速度为 2MHz
11	最大输出速度为 50MHz

特别说明：上拉输入时，PxODR 对应位必须写 1；下拉输入时，PxODR 对应位必须写 0。

上拉输入等于接内部电阻到 VDD，下拉输入等于接内部电阻到 GND，浮空就是什么都不接。

需要注意的是，每个 I/O 端口位都可以自由编程，然而 I/O 端口寄存器必须按 32 位字被访问（不允许半字或字节访问）。

GPIO*x*_BSRR 和 GPIO*x*_BRR 允许对任何 GPIO 寄存器的读/更改的独立访问，这样，在读和更改访问之间产生 IRQ 时不会发生危险。

5.1.2　与 GPIO 相关的寄存器

1．端口配置低寄存器（GPIO*x*_CRL）（*x*=A～E）

GPIO*x*_CRL 的位分布如图 5-3 所示。

31	30	29	28	27	26	25	24	23	22	21	20	19	18	17	16
CNF7[1:0]		MODE7[1:0]		CNF6[1:0]		MODE6[1:0]		CNF5[1:0]		MODE5[1:0]		CNF4[1:0]		MODE4[1:0]	
rw	rw	rw	rw	rw	rw	rw	rw	rw	rw	rw	rw	rw	rw	rw	rw
15	14	13	12	11	10	9	8	7	6	5	4	3	2	1	0
CNF3[1:0]		MODE3[1:0]		CNF2[1:0]		MODE2[1:0]		CNF1[1:0]		MODE1[1:0]		CNF0[1:0]		MODE0[1:0]	
rw	rw	rw	rw	rw	rw	rw	rw	rw	rw	rw	rw	rw	rw	rw	rw

图 5-3　GPIO*x*_CRL 的位分布

GPIO*x*_CRL 的位的主要功能如表 5-3 所示。

表 5-3　GPIO*x*_CRL 的位的主要功能

位	功能
位 31:30 位 27:26 位 23:22 位 19:18 位 15:14 位 11:10 位 7:6 位 3:2	CNF*y*[1:0]：端口 *x* 配置位。 软件通过这些位配置相应的 I/O 端口。 在输入模式（MODE[1:0]=00）时： 00：模拟输入模式； 01：浮空输入模式（复位后的状态）； 10：上拉/下拉输入模式； 11：保留。 在输出模式（MODE[1:0]>00）时： 00：通用推挽输出模式； 01：通用开漏输出模式； 10：复用功能推挽输出模式； 11：复用功能开漏输出模式
位 29:28 位 25:24 位 21:20 位 17:16 位 13:12 位 9:8 位 5:4 位 1:0	MODE*y*[1:0]：端口 *x* 的模式位。 软件通过这些位配置相应的 I/O 端口。 00：输入模式（复位后的状态）； 01：输出模式，最大速度为 10MHz； 10：输出模式，最大速度为 2MHz； 11：输出模式，最大速度为 50MHz

2．端口配置高寄存器（GPIO*x*_CRH）（*x*=A～E）

GPIO*x*_CRH 的位分布如图 5-4 所示。

31	30	29	28	27	26	25	24	23	22	21	20	19	18	17	16
CNF15[1:0]		MODE15[1:0]		CNF14[1:0]		MODE14[1:0]		CNF13[1:0]		MODE13[1:0]		CNF12[1:0]		MODE12[1:0]	
rw	rw	rw	rw	rw	rw	rw	rw	rw	rw	rw	rw	rw	rw	rw	rw
15	14	13	12	11	10	9	8	7	6	5	4	3	2	1	0
CNF11[1:0]		MODE11[1:0]		CNF10[1:0]		MODE10[1:0]		CNF9[1:0]		MODE9[1:0]		CNF8[1:0]		MODE8[1:0]	
rw	rw	rw	rw	rw	rw	rw	rw	rw	rw	rw	rw	rw	rw	rw	rw

图 5-4　GPIO*x*_CRH 的位分布

GPIO*x*_CRH 的位的主要功能如表 5-4 所示。

表 5-4　GPIO*x*_CRH 的位的主要功能

位	功能
位 31:30 位 27:26 位 23:22 位 19:18 位 15:14 位 11:10 位 7:6 位 3:2	CNFy[1:0]：端口 *x* 配置位。 软件通过这些位配置相应的 I/O 端口。 在输入模式（MODE[1:0]=00）时： 00：模拟输入模式； 01：浮空输入模式（复位后的状态）； 10：上拉/下拉输入模式； 11：保留。 在输出模式（MODE[1:0]>00）时： 00：通用推挽输出模式； 01：通用开漏输出模式； 10：复用功能推挽输出模式； 11：复用功能开漏输出模式
位 29:28 位 25:24 位 21:20 位 17:16 位 13:12 位 9:8 位 5:4 位 1:0	MODEy[1:0]：端口 x 的模式位。 软件通过这些位配置相应的 I/O 端口。 00：输入模式（复位后的状态）； 01：输出模式，最大速度为 10MHz； 10：输出模式，最大速度为 2MHz； 11：输出模式，最大速度为 50MHz

3．端口输入数据寄存器（GPIO*x*_IDR）（*x*=A～E）

GPIO*x*_IDR 的位分布如图 5-5 所示。

31	30	29	28	27	26	25	24	23	22	21	20	19	18	17	16
保留															
15	14	13	12	11	10	9	8	7	6	5	4	3	2	1	0
IDR15	IDR14	IDR13	IDR12	IDR11	IDR10	IDR9	IDR8	IDR7	IDR6	IDR5	IDR4	IDR3	IDR2	IDR1	IDR0
r	r	r	r	r	r	r	r	r	r	r	r	r	r	r	r

图 5-5　GPIO*x*_IDR 的位分布

GPIOx_IDR 的位的主要功能如表 5-5 所示。

表 5-5　GPIOx_IDR 的位的主要功能

位 31:16	保留，始终读为 0
位 15:0	IDRy[15:0]：端口输入数据位(y=0～15)。 这些位为只读并只能以字（16 位）的形式读出。读出的值为对应 I/O 端口的状态

4．端口输出数据寄存器（GPIOx_ODR）（x=A～E）

GPIOx_ODR 的位分布如图 5-6 所示。

31	30	29	28	27	26	25	24	23	22	21	20	19	18	17	16
保留															

15	14	13	12	11	10	9	8	7	6	5	4	3	2	1	0
ODR15	ODR14	ODR13	ODR12	ODR11	ODR10	ODR9	ODR8	ODR7	ODR6	ODR5	ODR4	ODR3	ODR2	ODR1	ODR0
rw	rw	rw	rw	rw	rw	rw	rw	rw	rw	rw	rw	rw	rw	rw	rw

图 5-6　GPIOx_ODR 的位分布

GPIOx_ODR 的位的主要功能如表 5-6 所示。

表 5-6　GPIOx_ODR 的位的主要功能

位 31:16	保留，始终读为 0
位 15:0	ODRy[15:0]：端口输出数据位（y=0～15）。 这些位可读可写并只能以字（16 位）的形式操作

5．端口位设置/清除寄存器（GPIOx_BSRR）（x=A～E）

GPIOx_BSRR 的位分布如图 5-7 所示。

31	30	29	28	27	26	25	24	23	22	21	20	19	18	17	16
BR15	BR14	BR13	BR12	BR11	BR10	BR9	BR8	BR7	BR6	BR5	BR4	BR3	BR2	BR1	BR0
w	w	w	w	w	w	w	w	w	w	w	w	w	w	w	w

15	14	13	12	11	10	9	8	7	6	5	4	3	2	1	0
BS15	BS14	BS13	BS12	BS11	BS10	BS9	BS8	BS7	BS6	BS5	BS4	BS3	BS2	BS1	BS0
w	w	w	w	w	w	w	w	w	w	w	w	w	w	w	w

图 5-7　GPIOx_BSRR 的位分布

GPIOx_BSRR 的位的主要功能如表 5-7 所示。

表 5-7　GPIOx_BSRR 的位的主要功能

位 31:16	BRy：清除端口 x 的位 y。 这些位只能写入并只能以字（16 位）的形式操作。 0：对对应的 ODRy 位不产生影响； 1：清除对应的 ODRy 位。 注意：如果同时设置了 BSy 和 BRy 的对应位，则 BSy 位起作用

续表

位 15:0	BS*y*：设置端口 *x* 的位 *y*。 这些位只能写入并只能以字（16 位）的形式操作。 0：对对应的 ODR*y* 位不产生影响； 1：设置对应的 ODR*y* 位为 1

6．端口位清除寄存器（GPIO*x*_BRR）（*x*=A～E）

GPIO*x*_BRR 的位分布如图 5-8 所示。

31	30	29	28	27	26	25	24	23	22	21	20	19	18	17	16
保留															
15	**14**	**13**	**12**	**11**	**10**	**9**	**8**	**7**	**6**	**5**	**4**	**3**	**2**	**1**	**0**
BR15	BR14	BR13	BR12	BR11	BR10	BR9	BR8	BR7	BR6	BR5	BR4	BR3	BR2	BR1	BR0
w	w	w	w	w	w	w	w	w	w	w	w	w	w	w	w

图 5-8　GPIO*x*_BRR 的位分布

GPIO*x*_BRR 的位的主要功能如表 5-8 所示。

表 5-8　GPIO*x*_BRR 的位的主要功能

位 31:16	保留
位 15:0	BR*y*：清除端口 *x* 的位 *y*。 这些位只能写入并只能以字（16 位）的形式操作。 0：对对应的 ODR*y* 位不产生影响； 1：清除对应的 ODR*y* 位

图 5-9 为 LED 的硬件电路，其中 ARMLED 接 CPU 的 PD2。

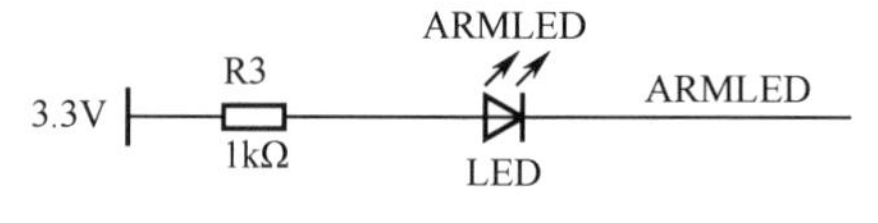

图 5-9　LED 的硬件电路

5.1.3　GPIO 端口应用案例

```
#include "stm32f10x.h"
#include "stm32lib.h"
#include "api.h"
void Delay(u32 dly);
/*******************************************************************************
**函数信息：int main (void)
**功能描述：开机后，ARMLED 闪动
**输入参数：
**输出参数：
**调用提示：
*******************************************************************************/
int main(void)
```

```
{
    SystemInit();           //系统初始化
    GPIOInit();             //GPIO 初始化

    while(1)
    {
        GPIO_ResetBits(GPIOD, GPIO_Pin_2);//PD2 输出低电平，ARMLED 点亮
        Delay(30);
        GPIO_SetBits(GPIOD, GPIO_Pin_2);  //PD2 输出低电平，ARMLED 熄灭
        Delay(30);
    }
}
/*******************************************************************************
**函数信息：void Delay(u16 dly)
**功能描述：延时函数，大致为毫秒
**输入参数：u32 dly：延时时间
**输出参数：无
**调用提示：无
*******************************************************************************/
void Delay(u32 dly)
{
    u16 i;
    for ( ; dly>0; dly--)
        for (i=0; i<10000; i++);
}
#include "stm32f10x.h"
#include "stm32lib.h"

/*******************************************************************************
**函数信息：void GPIOInit(void)
**功能描述：GPIO 初始化函数，初始化实验用到的所有 GPIO 端口
**输入参数：无
**输出参数：无
**调用提示：RCC_APB2PeriphClockCmd()；GPIO_Init()
*******************************************************************************/
void GPIOInit(void)
{
    GPIO_InitTypeDef   GPIO_InitStructure;

    RCC_APB2PeriphClockCmd(RCC_APB2Periph_GPIOD, ENABLE);        //开启 GPIOD 端口
    //PD2 配置为输出，LED
    GPIO_InitStructure.GPIO_Pin=GPIO_Pin_2;                      //选择第 2 端口
    GPIO_InitStructure.GPIO_Mode=GPIO_Mode_Out_OD;               //开漏输出
    GPIO_InitStructure.GPIO_Speed=GPIO_Speed_50MHz;              //50MHz 时钟速度
    GPIO_Init(GPIOD, &GPIO_InitStructure);                       //GPIO 配置函数
}
```

5.2 USART 实验

5.2.1 USART 简介

通用同步异步收发器（USART）提供了一种灵活的方法与使用工业标准 NRZ 异步串行数据格式的外部设备之间进行全双工数据交换。USART 利用分数波特率发生器提供宽范围的波特率选择。

USART 支持同步单向通信和半双工单线通信，也支持 LIN（局部互联网）、智能卡协议和 IrDA（红外数据组织）SIR ENDEC 规范，以及调制解调器（CTS/RTS）操作。USART 还允许多处理器通信。

USART 使用多缓冲器配置的 DMA 方式，可以实现高速数据通信。

USART 接口通过 3 个引脚与其他设备连接在一起。任何 USART 双向通信至少需要 2 个引脚：接收数据输入（RX）引脚和发送数据输出（TX）引脚。

RX 引脚：通过过采样技术区别数据和噪声，从而恢复数据。

TX 引脚：当发送器被禁止时，TX 引脚恢复到它的 I/O 端口配置。当发送器被激活，并且不发送数据时，TX 引脚处于高电平。在单线和智能卡模式下，此 I/O 端口被同时用于数据的发送和接收。以下是 USART 具有的寄存器功能。

（1）总线在发送或接收前应处于空闲状态。

（2）1 个起始位。

（3）1 个数据字（8 位或 9 位），最低有效位在前。

（4）0.5/1.5/2 个停止位，由此表明数据帧的结束。

（5）使用分数波特率发生器——12 位整数和 4 位小数的表示方法。

（6）1 个状态寄存器（USART_SR）。

（7）1 个数据寄存器（USART_DR）。

（8）1 个波特率寄存器（USART_BRR），12 位的整数和 4 位小数。

（9）1 个智能卡模式下的保护时间寄存器（USART_GTPR）。

5.2.2 USART 特性

USART 特性主要有以下几个方面。

（1）字长可以通过编程 USART_CR1 中的 M 位，选择 8 位或 9 位。TX 引脚在起始位期间处于低电平，在停止位期间处于高电平。

（2）空闲符号被视为完全由“1”组成的一个完整的数据帧，后面跟着包含了数据的下一帧的开始位（“1”的位数也包括了停止位的位数）。

（3）断开符号被视为在一个帧周期内全部收到“0”（包括停止位期间，也是“0”）。在断开帧结束时，发送器再插入 1 或 2 个停止位（“1”）来应答起始位。

（4）发送和接收由一个公用的波特率发生器驱动，当发送器和接收器的使能位分别置位时，分别为其产生时钟。

1．字长设置

字长设置如图 5-10 所示。

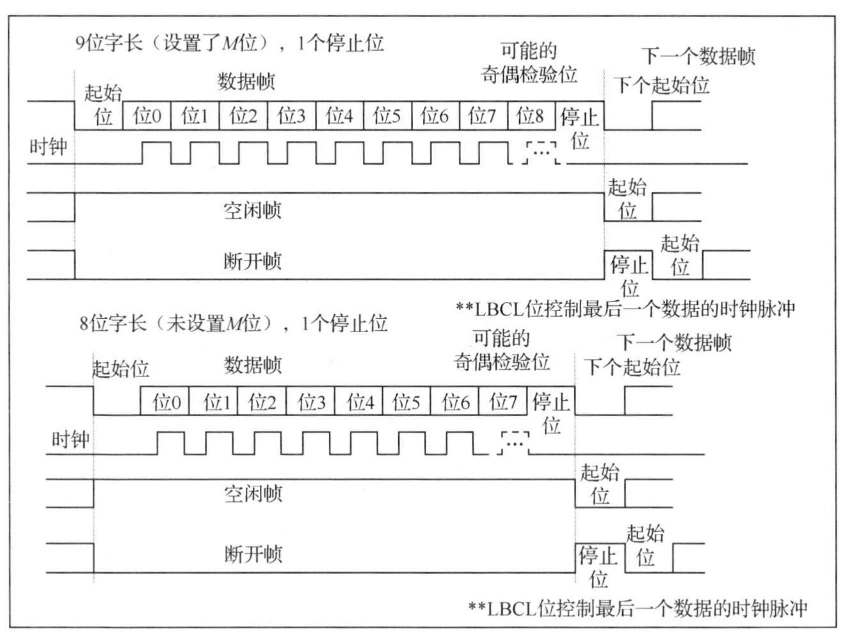

图 5-10　字长设置

2．配置停止位

配置停止位如图 5-11 所示。

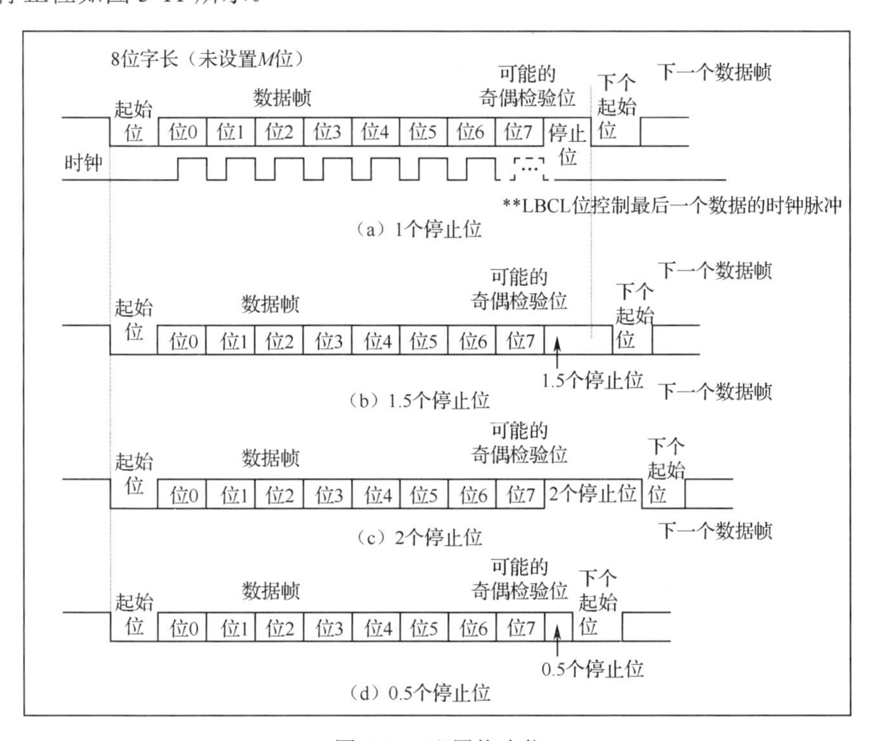

图 5-11　配置停止位

3．波特率的产生

接收器和发送器的波特率在USARTDIV的整数和小数寄存器中的值应设置相同。

这里的fCK是给外设的时钟（PCLK1用于USART2～USART5，PCLK2用于USART1）。

USARTDIV是一个无符号的定点数。这12位的值设置在USART_BRR。

USART方框图如图5-12所示。

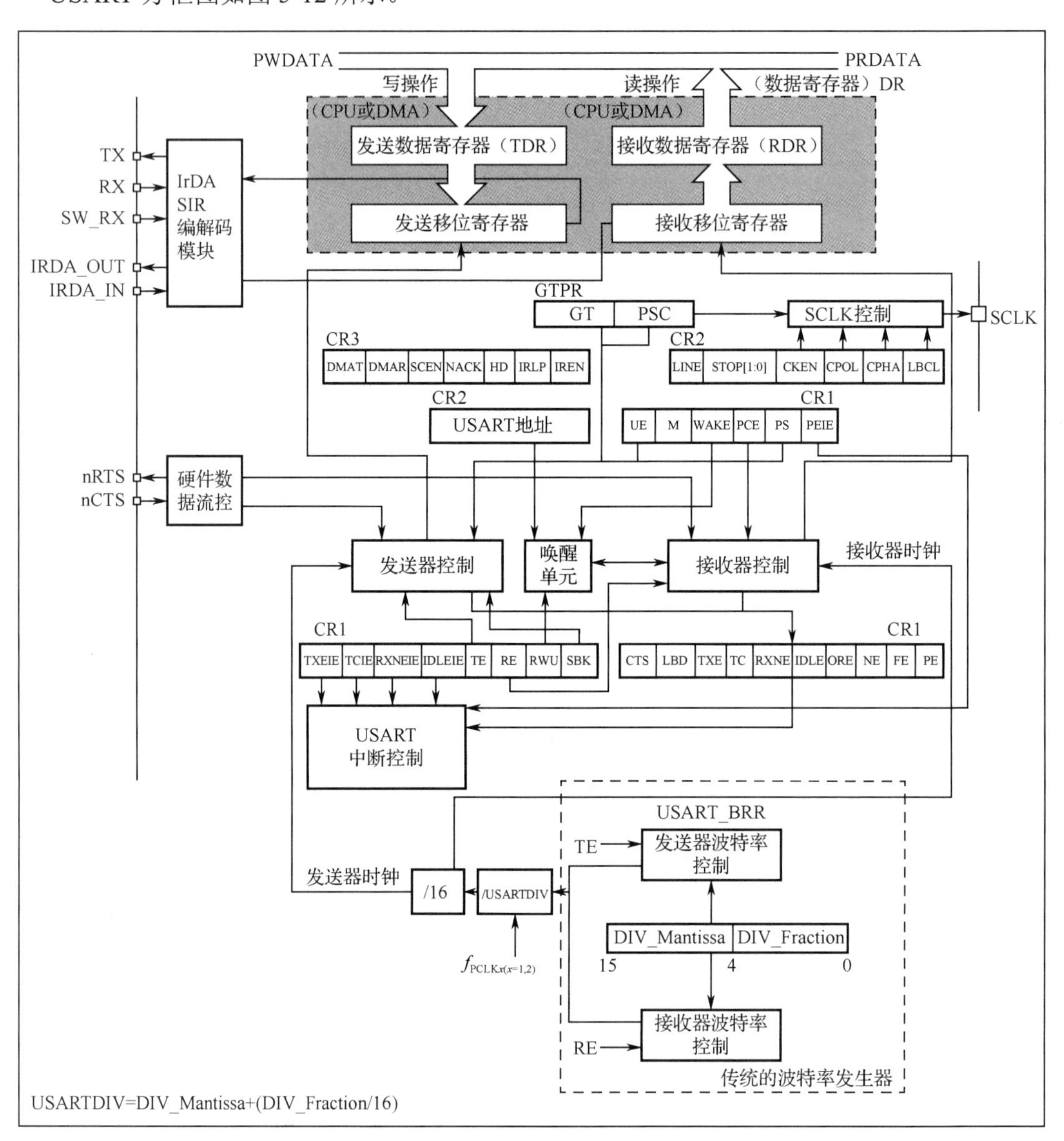

图5-12　USART方框图

5.2.3　与USART相关的寄存器

1．状态寄存器（USART_SR）

USART_SR的位分布如图5-13所示。

31	30	29	28	27	26	25	24	23	22	21	20	19	18	17	16
保留															
15	14	13	12	11	10	9	8	7	6	5	4	3	2	1	0
保留						CTS	LBD	TXE	TC	RXNE	IDLE	ORE	NE	FE	PE
						rc_w0	rc_w0	r	rc_w0	rc_w0	r	r	r	r	r

图 5-13　USART_SR 的位分布

USART_SR 的位的主要功能如表 5-9 所示。

表 5-9　USART_SR 的位的主要功能

位 31:10	保留，必须保持复位值
位 9	CTS：CTS 标志。 如果 CTSE 位置 1，则当 nCTS 输入变换时，该位由硬件置 1。通过软件将该位清零（通过向该位中写入 0）。如果 USART_CR3 中 CTSIE=1，则会生成中断。 0：nCTS 状态线上未发生变化； 1：nCTS 状态线上发生变化。 注意：该位不适用于 UART4 和 UART5
位 8	LBD：LIN 断路检测标志。 检测到 LIN 断路时，该位由硬件置 1。通过软件将该位清零（通过向该位中写入 0）。如果 USART_CR2 中 LBDIE=1，则会生成中断。 0：未检测到 LIN 断路； 1：检测到 LIN 断路。 注意：如果 LBDIE=1，则当 LBD=1 时生成中断
位 7	TXE：发送数据寄存器为空。 当 TDR 寄存器的内容已传输到移位寄存器时，该位由硬件置 1。如果 USART_CR1 中 TXEIE =1，则会生成中断。通过对 USART_DR 执行写入操作将该位清零。 0：数据未传输到移位寄存器； 1：数据传输到移位寄存器。 注意：单缓冲区发送期间使用该位
位 6	TC：发送完成。 如果已完成对包含数据的帧的发送并且 TXE 位置 1，则该位由硬件置 1。如果 USART_CR1 中 TCIE=1，则会生成中断。该位由软件序列清零（读取 USART_SR，然后写入 USART_DR），也可以通过向该位写入 0 来清零。建议仅在多缓冲区通信时使用此清零序列。 0：传送未完成； 1：传送已完成
位 5	RXNE：读取数据寄存器不为空。 当 RDR 移位寄存器的内容已传输到 USART_DR 时，该位由硬件置 1。如果 USART_CR1 中 RXNEIE=1，则会生成中断。通过对 USART_DR 执行读入操作将该位清零，也可以通过向该位写入 0 来清零。建议仅在多缓冲区通信时使用此清零序列。 0：未接收到数据； 1：已准备好读取接收到的数据

续表

位 4	IDLE：检测到空闲线路。 检测到空闲线路时，该位由硬件置 1。如果 USART_CR1 中 IDLEIE=1，则会生成中断。该位由软件序列清零（先读入 USART_SR，然后读入 USART_DR）。 0：未检测到空闲线路； 1：检测到空闲线路 注意：直到 RXNE 位本身已置 1 时（当出现新的空闲线路时），IDLE 位才会被再次置 1
位 3	ORE：上溢错误。 在 RXNE=1 的情况下，当移位寄存器中当前正在接收的字准备好传输到 RDR 寄存器时，该位由硬件置 1。如果 USART_CR1 中 RXNEIE=1，则会生成中断。该位由软件序列清零（先读入 USART_SR，然后读入 USART_DR）。 0：无上溢错误； 1：检测到上溢错误。 注意：当该位置 1 时，RDR 寄存器的内容不会丢失，但移位寄存器会被覆盖。如果 EIE 位置 1，则在进行多缓冲区通信时会对 ORE 标志生成一个中断
位 2	NE：检测到噪声标志。 当在接收的帧上检测到噪声时，该位由硬件置 1。该位由软件序列清零（先读入 USART_SR，然后读入 USART_DR）。 0：未检测到噪声； 1：检测到噪声。 注意：如果 EIE 位置 1，则在进行多缓冲区通信时，该位不会生成中断，因为该位出现的时间与本身生成中断的 RXNE 位因 NE 标志而生成的时间相同。 当线路无噪声时，可以通过将 ONEBIT 位编程为 1 提高 USART 对偏差的容差来禁止 NE 标志
位 1	FE：帧错误。 当检测到去同步化、过度的噪声或中断字符时，该位由硬件置 1。该位由软件序列清零（先读入 USART_SR，然后读入 USART_DR）。 0：未检测到帧错误； 1：检测到帧错误或中断字符。 注意：该位不会生成中断，因为该位出现的时间与本身生成中断的 RXNE 位出现的时间相同。 如果当前正在传输的字同时导致帧错误和上溢错误，则会传输该字，且仅有 ORE 位被置 1。 如果 EIE 位置 1，则在进行多缓冲区通信时会对 FE 标志生成一个中断
位 0	PE：奇偶校验错误。 当在接收器模式下发生奇偶校验错误时，该位由硬件置 1。该位由软件序列清零（先读取状态寄存器，然后对 USART_DR 执行读或写访问）。将 PE 位清零前软件必须等待 RXNE 标志被置 1。 如果 USART_CR1 中 PEIE=1，则会生成中断。 0：无奇偶校验错误； 1：奇偶校验错误

2. 数据寄存器（USART_DR）

USART_DR 的位分布如图 5-14 所示。

31	30	29	28	27	26	25	24	23	22	21	20	19	18	17	16
保留															
15	**14**	**13**	**12**	**11**	**10**	**9**	**8**	**7**	**6**	**5**	**4**	**3**	**2**	**1**	**0**
保留							DR[8:0]								
							rw	rw	rw	rw	rw	rw	rw	rw	rw

图 5-14 USART_DR 的位分布

USART_DR 的位的主要功能如表 5-10 所示。

表 5-10　USART_DR 的位的主要功能

位 31:9	保留，必须保持复位值
位 8:0	DR[8:0]：数据值包含接收到的数据字符或已发送的数据字符，具体取决于执行的操作是“读取”操作还是“写入”操作。 因为数据寄存器包含两个寄存器，一个用于发送（TDR），一个用于接收（RDR），因此它具有双重功能（读和写）。 TDR 在内部总线和输出移位寄存器之间提供了并行接口。 RDR 在输入移位寄存器和内部总线之间提供了并行接口。 在使能奇偶校验位的情况下（USART_CR1 中的 PCE 位被置 1）进行发送时，由于 MSB 的写入值（位 7 或位 8，具体取决于数据长度）会被奇偶校验位取代，因此该写入值不起任何作用。 在使能奇偶校验位的情况下进行接收时，从 MSB 中读取的值为接收到的奇偶校验位

3. 波特比率寄存器（USART_BRR）

USART_BRR 的位分布如图 5-15 所示。

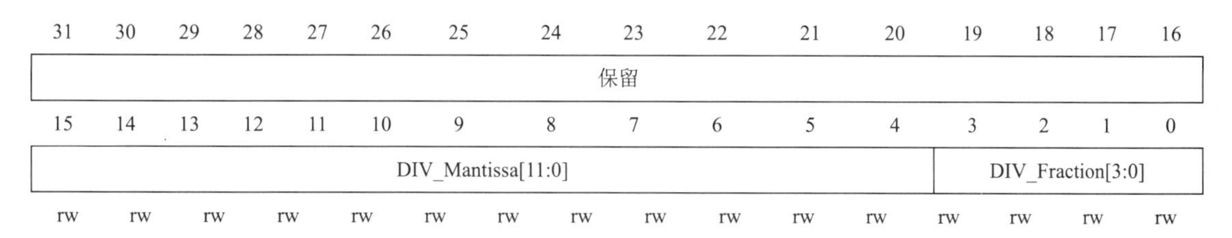

图 5-15　USART_BRR 的位分布

USART_BRR 的位的主要功能如表 5-11 所示。

表 5-11　USART_BRR 的位的主要功能

位 31:16	保留，必须保持复位值
位 15:4	DIV_Mantissa[11:0]：USART 除数（USARTDIV）的尾数。 这 12 个位用于定义 USARTDIV 的尾数
位 3:0	DIV_Fraction[3:0]：USARTDIV 的小数。 这 4 个位用于定义 USARTDIV 的小数。当 OVER8=1 时不考虑 DIV_Fraction3 位，且必须将 DIV_Fraction3 位清零

4. 控制寄存器 1（USART_CR1）

USART_CR1 的位分布如图 5-16 所示。

31	30	29	28	27	26	25	24	23	22	21	20	19	18	17	16
保留															
15	14	13	12	11	10	9	8	7	6	5	4	3	2	1	0
OVER8	保留	UE	M	WAKE	PCE	PS	PEIE	TXEIE	TCIE	RXNEIE	IDLEIE	TE	RE	RWU	SBK
rw	rw	rw	rw	rw	rw	rw	rw	rw	rw	rw	rw	rw	rw	rw	rw

图 5-16　USART_CR1 的位分布

USART_CR1 的位的主要功能如表 5-12 所示。

表 5-12 USART_CR1 的位的主要功能

位	功能
位 31:16	保留，必须保持复位值
位 15	OVER8：过采样模式。 0：16 倍过采样； 1：8 倍过采样。 注意：8 倍过采样在智能卡、IrDA 和 LIN 模式下不可用。当 SCEN=1、IREN=1 或 LINE=1 时，OVER8 位由硬件强制清零
位 14	保留，必须保持复位值
位 13	UE：USART 使能。 该位清零后，USART 预分频器和输出将停止，并会结束当前字节传输以降低功耗。该位由软件置 1 和清零。 0：禁止 USART 预分频器和输出； 1：使能 USART
位 12	M：字长。 该位决定了字长。该位由软件置 1 或清零。 0：1 位起始位，8 位数据位，*n* 位停止位； 1：1 位起始位，9 位数据位，*n* 位停止位。 注意：在数据传输（发送和接收）期间不得更改 M 位
位 11	WAKE：唤醒方法。 该位决定了 USART 唤醒方法，该位由软件置 1 或清零。 0：空闲线路； 1：地址标记
位 10	PCE：奇偶校验控制使能。 该位选择硬件奇偶校验控制（生成和检测）。使能奇偶校验控制时，计算出的奇偶校验位被插入 MSB 位置（如果 M=1，则为第 9 位；如果 M=0，则为第 8 位），并对接收到的数据检查奇偶校验位。该位由软件置 1 和清零。一旦该位置 1，PCE 在当前字节的后面处于活动状态（在接收和发送时）。 0：禁止奇偶校验控制； 1：使能奇偶校验控制
位 9	PS：奇偶校验选择。 该位用于在使能奇偶校验生成/检测（PCE 位置 1）时选择奇校验或偶校验。该位由软件置 1 和清零。该位将在当前字节的后面选择奇偶校验。 0：偶校验； 1：奇校验
位 8	PEIE：PE 中断使能。 该位由软件置 1 和清零。 0：禁止中断； 1：当 USART_SR 中 PE=1 时，生成 USART 中断
位 7	TXEIE：TXE 中断使能。 该位由软件置 1 和清零。 0：禁止中断； 1：当 USART_SR 中 TXE=1 时，生成 USART 中断

续表

位 6	TCIE：传送完成中断使能。 该位由软件置 1 和清零。 0：禁止中断； 1：当 USART_SR 中 TC=1 时，生成 USART 中断
位 5	RXNEIE：RXNE 中断使能。 该位由软件置 1 和清零。 0：禁止中断； 1：当 USART_SR 中 ORE=1 或 RXNE=1 时，生成 USART 中断
位 4	IDLEIE：IDLE 中断使能。 该位由软件置 1 和清零。 0：禁止中断； 1：当 USART_SR 中 IDLE=1 时，生成 USART 中断
位 3	TE：发送器使能。 该位使能发送器。该位由软件置 1 和清零。 0：禁止发送器； 1：使能发送器。 注意：①除在智能卡模式下外，传送期间 TE 位上的“0”脉冲（“0”后紧跟的是“1”）会在当前字的后面发送一个报头（空闲线路）；②当 TE 位置 1 时，在发送开始前存在 1 位的时间延迟
位 2	RE：接收器使能。 该位使能接收器。该位由软件置 1 和清零。 0：禁止接收器； 1：使能接收器并开始搜索起始位
位 1	RWU：接收器唤醒。 该位决定 USART 是否处于静音模式。该位由软件置 1 和清零，并可在识别出唤醒序列时由硬件清零。 0：接收器处于活动模式； 1：接收器处于静音模式。 注意：①选择静音模式前（通过将 RWU 位置 1），USART 必须首先接收 1 个数据字节，否则当由空闲线路检测到唤醒时，USART 无法在静音模式下正常工作；②在地址标记检测唤醒配置（WAKE=1）中，RXNE 位置 1 时，RWU 位不能由软件进行修改
位 0	SBK：发送断路。 该位用于发送断路字符。该位可由软件置 1 和清零。该位应由软件置 1，并在断路停止位期间由硬件重置。 0：不发送断路字符； 1：将发送断路字符

5. 控制寄存器 2（USART_CR2）

USART_CR2 的位分布如图 5-17 所示。

31	30	29	28	27	26	25	24	23	22	21	20	19	18	17	16
保留															

15	14	13	12	11	10	9	8	7	6	5	4	3	2	1	0
保留	LINE	STOP[1:0]		CKEN	CPOL	CPHA	LBCL	保留	LBDIE	LBDL	保留	ADD[3:0]			
	rw	rw	rw	rw	rw	rw	rw	rw	rw	rw	rw	rw	rw	rw	rw

图 5-17　USART_CR2 的位分布

USART_CR2 的位的主要功能如表 5-13 所示。

表 5-13　USART_CR2 的位的主要功能

位 31:15	保留，必须保持复位值
位 14	LINE：LIN 模式使能。 该位由软件置 1 和清零。 0：禁止 LIN 模式； 1：使能 LIN 模式。 LIN 模式可以使用 USART_CR1 中的 SBK 位发送 LIN 同步断路（13 个低位），并可检测 LIN 同步断路
位 13:12	STOP[1:0]：停止位。 该位域用于编程停止位。 00：1 个停止位； 01：0.5 个停止位； 10：2 个停止位； 11：1.5 个停止位。 注意：0.5 个停止位和 1.5 个停止位不适用于 USART4 和 USART5
位 11	CKEN：时钟使能。 该位允许用户使能 SCLK 引脚。 0：禁止 SCLK 引脚； 1：使能 SCLK 引脚。 该位不适用于 USART4 和 USART5
位 10	CPOL：时钟极性。 该位允许用户在同步模式下选择 SCLK 引脚上时钟输出的极性。该位与 CPHA 位结合使用可获得所需的时钟/数据关系。 0：空闲时 SCLK 引脚为低电平； 1：空闲时 SCLK 引脚为高电平。 该位不适用于 USART4、USART5
位 9	CPHA：时钟相位。 该位允许用户在同步模式下选择 SCLK 引脚上时钟输出的相位。该位与 CPOL 位结合使用可获得所需的时钟/数据关系。 0：在时钟第一个变化沿捕获数据； 1：在时钟第二个变化沿捕获数据。 注意：该位不适用于 USART4 和 USART5
位 8	LBCL：最后一个位时钟脉冲。 该位允许用户在同步模式下选择与发送的最后一个数据位（MSB）关联的时钟脉冲是否必须在 SCLK 引脚上输出。 0：最后一个数据位的时钟脉冲不在 SCLK 引脚上输出； 1：最后一个数据位的时钟脉冲在 SCLK 引脚上输出。 注意：①最后一位为发送的第 8 或第 9 个数据位，具体取决于 USART_CR1 中 M 位所选择的 8 位或 9 位格式；②该位不适用于 USART4 和 USART5
位 7	保留，必须保持复位值

续表

位 6	LBDIE：LIN 断路检测中断使能。 0：禁止中断； 1：当 USART_SR 中 LBD=1 时，生成中断
位 5	LBDL：LIN 断路检测长度。 该位用于选择 11 位断路检测或 10 位断路检测。 0：10 位断路检测； 1：11 位断路检测
位 4	保留，必须保持复位值
位 3:0	ADD[3:0]：USART 节点的地址。 该位域用于指定 USART 节点的地址。 在多处理器通信时于静音模式下使用该位域，以通过地址标记检测进行唤醒。 注意：使能发送器时不应对这 3 个位（CPOL、CPHA、LBCL）进行写操作

6．控制寄存器 3（USART_CR3）

USART_CR3 的位分布如图 5-18 所示。

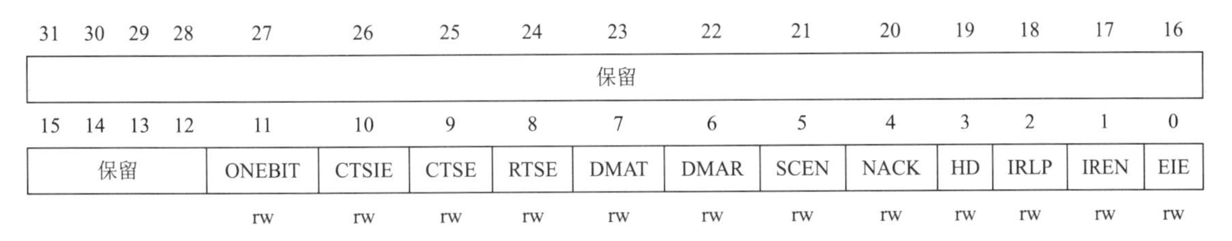

图 5-18 USART_CR3 的位分布

USART_CR3 的位的主要功能如表 5-14 所示。

表 5-14 USART_CR3 的位的主要功能

位 31:12	保留，必须保持复位值
位 11	ONEBIT：一个采样位方法使能。 该位允许用户选择采样方法。选择一个采样位方法后，将禁止噪声检测标志（NF）。 0：三个采样位方法； 1：一个采样位方法
位 10	CTSIE：CTS 中断使能。 0：禁止中断； 1：当 USART_SR 中 CTS=1 时，生成中断。 注意：该位不适用于 USART4 和 USART5
位 9	CTSE：CTS 使能。 0：禁止 CTS 硬件流控制； 1：使能 CTS 模式，仅当 nCTS 输入有效（连接到 0）时才发送数据。如果在发送数据时使 nCTS 输入无效，则在停止之前完成发送。如果使 nCTS 有效时数据已写入数据寄存器，则将延迟发送，直到 nCTS 有效。 注意：该位不适用于 USART4 和 USART5

续表

位 8	RTSE：RTS 使能。 0：禁止 RTS 硬件流控制； 1：使能 RTS 中断，仅当接收缓冲区中有空间时才会请求数据。发送完当前字符后应停止发送数据。可在接收数据时使 nRTS 输出有效（连接到 0）。 注意：该位不适用于 USART4 和 USART5
位 7	DMAT：DMA 使能发送器。 该位由软件置 1/复位。 1：针对发送使能 DMA 模式； 0：针对发送禁止 DMA 模式
位 6	DMAR：DMA 使能接收器。 该位由软件置 1/复位。 1：针对接收使能 DMA 模式； 0：针对接收禁止 DMA 模式
位 5	SCEN：智能卡模式使能。 该位用于使能智能卡模式。 0：禁止智能卡模式； 1：使能智能卡模式。 注意：该位不适用于 USART4 和 USART5
位 4	NACK：智能卡 NACK 使能。 0：出现奇偶校验错误时禁止 NACK 发送； 1：出现奇偶校验错误时使能 NACK 发送。 注意：该位不适用于 USART4 和 USART5
位 3	HD：半双工选择。 该位用于选择单线半双工模式。 0：未选择半双工模式； 1：选择半双工模式
位 2	IRLP：IrDA 低功耗。 该位用于选择正常模式和低功耗模式。 0：正常模式； 1：低功耗模式
位 1	IREN：IrDA 模式使能。 该位由软件置 1 和清零。 0：禁止 IrDA； 1：使能 IrDA
位 0	EIE：错误中断使能。 对于多缓冲区通信（USART_CR3 中 DMAR=1），如果发生帧错误、上溢错误或出现噪声标志（USART_SR 中 FE=1 或 ORE=1 或 NF=1），则需要使用错误中断使能位来使能中断生成。 0：禁止中断； 1：当 USART_CR3 中 DMAR=1 并且 USART_SR 中 FE=1 或 ORE=1 或 NF=1 时，将生成中断

7. 保护时间和预分频寄存器（USART_GTPR）

USART_GTPR 的位分布如图 5-19 所示。

31	30	29	28	27	26	25	24	23	22	21	20	19	18	17	16
保留															
15	14	13	12	11	10	9	8	7	6	5	4	3	2	1	0
GT[7:0]								PSC[7:0]							
rw	rw	rw	rw	rw	rw	rw	rw	rw	rw	rw	rw	rw	rw	rw	rw

图 5-19　USART_GTPR 的位分布

USART_GTPR 的位的主要功能如表 5-15 所示。

表 5-15　USART_GTPR 的位的主要功能

位 31:16	保留，必须保持复位值
位 15:8	GT[7:0]：保护时间值。 该位域提供保护时间值（以波特时钟数为单位）。 该位域用于智能卡模式。经过此保护时间后，发送完成标志置 1。 注意：该位域不适用于 USART4 和 USART5
位 7:0	PSC[7:0]：预分频器值。 （1）在 IrDA 低功耗模式下：PSC[7:0]=IrDA 低功耗波特率，用于编程预分频器，进行系统时钟分频以获得低功耗频率。 使用寄存器中给出的值（8 个有效位）对源时钟进行分频： 00000000：保留（不编程此值）； 源时钟 1 分频； 00000010：源时钟 2 分频； …… （2）在正常 IrDA 模式下，PSC 必须设置为 00000001。 （3）在智能卡模式下，PSC[4:0]为预分频器值，用于编程预分频器，进行系统时钟分频以提供智能卡时钟。 将寄存器中给出的值（5 个有效位）乘以 2 得出源时钟频率的分频系数： 00000：保留（不编程此值）； 00001：源时钟 2 分频； 00010：源时钟 4 分频； 00011：源时钟 6 分频； …… 注意：①如果使用智能卡模式，则位[7:5]不起作用；②该位域不适用于 USART4 和 USART5

5.2.4　硬件连接

串口硬件电路如图 5-20 所示。

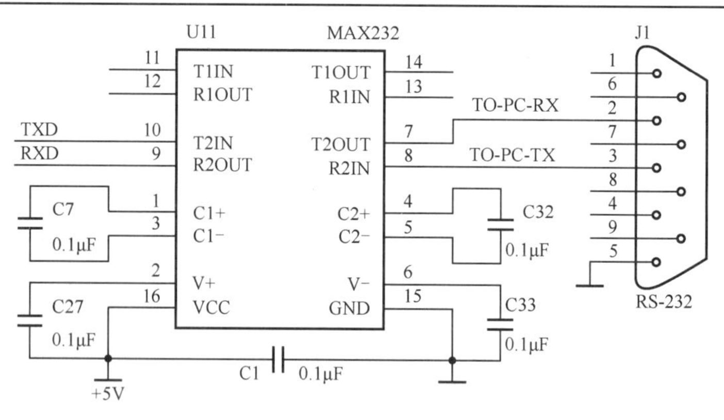

图 5-20　串口硬件电路

5.2.5　UART 口应用案例

```
#include "HardwareInit.h"
#include "stm32f10x.h"
#include "stm32lib.h"
#include "user.h"
#include "uart.h"
u8   buzzer_count=0;          //全局变量，蜂鸣器鸣响时间，每单位 50ms
u8   Uart1_Get_Data=0;
u8   Uart1_Get_Flag=0;
u8   Uart2_Get_Data=0;
u8   Uart2_Get_Flag=0;
/**************************************************************************
**函数信息：int main (void)
**功能描述：开机后，ARMLED 闪动，可以通过上位机的串口调试软件向串口 1 或串口 2 发送数据，
开发板将返回接收到的数据
**************************************************************************
int main(void)
{
    SystemInit();                  //系统初始化，系统时钟初始化
    GPIOInit();                    //GPIO 初始化，凡是实验用到的都要初始化
    TIM2Init();                    //TIM2 初始化，LED 闪烁需要 TIM2
    UART1Init(115200);             //UART1 初始化，收发数据
    UART2Init(115200);             //UART1 初始化，收发数据
    NVICInit();                    //中断使能初始化，使能中断
    USART_SendStr(USART1,"  \r\n 串口 1 初始化完成，请输入 1 个数据：");
    USART_SendStr(USART2,"  \r\n 串口 2 初始化完成，请输入 1 个数据：");
    while (1)
    {
        if(Uart1_Get_Flag)
        {
            Uart1_Get_Flag=0;
            USART_SendStr(USART1,"\r\n 串口 1 接收到数据:");
            USART_SendDat(USART1,Uart1_Get_Data);
        }
        if(Uart2_Get_Flag)
```

```
            {
                Uart2_Get_Flag=0;
                USART_SendStr(USART2,"\r\n 串口 2 接收到数据:");
                USART_SendDat(USART2,Uart2_Get_Data);
            }
        }
    }
```

5.3　模/数转换器

5.3.1　ADC 简介

将模拟信号转换成数字信号的电路，称为模/数转换器（简称A/D 转换器或ADC）；将数字信号转换为模拟信号的电路称为数/模转换器（简称D/A 转换器或 DAC）；ADC 和 DAC 已成为信息系统中不可缺少的接口电路。

5.3.2　ADC 的主要参数

ADC 的主要参数包括以下几个。

（1）分辨率：表明 ADC 对模拟信号的分辨能力。由分辨率确定能被 ADC 辨别的最小模拟量变化，分辨率通常为 8 位、10 位、12 位、16 位等。

（2）转换时间：是 ADC 完成一次转换所需要的时间。一般转换速度越快越好。

（3）量化误差：是在 A/D 转换中由于整量化而产生的固有误差。量化误差在±1/2LSB（最低有效位）之间。

（4）绝对精度：对于 A/D 转换，指的是对应于一个给定量，ADC 的误差。其误差大小由实际模拟量输入值与理论值的差度量。

5.3.3　STM32 系列 ADC 的特点

（1）12 位分辨率。

（2）转换结束、注入转换结束和发生模拟看门狗事件时产生中断。

（3）单次和连续转换模式。

（4）从通道 0 到通道 n 的自动扫描模式。

（5）自校准。

（6）带内嵌数据一致性的数据对齐。

（7）采样间隔可以按通道分别编程。

（8）规则转换和注入转换均有外部触发选项。

（9）间断模式。

（10）双重模式（带 2 个或 2 个以上 ADC 的器件）。

（11）ADC 供电要求：2.4～3.6V。

（12）ADC 输入范围：$V_{REF-} \leq V_{IN} \leq V_{REF+}$。

（13）规则通道转换期间有 DMA 请求产生。

ADC 模块的框图如图 5-21 所示。

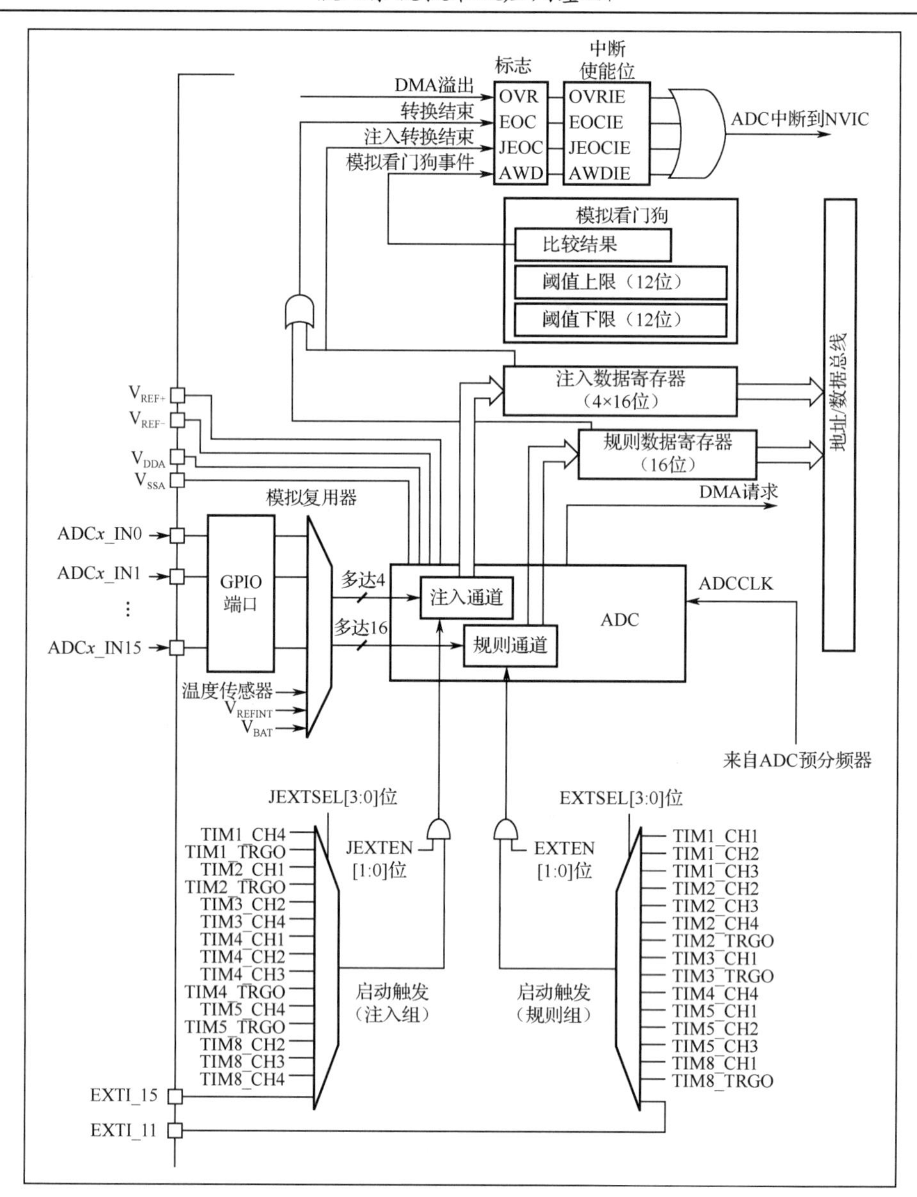

图 5-21 ADC 模块的框图

5.3.4 与 ADC 相关的寄存器

1. ADC 状态寄存器（ADC_SR）

ADC_SR 的位分布如图 5-22 所示。

31	30	29	28	27	26	25	24	23	22	21	20	19	18	17	16
保留															

15	14	13	12	11	10	9	8	7	6	5	4	3	2	1	0
保留										OVR	STRT	JSTRT	JEOC	EOC	AWD
										rc_w0	rc_w0	rc_w0	rc_w0	rc_w0	rc_w0

图 5-22 ADC_SR 的位分布

ADC_SR 的位的主要功能如表 5-16 所示。

表 5-16　ADC_SR 的位的主要功能

位	功能
位 31:6	保留，必须保持复位值
位 5	OVR：溢出。 数据丢失时，硬件将该位置 1（在单一/双重/三重模式下），但需要通过软件将该位清零。溢出检测仅在 DMA=1 或 EOCS=1 时使能。 0：未发生溢出； 1：发生溢出
位 4	STRT：规则通道转换开始标志。 规则通道转换开始时，硬件将该位置 1，但需要通过软件将该位清零。 0：未开始规则通道转换； 1：已开始规则通道转换
位 3	JSTRT：注入通道转换开始标志。 注入通道转换开始时，硬件将该位置 1，但需要通过软件将该位清零。 0：未开始注入通道转换； 1：已开始注入通道转换
位 2	JEOC：注入通道转换结束。 组内所有注入通道转换结束后，硬件将该位置 1，但需要通过软件将该位清零。 0：转换未完成； 1：转换已完成
位 1	EOC：规则通道转换结束。 规则通道转换结束后，硬件将该位置 1，但需要通过软件或通过读取 ADC_DR 将该位清零。 0：转换未完成（EOCS=0）或转换序列未完成（EOCS=1）； 1：转换已完成（EOCS=0）或转换序列已完成（EOCS=1）
位 0	AWD：模拟看门狗标志。 当转换电压超过在 ADC_LTR 和 ADC_HTR 中编程的值时，硬件将该位置 1，但需要通过软件将该位清零。 0：未发生模拟看门狗事件； 1：发生模拟看门狗事件

2．ADC 控制寄存器 1（ADC_CR1）

ADC_CR1 的位分布如图 5-23 所示。

31	30	29	28	27	26	25	24	23	22	21	20	19	18	17	16
保留					OVRIE	RES[1:0]		AWDEN	JAWDEN	保留					
					rw	rw	rw	rw	rw						
15	**14**	**13**	**12**	**11**	**10**	**9**	**8**	**7**	**6**	**5**	**4**	**3**	**2**	**1**	**0**
DISCNUM[2:0]			JDISCEN	DISCEN	JAUTO	AWDSGL	SCAN	JEOCIE	AWDIE	EOCIE	AWDCH[4:0]				
rw	rw	rw	rw	rw	rw	rw	rw	rw	rw	rw	rw	rw	rw	rw	rw

图 5-23　ADC_CR1 的位分布

ADC_CR1 的位的主要功能如表 5-17 所示。

表 5-17　ADC_CR1 的位的主要功能

位	功能
位 31:27	保留，必须保持复位值
位 26	OVRIE：溢出中断使能。 通过软件将该位置 1 和清零可分别使能和禁止溢出中断。 0：禁止溢出中断； 1：使能溢出中断。OVR 位置 1 时产生中断
位 25:24	RES[1:0]：分辨率。 通过软件写入这些位可选择转换的分辨率。 00：12 位（15 个 ADCCLK 周期）； 01：10 位（13 个 ADCCLK 周期）； 10：8 位（11 个 ADCCLK 周期）； 11：6 位（9 个 ADCCLK 周期）
位 23	AWDEN：规则通道上的模拟看门狗使能。 该位由软件置 1 和清零。 0：在规则通道上禁止模拟看门狗； 1：在规则通道上使能模拟看门狗
位 22	JAWDEN：注入通道上的模拟看门狗使能。 该位由软件置 1 和清零。 0：在注入通道上禁止模拟看门狗； 1：在注入通道上使能模拟看门狗
位 21:16	保留，必须保持复位值
位 15:13	DISCNUM[2:0]：不连续采样模式通道计数。 软件将写入这些位，用于定义在接收到外部触发后于不连续采样模式下转换的规则通道数。 000：1 个通道； 001：2 个通道； …… 111：8 个通道
位 12	JDISCEN：注入通道的不连续采样模式。 通过软件将该位置 1 和清零可分别使能和禁止注入通道的不连续采样模式。 0：禁止注入通道的不连续采样模式； 1：使能注入通道的不连续采样模式
位 11	DISCEN：规则通道的不连续采样模式。 通过软件将该位置 1 和清零可分别使能和禁止规则通道的不连续采样模式。 0：禁止规则通道的不连续采样模式； 1：使能规则通道的不连续采样模式
位 10	JAUTO：注入组自动转换。 通过软件将该位置 1 和清零可在规则组转换后分别使能和禁止注入组自动转换。 0：禁止注入组自动转换； 1：使能注入组自动转换
位 9	AWDSGL：在扫描模式下使能单一通道上的看门狗。 通过软件将该位置 1 和清零可分别使能和禁止通过 AWDCH[4:0]位确定的通道上的模拟看门狗。 0：在所有通道上使能模拟看门狗； 1：在单一通道上使能模拟看门狗

续表

位 8	SCAN：扫描模式。 通过软件将该位置 1 和清零可分别使能和禁止扫描模式。在扫描模式下，通过 ADC_SQRx 或 ADC_JSQRx 选择的输入进行转换使能/禁止扫描的功能。 0：禁止扫描模式； 1：使能扫描模式。 注意：① EOCIE 位置 1 时将生成 EOC 中断：如果 EOCS 位清零，则在每个规则组序列转换结束时生成 EOC 中断；如果 EOCS 位置 1，则在每个规则通道转换结束时生成 EOC 中断。 ② JEOCIE 位置 1 时，JEOC 中断仅在最后一个通道转换结束时生成
位 7	JEOCIE：注入通道的中断使能。 通过软件将该位置 1 和清零可分别使能和禁止 JEOC 中断。 0：禁止 JEOC 中断； 1：使能 JEOC 中断。JEOC 位置 1 时产生中断
位 6	AWDIE：模拟看门狗中断使能。 通过软件将该位置 1 和清零可分别使能和禁止模拟看门狗中断。 0：禁止模拟看门狗中断； 1：使能模拟看门狗中断
位 5	EOCIE：EOC 中断使能。 通过软件将该位置 1 和清零可分别使能和禁止 EOC 中断。 0：禁止 EOC 中断； 1：使能 EOC 中断。EOC 位置 1 时产生中断
位 4:0	AWDCH[4:0]：模拟看门狗通道选择位。 这些位将由软件置 1 和清零。它们用于选择由模拟看门狗监控的输入通道。 00000：ADC 模拟输入通道 0； 00001：ADC 模拟输入通道 1； …… 01111：ADC 模拟输入通道 15； 10000：ADC 模拟输入通道 16； 10001：ADC 模拟输入通道 17； 10010：ADC 模拟输入通道 18； 保留其他值

3. ADC 控制寄存器 2（ADC_CR2）

ADC_CR2 的位分布如图 5-24 所示。

31	30	29	28	27	26	25	24	23	22	21	20	19	18	17	16
保留	SWSTART	EXTEN		EXTSEL[3:0]				保留	JSWSTART	JEXTEN		JEXTSEL[3:0]			
	rw	rw	rw	rw	rw	rw	rw		rw	rw	rw	rw	rw	rw	rw

15	14	13	12	11	10	9	8	7	6	5	4	3	2	1	0
保留				ALIGN	EOCS	DDS	DMA	保留						CONT	ADON
				rw	rw	rw	rw							rw	rw

图 5-24　ADC_CR2 的位分布

ADC_CR2 的位的主要功能如表 5-18 所示。

表 5-18 ADC_CR2 的位的主要功能

位	功能
位 31	保留，必须保持复位值
位 30	SWSTART：开始转换规则通道。 通过软件将该位置 1 可开始转换，而硬件会在转换开始后将该位清零。 0：复位状态； 1：开始转换规则通道 注意：该位只能在 ADON=1 时置 1，否则不会启动转换
位 29:28	EXTEN：规则通道的外部触发使能。 通过软件将这些位置 1 和清零，可选择外部触发极性和使能规则组的触发。 00：禁止触发检测； 01：上升沿上的触发检测； 10：下降沿上的触发检测； 11：上升沿和下降沿上的触发检测
位 27:24	EXTSEL[3:0]：为规则组选择外部事件。 这些位可选择用于触发规则组转换的外部事件。 0000：定时器 1 CC1 事件； 0001：定时器 1 CC2 事件； 0010：定时器 1 CC3 事件； 0011：定时器 2 CC2 事件； 0100：定时器 2 CC3 事件； 0101：定时器 2 CC4 事件； 0110：定时器 2 TRGO 事件； 0111：定时器 3 CC1 事件； 1000：定时器 3 TRGO 事件； 1001：定时器 4 CC4 事件； 1010：定时器 5 CC1 事件； 1011：定时器 5 CC2 事件； 1100：定时器 5 CC3 事件； 1101：定时器 8 CC1 事件； 1110：定时器 8 TRGO 事件； 1111：EXTI 线 11
位 23	保留，必须保持复位值
位 22	JSWSTART：开始转换注入通道。 转换开始后，软件将该位置 1，而硬件将该位清零。 0：复位状态； 1：开始转换注入通道。 注意：该位只能在 ADON=1 时置 1，否则不会启动转换
位 21:20	JEXTEN：注入通道的外部触发使能。 通过软件将这些位置 1 和清零可选择外部触发极性和使能注入组的触发。 00：禁止触发检测； 01：上升沿上的触发检测； 10：下降沿上的触发检测； 11：上升沿和下降沿上的触发检测

续表

位 19:16	JEXTSEL[3:0]：为注入组选择外部事件。 这些位可选择用于触发注入组转换的外部事件。 0000：定时器 1 CC4 事件； 0001：定时器 1 TRGO 事件； 0010：定时器 2 CC1 事件； 0011：定时器 2 TRGO 事件； 0100：定时器 3 CC2 事件； 0101：定时器 3 CC4 事件； 0110：定时器 4 CC1 事件； 0111：定时器 4 CC2 事件； 1000：定时器 4 CC3 事件； 1001：定时器 4 TRGO 事件； 1010：定时器 5 CC4 事件； 1011：定时器 5 TRGO 事件； 1100：定时器 8 CC2 事件； 1101：定时器 8 CC3 事件； 1110：定时器 8 CC4 事件； 1111：EXTI 线 15
位 15:12	保留，必须保持复位值
位 11	ALIGN：数据对齐。 该位由软件置 1 和清零。 0：右对齐； 1：左对齐
位 10	EOCS：结束转换选择。 该位由软件置 1 和清零。 0：在每个规则转换序列结束时将 EOC 位置 1，溢出检测仅在 DMA=1 时使能； 1：在每个规则转换结束时将 EOC 位置 1，使能溢出检测
位 9	DDS：DMA 禁止选择（对于单一 ADC 模式）。 该位由软件置 1 和清零。 0：最后一次传输后不发出新的 DMA 请求（在 DMA 控制器中进行配置）； 1：只要发生数据转换且 DMA=1，就会发出 DAM 请求
位 8	DMA：直接存储器访问模式（对于单一 ADC 模式）。 该位由软件置 1 和清零。 0：禁止 DMA 模式； 1：使能 DMA 模式
位 7:2	保留，必须保持复位值
位 1	CONT：连续转换。 该位由软件置 1 和清零。该位置 1 时，转换将持续进行，直到该位清零。 0：单次转换模式； 1：连续转换模式
位 0	ADON：ADC 开启/关闭。 该位由软件置 1 和清零。 0：禁止 ADC 转换并转至掉电模式； 1：使能 ADC

4. ADC 采样时间寄存器 1（ADC_SMPR1）

ADC_SMPR1 的位分布如图 5-25 所示。

31	30	29	28	27	26	25	24	23	22	21	20	19	18	17	16
保留					SMP18[2:0]			SMP17[2:0]			SMP16[2:0]			SMP15[2:1]	
					rw	rw	rw	rw	rw	rw	rw	rw	rw	rw	rw

15	14	13	12	11	10	9	8	7	6	5	4	3	2	1	0
SMP15_0	SMP14[2:0]			SMP13[2:0]			SMP12[2:0]			SMP11[2:0]			SMP10[2:0]		
rw	rw	rw	rw	rw	rw	rw	rw	rw	rw	rw	rw	rw	rw	rw	rw

图 5-25 ADC_SMPR1 的位分布

ADC_SMPR1 的位的主要功能如表 5-19 所示。

表 5-19 ADC_SMPR1 的位的主要功能

位	功能
位 31:27	保留，必须保持复位值。
位 26:0	SMP*x*[2:0]：通道 *x* 采样时间选择。 通过软件写入这些位可分别为各个通道选择采样时间。在采样周期期间，通道选择位必须保持不变。 000：3 个周期； 001：15 个周期； 010：28 个周期； 011：56 个周期； 100：84 个周期； 101：112 个周期； 110：144 个周期； 111：480 个周期

5. ADC 采样时间寄存器 2（ADC_SMPR2）

ADC_SMPR2 的位分布如图 5-26 所示。

31	30	29	28	27	26	25	24	23	22	21	20	19	18	17	16
保留		SMP9[2:0]			SMP8[2:0]			SMP7[2:0]			SMP6[2:0]			SMP5[2:1]	
		rw	rw	rw	rw	rw	rw	rw	rw	rw	rw	rw	rw	rw	rw

15	14	13	12	11	10	9	8	7	6	5	4	3	2	1	0
SMP5_0	SMP4[2:0]			SMP3[2:0]			SMP2[2:0]			SMP1[2:0]			SMP0[2:0]		
rw	rw	rw	rw	rw	rw	rw	rw	rw	rw	rw	rw	rw	rw	rw	rw

图 5-26 ADC_SMPR2 的位分布

ADC_SMPR2 的位的主要功能如表 5-20 所示。

表 5-20 ADC_SMPR2 的位的主要功能

位	功能
位 31:30	保留，必须保持复位值
位 29:0	SMP*x*[2:0]：通道 *x* 采样时间选择。 通过软件写入这些位可分别为各个通道选择采样时间。在采样周期期间，通道选择位必须保持不变。

续表

位 29:0	000：3 个周期； 001：15 个周期； 010：28 个周期； 011：56 个周期； 100：84 个周期； 101：112 个周期； 110：144 个周期； 111：480 个周期

6．ADC 注入通道数据偏移寄存器 *x*（ADC_JOFR*x*）（*x*=1～4）

ADC_JOFR*x* 的位分布如图 5-27 所示。

图 5-27 ADC_JOFR*x* 的位分布

ADC_JOFR*x* 的位的主要功能如表 5-21 所示。

表 5-21 ADC_JOFR*x* 的位的主要功能

位 31:12	保留，必须保持复位值
位 11:0	JOFFSETx[11:0]：注入通道的数据偏移。 通过软件写入这些位可定义在转换注入通道时从原始转换数据中减去的偏移量。可从 ADC_JDR*x* 中读取转换结果

7．ADC 看门狗高阈值寄存器（ADC_HTR）

ADC_HTR 的位分布如图 5-28 所示。

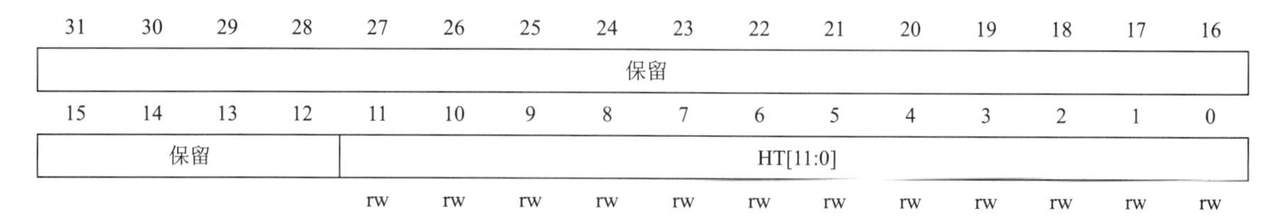

图 5-28 ADC_HTR 的位分布

ADC_HTR 的位的主要功能如表 5-22 所示。

表 5-22 ADC_HTR 的位的主要功能

位 31:12	保留，必须保持复位值
位 11:0	HT[11:0]：模拟看门狗高阈值。 通过软件写入这些位可为模拟看门狗定义高阈值

8. ADC 看门狗低阈值寄存器（ADC_LTR）

ADC_LTR 的位分布如图 5-29 所示。

31	30	29	28	27	26	25	24	23	22	21	20	19	18	17	16
保留															
15	**14**	**13**	**12**	**11**	**10**	**9**	**8**	**7**	**6**	**5**	**4**	**3**	**2**	**1**	**0**
保留				LT[11:0]											
				rw	rw	rw	rw	rw	rw	rw	rw	rw	rw	rw	rw

图 5-29　ADC_LTR 的位分布

ADC_LTR 的位的主要功能如表 5-23 所示。

表 5-23　ADC_LTR 的位的主要功能

位	功能
位 31:12	保留，必须保持复位值
位 11:0	LT[11:0]：模拟看门狗低阈值。 通过软件写入这些位可为模拟看门狗定义低阈值

9. ADC 规则序列寄存器 1（ADC_SQR1）

ADC_SQR1 的位分布如图 5-30 所示。

31	30	29	28	27	26	25	24	23	22	21	20	19	18	17	16
保留								L[3:0]				SQ16[4:1]			
								rw	rw	rw	rw	rw	rw	rw	rw
15	**14**	**13**	**12**	**11**	**10**	**9**	**8**	**7**	**6**	**5**	**4**	**3**	**2**	**1**	**0**
SQ16_0	SQ15[4:0]					SQ14[4:0]					SQ13[4:0]				
rw	rw	rw	rw	rw	rw	rw	rw	rw	rw	rw	rw	rw	rw	rw	rw

图 5-30　ADC_SQR1 的位分布

ADC_SQR1 的位的主要功能如表 5-24 所示。

表 5-24　ADC_SQR1 的位的主要功能

位	功能
位 31:24	保留，必须保持复位值
位 23:20	L[3:0]：规则通道序列长度。 通过软件写入这些位可定义规则通道转换序列中的转换总数。 0000：1 次转换； 0001：2 次转换； …… 1111：16 次转换
位 19:15	SQ16[4:0]：规则序列中的第 16 次转换。 通过软件写入这些位，并将通道编号（0～18）分配为转换序列中的第 16 次转换
位 14:10	SQ15[4:0]：规则序列中的第 15 次转换
位 9:5	SQ14[4:0]：规则序列中的第 14 次转换
位 4:0	SQ13[4:0]：规则序列中的第 13 次转换

10. ADC 规则序列寄存器 2（ADC_SQR2）

ADC_SQR2 的位分布如图 5-31 所示。

31	30	29	28	27	26	25	24	23	22	21	20	19	18	17	16
保留		SQ12[4:0]					SQ11[4:0]					SQ10[4:1]			
		rw	rw	rw	rw	rw	rw	rw	rw	rw	rw	rw	rw	rw	rw

15	14	13	12	11	10	9	8	7	6	5	4	3	2	1	0
SQ10_0	SQ9[4:0]					SQ8[4:0]					SQ7[4:0]				
rw	rw	rw	rw	rw	rw	rw	rw	rw	rw	rw	rw	rw	rw	rw	rw

图 5-31　ADC_SQR2 的位分布

ADC_SQR2 的位的主要功能如表 5-25 所示。

表 5-25　ADC_SQR2 的位的主要功能

位 31:30	保留，必须保持复位值
位 29:25	SQ12[4:0]：规则序列中的第 12 次转换。 通过软件写入这些位，并将通道编号（0～18）分配为序列中的第 12 次转换
位 24:20	SQ11[4:0]：规则序列中的第 11 次转换
位 19:15	SQ10[4:0]：规则序列中的第 10 次转换
位 14:10	SQ9[4:0]：规则序列中的第 9 次转换
位 9:5	SQ8[4:0]：规则序列中的第 8 次转换
位 4:0	SQ7[4:0]：规则序列中的第 7 次转换

11. ADC 规则序列寄存器 3（ADC_SQR3）

ADC_SQR3 的位分布如图 5-32 所示。

31	30	29	28	27	26	25	24	23	22	21	20	19	18	17	16
保留		SQ6[4:0]					SQ5[4:0]					SQ4[4:1]			
		rw	rw	rw	rw	rw	rw	rw	rw	rw	rw	rw	rw	rw	rw

15	14	13	12	11	10	9	8	7	6	5	4	3	2	1	0
SQ4_0	SQ3[4:0]					SQ2[4:0]					SQ1[4:0]				
rw	rw	rw	rw	rw	rw	rw	rw	rw	rw	rw	rw	rw	rw	rw	rw

图 5-32　ADC_SQR3 的位分布

ADC_SQR3 的位的主要功能如表 5-26 所示。

表 5-26　ADC_SQR3 的位的主要功能

位 31:30	保留，必须保持复位值
位 29:25	SQ6[4:0]：规则序列中的第 6 次转换。 通过软件写入这些位，并将通道编号（0～18）分配为序列中的第 6 次转换
位 24:20	SQ5[4:0]：规则序列中的第 5 次转换

续表

位 19:15	SQ4[4:0]：规则序列中的第 4 次转换
位 14:10	SQ3[4:0]：规则序列中的第 3 次转换
位 9:5	SQ2[4:0]：规则序列中的第 2 次转换
位 4:0	SQ1[4:0]：规则序列中的第 1 次转换

12. ADC 注入序列寄存器（ADC_JSQR）

ADC_JSQR 的位分布如图 5-33 所示。

31	30	29	28	27	26	25	24	23	22	21	20	19	18	17	16
保留										JL[1:0]		JSQ4[4:1]			
		rw	rw	rw	rw	rw	rw	rw	rw	rw	rw	rw	rw	rw	rw

15	14	13	12	11	10	9	8	7	6	5	4	3	2	1	0
JSQ4_0	JSQ3[4:0]					JSQ2[4:0]					JSQ1[4:0]				
rw	rw	rw	rw	rw	rw	rw	rw	rw	rw	rw	rw	rw	rw	rw	rw

图 5-33 ADC_JSQR 的位分布

ADC_JSQR 的位的主要功能如表 5-27 所示。

表 5-27 ADC_JSQR 的位的主要功能

位 31:22	保留，必须保持复位值
位 21:20	JL[1:0]：注入序列长度。 通过软件写入这些位可定义注入通道转换序列中的转换总数。 00：1 次转换； 01：2 次转换； 10：3 次转换； 11：4 次转换
位 19:15	JSQ4[4:0]：注入序列中的第 4 次转换 通过软件写入这些位，并将通道编号（0～18）分配为序列中的第 4 次转换
位 14:10	JSQ3[4:0]：注入序列中的第 3 次转换
位 9:5	JSQ2[4:0]：注入序列中的第 2 次转换
位 4:0	JSQ1[4:0]：注入序列中的第 1 次转换

13. ADC 注入数据寄存器 x（ADC_JDRx）（x=1～4）

ADC_JDRx 的位分布如图 5-34 所示。

31	30	29	28	27	26	25	24	23	22	21	20	19	18	17	16
保留															

15	14	13	12	11	10	9	8	7	6	5	4	3	2	1	0
JDATA[15:0]															
r	r	r	r	r	r	r	r	r	r	r	r	r	r	r	r

图 5-34 ADC_JDRx 的位分布

ADC_JDR*x* 的位的主要功能如表 5-28 所示。

表 5-28　ADC_JDR*x* 的位的主要功能

位 31:16	保留，必须保持复位值
位 15:0	JDATA[15:0]：注入数据。 这些位为只读。它们包括来自注入通道的转换结果

14．ADC 规则数据寄存器（ADC_DR）

ADC_DR 的位分布如图 5-35 所示。

31	30	29	28	27	26	25	24	23	22	21	20	19	18	17	16
保留															
15	**14**	**13**	**12**	**11**	**10**	**9**	**8**	**7**	**6**	**5**	**4**	**3**	**2**	**1**	**0**
DATA[15:0]															
r	r	r	r	r	r	r	r	r	r	r	r	r	r	r	r

图 5-35　ADC_DR 的位分布

ADC_DR 的位的主要功能如表 5-29 所示。

表 5-29　ADC_DR 的位的主要功能

位 31:16	保留，必须保持复位值
位 15:0	DATA[15:0]：规则数据。 这些位为只读。它们包括来自规则通道的转换结果

5.3.5　硬件连接

A/D 转换硬件电路如图 5-36 所示。

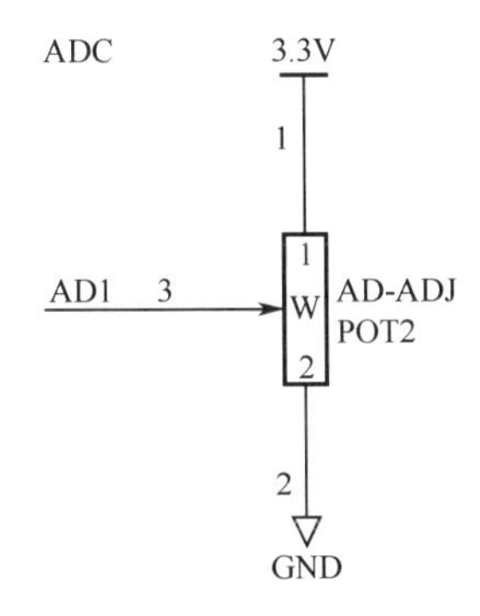

图 5-36　A/D 转换硬件电路

5.3.6　ADC 应用案例

```
#include "stm32f10x.h"
#include "stm32lib.h"
#include "api.h"
/*****************************************************************************
```

```
**函数信息：void ADCInit(void)
**功能描述：ADC 初始化函数
**输入参数：
**输出参数：无
**调用提示：
***************************************************************************/
void ADCInit(void)
{
    ADC_InitTypeDef     ADC_InitStructure;

    RCC_APB2PeriphClockCmd(RCC_APB2Periph_ADC1, ENABLE);
    /* ADC1 */
    ADC_InitStructure.ADC_Mode                  =ADC_Mode_Independent;      //独立模式
    ADC_InitStructure.ADC_ScanConvMode          =ENABLE;                    //连续多通道模式
    ADC_InitStructure.ADC_ContinuousConvMode=ENABLE;                        //连续转换
    ADC_InitStructure.ADC_ExternalTrigConv =ADC_ExternalTrigConv_None;      //转换不受外界决定
    ADC_InitStructure.ADC_DataAlign         =ADC_DataAlign_Right;           //右对齐
    ADC_InitStructure.ADC_NbrOfChannel      =1;                             //扫描通道数
    ADC_Init(ADC1, &ADC_InitStructure);
    //通道 1，采用时间为 55.5 个周期，1 代表第 1 个规则通道
    ADC_RegularChannelConfig(ADC1, ADC_Channel_1, 1, ADC_SampleTime_55Cycles5);
    ADC_Cmd(ADC1, ENABLE);                          //使能 ADC1
    ADC_SoftwareStartConvCmd(ADC1,ENABLE);      //转换开始
}

/***************************************************************************
**函数信息：int main (void)
**功能描述：开机后，ARMLED 闪动，开始采集 A/D 值，并通过串口发往上位机显示出来
**输入参数：
**输出参数：
**调用提示：
***************************************************************************/
int main(void)
{
    u32   ADC_Data, temp;
    char str[8];

    SystemInit();               //系统初始化，系统时钟初始化
    GPIOInit();                 //GPIO 初始化，凡是实验用到的都要初始化
    TIM2Init();                 //TIM2 初始化，LED 闪烁需要 TIM2
    SysTickInit();              //用于延时程序
    UART1Init(115200);          //UART1 初始化，收发数据
    ADCInit();                  //ADC 初始化

    if(ADC_GetFlagStatus(ADC1, ADC_FLAG_EOC)==SET)          //第一次转换的值一般不准，舍弃
        ADC_Data=ADC_GetConversionValue(ADC1);
```

```
    SysTick_Dly=50;
    while(SysTick_Dly)  //延时 50ms

    while(1)
    {
        if(ADC_GetFlagStatus(ADC1, ADC_FLAG_EOC)==SET)      //转换完成
            ADC_Data=ADC_GetConversionValue(ADC1);

      ADC_Data=(ADC_Data*3300)/4095;      //3300 表示参考电压是 3.3V，4096 表示 12 位 ADC

        QueueWriteStr(UART1SendBuf,"   \r\nADC 采样值:");
        str[0]=ADC_Data/1000+'0';
        str[1]='.';                                             //换算成实际电压值
        temp=ADC_Data%1000;
        str[2]=temp/100+'0';
        temp=temp%100;
        str[3]=temp/10+'0';
        str[4]='V';
        str[5]='\0';
        QueueWriteStr(UART1SendBuf, str);

        SysTick_Dly=1000;
        while(SysTick_Dly);   //延时 1s
    }

}
```

5.4　定时器分析与应用

5.4.1　通用定时器简介

通用定时器是一个通过可编程预分频器驱动的16位自动装载计数器。它适用于多种场合，包括测量输入信号的脉冲长度（输入捕获）或者产生输出波形（输出和 PWM）。

使用定时器预分频器和 RCC 时钟控制器预分频器，脉冲长度和波形周期可以在几微秒到几毫秒间调整。每个定时器都是完全独立的，没有互相共享任何资源。

5.4.2　STM32 系列通用定时器的特点

（1）16 位向上、向下、向上/向下自动装载计数器。

（2）16 位可编程（可以实时修改）预分频器，计数器时钟频率的分频系数为 1～65 536 之间的任意数值。

（3）4 个独立通道：①输入捕获；②输出比较；③PWM 生成（边缘或中间对齐模式）；④单脉冲模式输出。

（4）死区时间可编程的互补输出。

（5）使用外部信号控制定时器和定时器互连的同步电路。

（6）允许在指定数目的计数器周期之后更新定时器寄存器的重复计数器。

（7）刹车输入信号可以将定时器输出信号置于复位状态或者一个已知状态。

（8）以下事件发生时产生中断/DMA。

① 更新：计数器向上溢出/向下溢出，计数器初始化（通过软件或者内部/外部触发）。

② 触发事件（计数器启动、停止、初始化或者由内部/外部触发计数）。

③ 输入捕获。

④ 输出比较。

⑤ 刹车信号输入。

（9）支持针对定位的增量（正交）编码器和霍尔传感器电路。

（10）触发输入作为外部时钟或者按周期的电流管理。

通用定时器的方框图如图 5-37 所示。

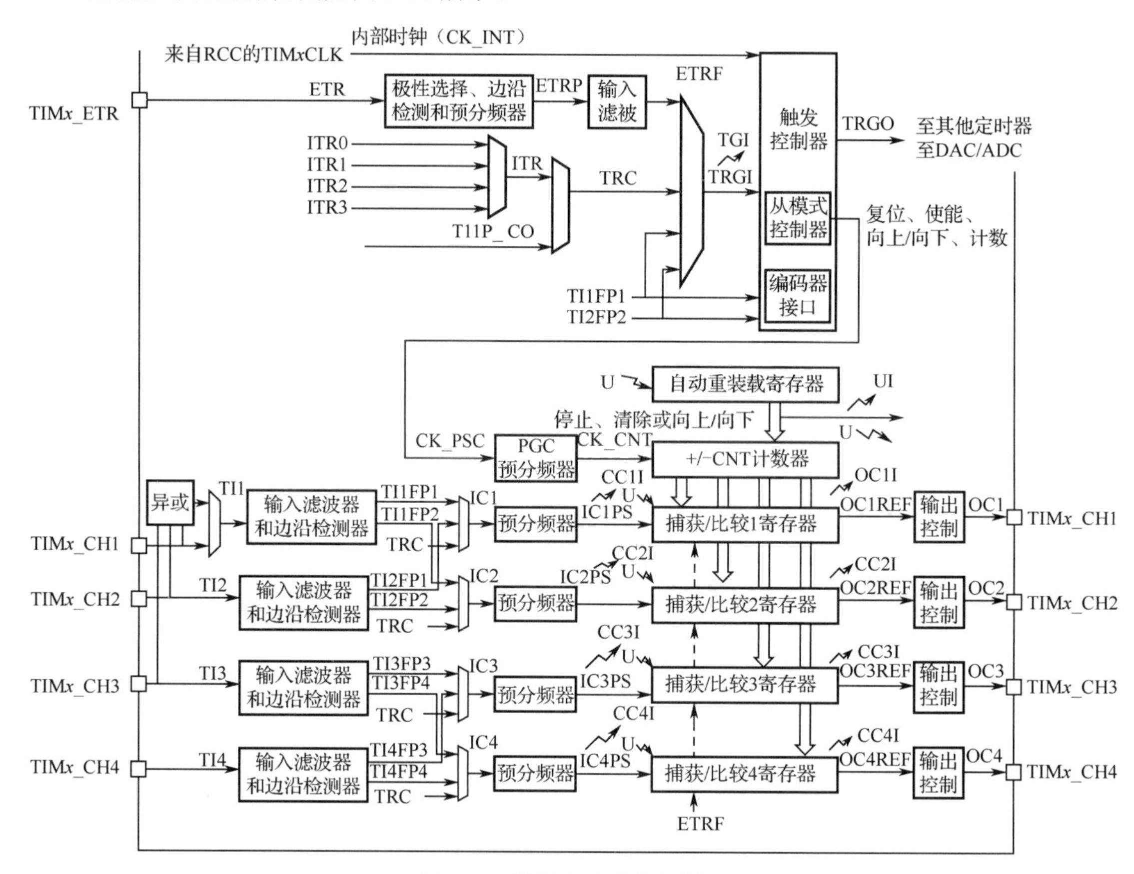

图 5-37 通用定时器的方框图

5.4.3 与通用定时器相关的寄存器

1. 控制寄存器 1（TIMx_CR1）

TIMx_CR1 的位分布如图 5-38 所示。

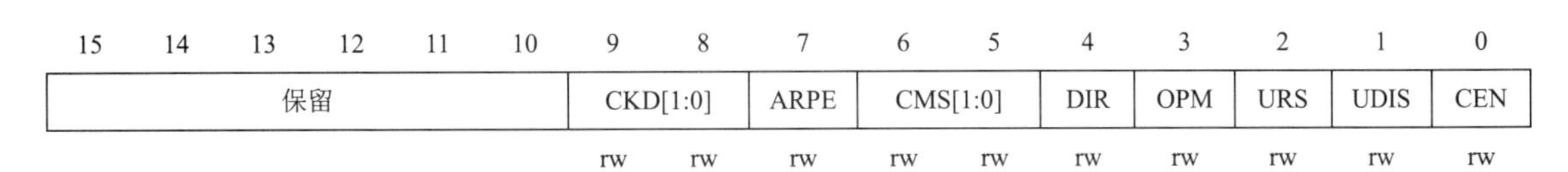

图 5-38　TIM*x*_CR1 的位分布

TIM*x*_CR1 的位的主要功能如表 5-30 所示。

表 5-30　TIM*x*_CR1 的位的主要功能

位 15:10	保留，必须保持复位值
位 9:8	CKD[1:0]：时钟分频。 该位域指示定时器时钟（CK_INT）频率与死区发生器及数字滤波器（ETR、TI*x*）所使用的死区和采样时钟（t_{DTS}）之间的分频比。 00：$t_{DTS}=t_{CK\_INT}$； 01：$t_{DTS}=2\times t_{CK\_INT}$； 10：$t_{DTS}=4\times t_{CK\_INT}$； 11：保留，不要设置成此值
位 7	ARPE：自动重载预装载使能。 0：TIM*x*_ARR 不进行缓冲； 1：TIM*x*_ARR 进行缓冲
位 6:5	CMS[1:0]：中心对齐模式选择。 00：边沿对齐模式。计数器根据方向位（DIR）递增计数或递减计数。 01：中心对齐模式 1。计数器交替进行递增计数和递减计数。仅当计数器递减计数时，配置为输出的通道（TIM*x*_CCMR*x* 中的 CxS=00）的输出比较中断标志才置 1。 10：中心对齐模式 2。计数器交替进行递增计数和递减计数。仅当计数器递增计数时，配置为输出的通道（TIM*x*_CCMR*x* 中的 CxS=00）的输出比较中断标志才置 1。 11：中心对齐模式 3。计数器交替进行递增计数和递减计数。当计数器递增计数或递减计数时，配置为输出的通道（TIM*x*_CCMR*x* 中的 CxS=00）的输出比较中断标志都会置 1。 注意：只要计数器处于使能状态（CEN=1），就不得从边沿对齐模式切换为中心对齐模式
位 4	DIR：方向。 0：计数器递增计数； 1：计数器递减计数。 注意：当定时器配置为中心对齐模式或编码器模式时，该位为只读状态
位 3	OPM：单脉冲模式。 0：计数器在发生更新（UEV）事件时不会停止计数； 1：计数器在发生下一 UEV 事件时停止计数（将 CEN 位清零）
位 2	URS：更新请求源。 该位由软件置 1 和清零，用于选择 UEV 事件源。 0：使能时，以下事件会生成更新中断或 DMA 请求：①计数器上溢/下溢；②将 UG 位置 1；③通过从模式控制器生成的 UEV 事件。 1：使能时，只有计数器上溢/下溢才会生成更新中断或 DMA 请求
位 1	UDIS：更新禁止。 该位由软件置 1 和清零，用于使能/禁止 UEV 事件生成。 0：使能 UEV 事件生成。UEV 事件可通过以下事件之一生成：①计数器上溢/下溢；②将 UG 位置 1；③通过从模式控制器生成的 UEV 事件。 1：禁止 UEV 事件生成。不会生成 UEV 事件，各影子寄存器的值（ARR、PSC 和 CCRx）保持不变。但如果将 UG 位置 1，或者从从模式控制器接收到硬件复位，则会重新初始化计数器和预分频器

续表

位 0	CEN：计数器使能。 0：禁止计数器； 1：使能计数器 注意：只有事先通过软件将 CEN 位置 1，才可以使用外部时钟、门控模式和编码器模式。而触发模式可通过硬件自动将 CEN 位置 1

2．控制寄存器 2（TIM*x*_CR2）

TIM*x*_CR2 的位分布如图 5-39 所示。

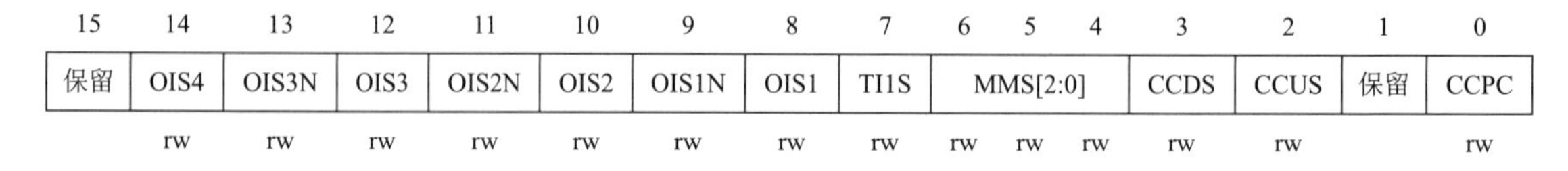

15	14	13	12	11	10	9	8	7	6	5	4	3	2	1	0
保留	OIS4	OIS3N	OIS3	OIS2N	OIS2	OIS1N	OIS1	TI1S	MMS[2:0]			CCDS	CCUS	保留	CCPC
	rw	rw	rw	rw	rw	rw	rw	rw	rw	rw	rw	rw	rw		rw

图 5-39　TIM*x*_CR2 的位分布

TIM*x*_CR2 的位的主要功能如表 5-31 所示。

表 5-31　TIM*x*_CR2 的位的主要功能

位 15	保留，必须保持复位值
位 14	OIS4：输出空闲状态 4（OC4 输出），参见 OIS1 位
位 13	OIS3N：输出空闲状态 3（OC3N 输出），参见 OIS1N 位
位 12	OIS3：输出空闲状态 3（OC3 输出），参见 OIS1 位
位 11	OIS2N：输出空闲状态 2（OC2N 输出），参见 OIS1N 位
位 10	OIS2：输出空闲状态 2（OC2 输出），参见 OIS1 位
位 9	OIS1N：输出空闲状态 1（OC1N 输出）。 0：当 MOE=0 时，经过死区时间之后 OC1N=0； 1：当 MOE=0 时，经过死区时间之后 OC1N=1
位 8	OIS1：输出空闲状态 1（OC1 输出）。 0：当 MOE=0 时，如果 OC1N 有效，则经过死区时间之后 OC1=0； 1：当 MOE=0 时，如果 OC1N 有效，则经过死区时间之后 OC1=1。 注意：只要编程了 LOCK（TIM*x*_BDTR 中的 LOCK 位）级别 1、2 或 3，此位即无法修改
位 7	TI1S：TI1 选择。 0：TIM*x*_CH1 引脚连接到 TI1 输入； 1：TIM*x*_CH1、CH2 和 CH3 引脚连接到 TI1 输入（异或组合）
位 6:4	MMS[2:0]：主模式选择。 这些位可选择主模式下将要发送到从定时器以实现同步的信息。这些位的组合如下。 000：复位—TIM*x*_EGR 中的 UG 位用作触发输出（TRGO）。如果复位由触发输入生成（从模式控制器配置为复位模式），则 TRGO 上的信号相比实际复位会有延迟。 001：使能—计数器使能信号（CNT_EN）用作触发输出（TRGO）。该触发输出可用于同时启动多个定时器，或者控制在一段时间内使能从定时器。计数器使能信号可由 CEN 控制位产生。 当配置为门控模式时，计数器使能信号也可由触发输入产生。当计数器使能信号由触发输入控制时，TRG 上会存在延迟，选择主/从模式时除外（请参见 TIM*x*_SMCR 中 MSM 位的说明）。 010：更新—选择更新事件作为触发输出（TRGO）。例如，主定时器可用作从定时器的预分频器。

续表

位 6:4	011：比较脉冲—一旦发生输入捕获或比较匹配事件，当 CC1IF 位被置 1 时（即使已为高电平），触发输出都会发送一个正脉冲。 100：比较—OC1REF 信号用作触发输出（TRGO）； 101：比较—OC2REF 信号用作触发输出（TRGO）； 110：比较—OC3REF 信号用作触发输出（TRGO）； 111：比较—OC4REF 信号用作触发输出（TRGO）
位 3	CCDS：捕获/比较 DMA 选择。 0：发生 CCx 事件时发送 CCx DMA 请求； 1：发生更新事件时发送 CCx DMA 请求
位 2	CCUS：捕获/比较控制更新选择。 0：如果捕获/比较控制位（CCPC=1）进行预装载，仅通过将 COMG 位置 1 对这些位进行更新； 1：如果捕获/比较控制位（CCPC=1）进行预装载，可通过将 COMG 位置 1 或 TRGI 的上升沿对这些位进行更新。 注意：该位仅对具有互补输出的通道有效
位 1	保留，必须保持复位值
位 0	CCPC：捕获/比较预装载控制。 0：CCxE、CCxNE 和 OCxM 位未进行预装载； 1：CCxE、CCxNE 和 OCxM 位进行了预装载，写入这些位后，仅当发生换向事件（COM）(COMG 位置 1 或在 TRGI 上检测到上升沿，取决于 CCUS 位）时才会对这些位进行更新。 注意：该位仅对具有互补输出的通道有效

3．从模式控制寄存器（TIMx_SMCR）

TIMx_SMCR 的位分布如图 5-40 所示。

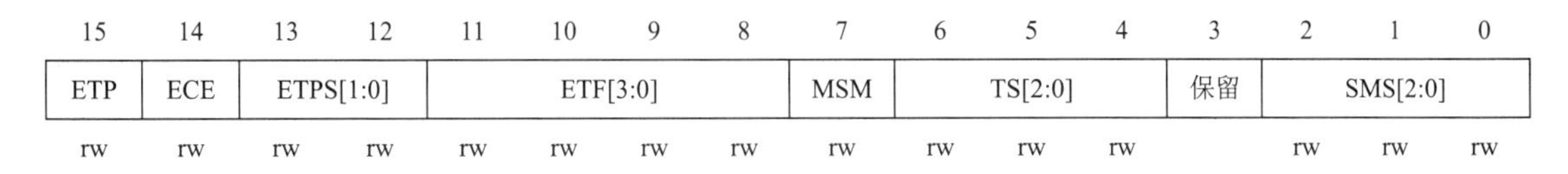

图 5-40　TIMx_SMCR 的位分布

TIMx_SMCR 的位的主要功能如表 5-32 所示。

表 5-32　TIMx_SMCR 的位的主要功能

位 15	ETP：外部触发极性。 该位可选择将 ETR 还是 ETR 用于触发操作。 0：ETR 未反相，高电平或上升沿有效。 1：ETR 反相，低电平或下降沿有效
位 14	ECE：外部时钟使能。 该位可使能外部时钟模式 2。 0：禁止外部时钟模式 2； 1：使能外部时钟模式 2。计数器时钟由 ETRF 信号的任意有效边沿提供。 注意：①将 ECE 位置 1 与选择外部时钟模式 1 并将 TRGI 连接到 ETRF（SMS=111 且 TS=111）具有相同效果；②外部时钟模式 2 可以和以下从模式同时使用：复位模式、门控模式和触发模式，不过此类情况下，TRGI 不得连接 ETRF（TS 位不得为 111）；③如果同时使能外部时钟模式 1 和外部时钟模式 2，则外部时钟输入 ETRF 信号

续表

位 13:12	ETPS[1:0]：外部触发预分频器。 ETRP 频率不得超过 TIMxCLK 频率的 1/4。可通过使能预分频器来降低 ETRP 频率。这种方法在输入快速外部时钟时非常有用。 00：预分频器关闭； 01：2 分频 ETRP 频率； 10：4 分频 ETRP 频率； 11：8 分频 ETRP 频率
位 11:8	ETF[3:0]：外部触发滤波器。 该位域可定义 ETRP 信号的采样频率和适用于 ETRP 的数字滤波时间。数字滤波器由事件计数器组成，每 N 个事件才视为一个有效边沿。 0000：无滤波器，按 f_{DTS} 采样； 0001：$f_{SAMPLING}=f_{CK\_INT}$，N=2； 0010：$f_{SAMPLING}=f_{CK\_INT}$，N=4； 0011：$f_{SAMPLING}=f_{CK\_INT}$，N=8； 0100：$f_{SAMPLING}=f_{DTS/2}$，N=6； 0101：$f_{SAMPLING}=f_{DTS/2}$，N=8； 0110：$f_{SAMPLING}=f_{DTS/4}$，N=6； 0111：$f_{SAMPLING}=f_{DTS/4}$，N=8； 1000：$f_{SAMPLING}=f_{DTS/8}$，N=6； 1001：$f_{SAMPLING}=f_{DTS/8}$，N=8； 1010：$f_{SAMPLING}=f_{DTS/16}$，N=5； 1011：$f_{SAMPLING}=f_{DTS/16}$，N=6； 1100：$f_{SAMPLING}=f_{DTS/16}$，N=8； 1101：$f_{SAMPLING}=f_{DTS/32}$，N=5； 1110：$f_{SAMPLING}=f_{DTS/32}$，N=6； 1111：$f_{SAMPLING}=f_{DTS/32}$，N=8
位 7	MSM：主/从模式。 0：不执行任何操作； 1：当前定时器的触发输入事件的动作被推迟，以使当前定时器与其从定时器实现完美同步（通过 TRGO）。此设置适用于由单个外部事件对多个定时器进行同步的情况
位 6:4	TS[2:0]：触发选择。 该位域可选择将要用于同步计数器的触发输入。 000：内部触发 0（ITR0）； 001：内部触发 1（ITR1）； 010：内部触发 2（ITR2）； 011：内部触发 3（ITR3）； 100：TI1 边沿检测器（TI1F_ED）； 101：滤波后的定时器输入 1（TI1FP1）； 110：滤波后的定时器输入 2（TI2FP2）； 111：外部触发输入（ETRF）
位 3	保留，必须保持复位值

续表

位 2:0	SMS[2:0]：从模式选择。 选择外部信号时，触发输入信号的有效边沿与外部输入所选的极性相关。 000：禁止从模式，如果 CEN=1，预分频器时钟直接由内部时钟提供。 001：编码器模式 1，计数器根据 TI1FP1 电平在 TI2FP2 边沿递增/递减计数。 010：编码器模式 2，计数器根据 TI2FP2 电平在 TI1FP1 边沿递增/递减计数。 011：编码器模式 3，计数器在 TI1FP1 和 TI2FP2 的边沿计数，计数的方向取决于另外一个信号的电平。 100：复位模式，在出现所选触发输入信号的上升沿时，重新初始化计数器并生成一个寄存器更新事件。 101：门控模式，触发输入信号为高电平时使能计数器时钟。只要触发输入信号变为低电平，计数器立即停止计数（但不复位）。计数器的启动和停止都是受控的。 110：触发模式，触发输入信号出现上升沿时启动计数器（但不复位）。只控制计数器的启动。 111：外部时钟模式 1，由所选触发输入信号的上升沿提供计数器时钟。 注意：如果将 TI1F_ED 作为触发输入（TS=100），则不得使用门控模式。实际上，TI1F 每次转换时，TI1F_ED 都输出 1 个脉冲，而门控模式检查的则是触发输入信号的电平

4．状态寄存器（TIMx_SR）

TIM*x*_SR 的位分布如图 5-41 所示。

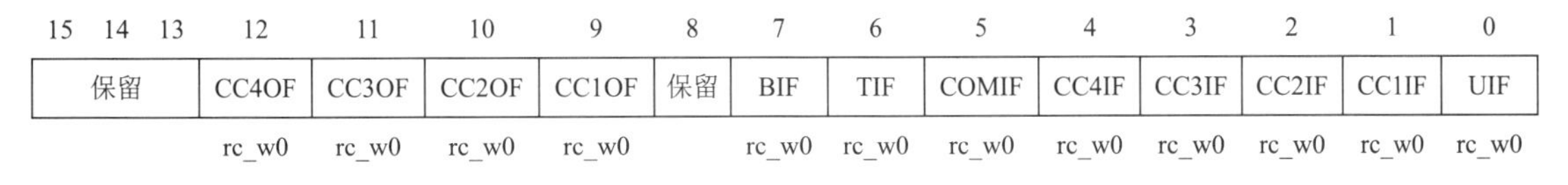

15 14 13	12	11	10	9	8	7	6	5	4	3	2	1	0
保留	CC4OF	CC3OF	CC2OF	CC1OF	保留	BIF	TIF	COMIF	CC4IF	CC3IF	CC2IF	CC1IF	UIF
	rc_w0	rc_w0	rc_w0	rc_w0		rc_w0	rc_w0	rc_w0	rc_w0	rc_w0	rc_w0	rc_w0	rc_w0

图 5-41　TIM*x*_SR 的位分布

TIM*x*_SR 的位的主要功能如表 5-33 所示。

表 5-33　TIMx_SR 的位的主要功能

位 15:13	保留，必须保持复位值
位 12	CC4OF：捕获/比较 4 重复捕获标志
位 11	CC3OF：捕获/比较 3 重复捕获标志
位 10	CC2OF：捕获/比较 2 重复捕获标志
位 9	CC1OF：捕获/比较 1 重复捕获标志。 仅当将相应通道配置为输入捕获模式时，该位才会由硬件置 1。通过软件写入“0”可将该位清零。 0：未检测到重复捕获； 1：TIM*x*_CCR1 中已捕获到计数器值且 CC1IF 标志已置 1
位 8	保留，必须保持复位值
位 7	BIF：断路中断标志。 只要断路输入变为有效状态，该位就会由硬件置 1。断路输入无效后可通过软件将该位清零。 0：未发生断路事件； 1：在断路输入上检测到有效电平
位 6	TIF：触发中断标志。 在除门控模式外的所有模式下，当使能从模式控制器后在 TRGI 上检测到有效边沿时，该位将由硬件置 1。选择门控模式时，该位将在计数器启动或停止时置 1。但需要通过软件将该位清零。 0：未发生触发事件； 1：触发中断挂起

续表

位 5	COMIF：COM 中断标志。 该位在发生 COM 事件时（捕获/比较控制位 CCxE、CCxNE 和 OCxM 已更新时）由硬件置 1。但需要通过软件将该位清零。 0：未发生 COM 事件； 1：COM 中断挂起
位 4	CC4IF：捕获/比较 4 中断标志
位 3	CC3IF：捕获/比较 3 中断标志
位 2	CC2IF：捕获/比较 2 中断标志
位 1	CC1IF：捕获/比较 1 中断标志。 如果通道 CC1 配置为输出，则当计数器与比较值匹配时，该位由硬件置 1，中心对齐模式下除外（请参见 TIMx_CR1 中的 CMS 位说明）。但需要通过软件将该位清零。 0：不匹配； 1：TIMx_CNT 计数器的值与 TIMx_CCR1 的值匹配。当 TIMx_CCR1 的值大于 TIMx_ARR 的值时，CC1IF 位将在计数器发生上溢（递增计数模式和增减计数模式下）或下溢（递减计数模式下）时变为高电平。 如果通道 CC1 配置为输入，则该位将在发生捕获事件时由硬件置 1。通过软件或读取 TIMx_CCR1 将该位清零。 0：未发生输入捕获事件； 1：TIMx_CCR1 中已捕获到计数器值（IC1 上已检测到与所选极性匹配的边沿）
位 0	UIF：更新中断标志。 该位在发生更新事件时由硬件置 1。但需要通过软件将该位清零。 0：未发生更新； 1：更新中断挂起。 该位在以下情况下更新寄存器时由硬件置 1：①TIMx_CR1 中的 UDIS=0，并且重复计数器值上溢或下溢时（重复计数器=0 时更新）；②TIMx_CR1 中的 URS=0 且 UDIS=0，并且由软件使用 TIMx_EGR 中的 UG 位重新初始化 CNT 时；③TIMx_CR1 中的 URS=0 且 UDIS=0，并且 CNT 由触发事件重新初始化

5．事件产生寄存器（TIMx_EGR）

TIMx_EGR 的位分布如图 5-42 所示。

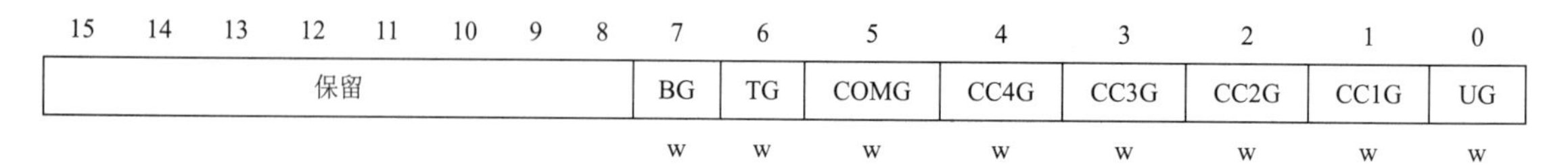

15	14	13	12	11	10	9	8	7	6	5	4	3	2	1	0
保留								BG	TG	COMG	CC4G	CC3G	CC2G	CC1G	UG
								w	w	w	w	w	w	w	w

图 5-42　TIMx_EGR 的位分布

TIMx_EGR 的位的主要功能如表 5-34 所示。

表 5-34　TIMx_EGR 的位的主要功能

位 15:8	保留，必须保持复位值
位 7	BG：断路生成。 该位由软件置 1 以生成事件，并由硬件自动清零。 0：不执行任何操作； 1：生成断路事件。MOE 位清零且 BIF 标志置 1。使能后可发生相关中断或 DMA 传输事件

续表

位 6	TG：生成触发信号。 该位由软件置 1 以生成事件，并由硬件自动清零。 0：不执行任何操作； 1：TIM*x*_SR 中的 TIF 标志置 1。使能后可发生相关中断或 DMA 传输事件
位 5	COMG：捕获/比较控制更新生成。 该位可由软件置 1，并由硬件自动清零。 0：不执行任何操作； 1：CCPC 位置 1 时，可更新 CC*x*E、CC*x*NE 和 OC*x*M 位。 注意：该位仅对具有互补输出的通道有效
位 4	CC4G：捕获/比较 4 生成
位 3	CC3G：捕获/比较 3 生成
位 2	CC2G：捕获/比较 2 生成
位 1	CC1G：捕获/比较 1 生成。 该位由软件置 1 以生成事件，并由硬件自动清零。 0：不执行任何操作； 1：通道 1 生成捕获/比较事件。 如果通道 CC1 配置为输出，则使能时，CC1IF 标志置 1 并发送相应的中断或 DMA 请求。 如果通道 CC1 配置为输入，则 TIM*x*_CCR1 将捕获到计数器当前值。使能时，CC1IF 标志置 1 并发送相应的中断 DMA 请求。如果 CC1IF 标志已为高电平，则 CC1OF 标志将置 1
位 0	UG：更新生成。 该位可由软件置 1，并由硬件自动清零。 0：不执行任何操作； 1：重新初始化计数器并生成一个寄存器更新事件。请注意，预分频器计数器也将清零（但预分频比不受影响）。如果选择中心对齐模式或 DIR=0（递增计数），则计数器将清零；如果 DIR=1（递减计数），则计数器将使用自动重载值（TIM*x*_ARR）

6．计数器（TIMx_CNT）

TIM*x*_CNT 的位分布如图 5-43 所示。

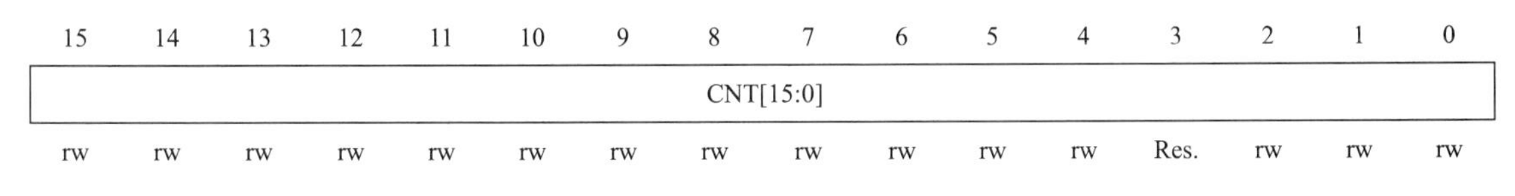

图 5-43　TIM*x*_CNT 的位分布

TIM*x*_CNT 的位的主要功能如表 5-35 所示。

表 5-35　TIMx_CNT 的位的主要功能

位 15:0	CNT[15:0]：计数器值

7．预分频器（TIMx_PSC）

TIM*x*_PSC 的位分布如图 5-44 所示。

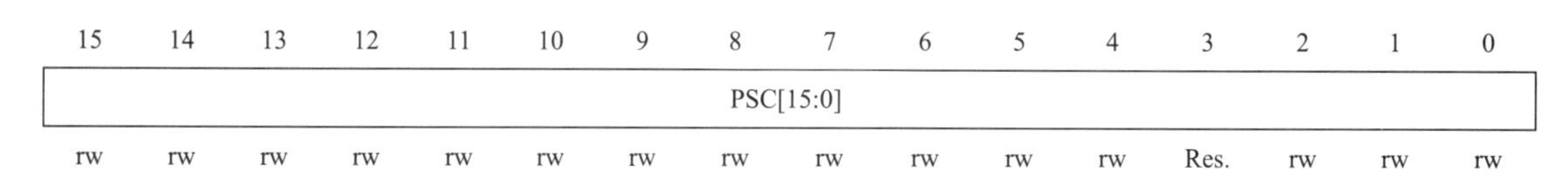

图 5-44 TIM*x*_PSC 的位分布

TIM*x*_PSC 的位的主要功能如表 5-36 所示。

表 5-36 TIM*x*_PSC 的位的主要功能

位 15:0	PSC[15:0]：预分频器值。 计数器时钟频率（CK_CNT）等于 fCK_PSC/(PSC[15:0] + 1)。 PSC 包含每次发生更新事件时（包括计数器通过 TIM*x*_EGR 中的 UG 位清零时，或在配置为“复位模式”时通过触发控制器清零时）要装载到活动预分频器寄存器的值

8．自动重装载寄存器（TIM*x*_ARR）

TIM*x*_ARR 的位分布如图 5-45 所示。

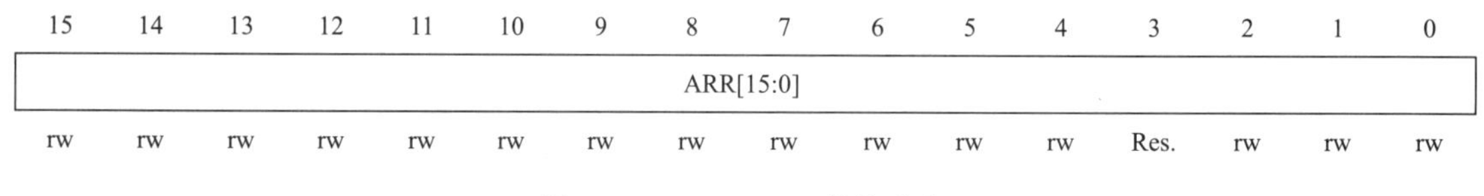

图 5-45 TIM*x*_ARR 的位分布

TIM*x*_ARR 的位的主要功能如表 5-37 所示。

表 5-37 TIM*x*_ARR 的位的主要功能

位 15:0	ARR[15:0]：自动重载值。 ARR 为要装载到实际自动重载寄存器的值。当自动重载值为空时，计数器不工作

5.4.4 定时器应用案例

```
#include "stm32f10x.h"
#include "stm32lib.h"
#include "api.h"
/*****************************************************************************
**函数信息：int main (void)
**功能描述：开机后，使能 TIM2，定时器中断服务函数为 PD2 输出翻转，即 LED 闪烁
**输入参数：
**输出参数：
**调用提示：
*****************************************************************************/
int main(void)
{
    SystemInit();           //系统初始化，系统时钟初始化
    GPIOInit();             //GPIO 初始化，凡是实验用到的都要初始化
    TIM2Init();             //TIM2 初始化，LED 闪烁和蜂鸣器需要 TIM2

    while (1)
```

```
    {
    }
}
/******************************************************************************
**函数信息：void TIM2Init(void)
**功能描述：TIM2Init 初始化函数，设置为每 50ms 中断一次
**输入参数：无
**输出参数：无
**调用提示：RCC_APB1PeriphClockCmd（）
******************************************************************************/
void TIM2Init(void)
{
    TIM_TimeBaseInitTypeDef   TIM_TimeBaseStructure;

    RCC_APB1PeriphClockCmd(RCC_APB1Periph_TIM2, ENABLE);          //开启 TIM2 时钟
    TIM_DeInit(TIM2);                                              //复位 TIM2，可以设置数据
    TIM_TimeBaseStructure.TIM_Period=1000;                   //计数值，若计数等于该数，则发生中断
    TIM_TimeBaseStructure.TIM_Prescaler=(7200 - 1);                //分频数
    TIM_TimeBaseStructure.TIM_ClockDivision=TIM_CKD_DIV1;          //采样分频
    TIM_TimeBaseStructure.TIM_CounterMode=TIM_CounterMode_Up;      //向上计数
    TIM_TimeBaseInit(TIM2, &TIM_TimeBaseStructure);
    TIM_ClearFlag(TIM2, TIM_FLAG_Update);                          //清除溢出中断标志
    TIM_ITConfig(TIM2,TIM_IT_Update,ENABLE);
    TIM_Cmd(TIM2, ENABLE);                                         //开启定时器

    TIME2_NVIC_Init();                                             //配置 TIME 中断
}
/******************************************************************************
**函数信息：void TIME2_NVIC_Init(void)
**功能描述：中断配置初始化函数
**输入参数：无
**输出参数：无
**调用提示：
******************************************************************************/
void TIME2_NVIC_Init(void)
{
    NVIC_InitTypeDef   NVIC_InitStructure;

    NVIC_PriorityGroupConfig(NVIC_PriorityGroup_0);
    NVIC_InitStructure.NVIC_IRQChannel=TIM2_IRQn;
    NVIC_InitStructure.NVIC_IRQChannelPreemptionPriority=0;
    NVIC_InitStructure.NVIC_IRQChannelSubPriority=0;
    NVIC_InitStructure.NVIC_IRQChannelCmd=ENABLE;
    NVIC_Init(&NVIC_InitStructure);
}
/******************************************************************************
**函数信息：void TIM2_IRQHandler(void)
```

```
**功能描述：TIM2 中断服务函数，设置为每 50ms 中断一次
**输入参数：无
**输出参数：无
**调用提示：
*************************************************************************/
void TIM2_IRQHandler(void)
{
    if ( TIM_GetITStatus(TIM2 , TIM_IT_Update) !=RESET )
        TIM_ClearITPendingBit(TIM2 , TIM_FLAG_Update);      //清除中断标志

    if(GPIO_ReadOutputDataBit(GPIOD, GPIO_Pin_2)==Bit_SET)   //判断 PD2 是否为高电平
        GPIO_ResetBits(GPIOD, GPIO_Pin_2);                   //PD2 输出低电平，ARMLED 点亮
    else
        GPIO_SetBits(GPIOD, GPIO_Pin_2);                     //PD2 输出高电平，ARMLED 熄灭

    if(Buzzer_Time)
    {
        GPIO_SetBits(GPIOB, GPIO_Pin_5);            //PB5 输出高电平，蜂鸣器鸣响
        Buzzer_Time--;
    }
    else
        GPIO_ResetBits(GPIOB, GPIO_Pin_5);          //PB5 输出低电平，蜂鸣器不鸣响
}
```

5.5 中断分析与应用

5.5.1 中断简介

中断指 CPU 在正常运行程序时，由于内部/外部事件或由程序预先安排的事件引起 CPU 中断正在运行的程序，而转到为内部/外部事件或由程序预先安排的事件服务的程序，服务完毕后，再返回执行暂时中断的程序。

5.5.2 STM32 中断特性

（1）Cortex-M3 内部包含嵌套向量中断控制器（NVIC）。

（2）与内核紧密联系的中断控制器，可支持低中断延时。

（3）可对系统异常和外设中断进行控制。

（4）16 个可编程的优先等级（使用了 4 位中断优先级）；32 个可编程的中断优先级。

（5）68 个可屏蔽中断通道（不包含 16 条 Cortex-M3 中断线）；可重定位的向量表。

（6）不可屏蔽中断。

（7）软件中断功能。

嵌套向量中断控制器是 Cortex-M3 的一个内部器件，与 CPU 紧密结合，降低中断延时，让新进中断可以得到高效处理。

5.5.3　中断向量表

中断向量如表 5-38 所示。

表 5-38　中断向量

位置	优先级	优先级类型	名称	说明	地址
	—	—	—	保留	0x0000 0000
	-3	固定	Reset	复位	0x0000 0004
	-2	固定	NMI	不可屏蔽中断。RCC 时钟安全系统（CSS）连接到 NMI 量	0x0000 0008
	-1	固定	HardFault	所有类型的错误	0x0000 000C
	0	可设置	MemManage	存储器管理	0x0000 0010
	1	可设置	BusFault	预取指失败，存储器访问失败	0x0000 0014
	2	可设置	UsageFault	未定义的指令或非法状态	0x0000 0018
	—	—	—	保留	0x0000 001C～0x0000 002B
	3	可设置	SVCall	通过 SWI 指令调用的系统服务	0x0000 002C
	4	可设置	Debug Monitor	调试监控器	0x0000 0030
	—	—	—	保留	0x0000 0034
	5	可设置	PendSV	可挂起的系统服务	0x0000 0038
	6	可设置	SysTick	系统嘀嗒定时器	0x0000 003C
0	7	可设置	WWDG	窗口看门狗中断	0x0000 0040
1	8	可设置	PVD	连接到 EXTI 线的可编程电压检测（PVD）中断	0x0000 0044
2	9	可设置	TAMP_STAMP	连接到 EXTI 线的入侵和时间戳中断	0x0000 0048
3	10	可设置	RTC_WKUP	连接到 EXTI 线的 RTC 唤醒中断	0x0000 004C
4	11	可设置	FLASH	Flash 全局中断	0x0000 0050
5	12	可设置	RCC	RCC 全局中断	0x0000 0054
6	13	可设置	EXTI0	EXTI 线 0 中断	0x0000 0058
7	14	可设置	EXTI1	EXTI 线 1 中断	0x0000 005C
8	15	可设置	EXTI2	EXTI 线 2 中断	0x0000 0060
9	16	可设置	EXTI3	EXTI 线 3 中断	0x0000 0064
10	17	可设置	EXTI4	EXTI 线 4 中断	0x0000 0068
11	18	可设置	DMA1_Stream0	DMA1 流 0 全局中断	0x0000 006C
12	19	可设置	DMA1_Stream1	DMA1 流 1 全局中断	0x0000 0070
13	20	可设置	DMA1_Stream2	DMA1 流 2 全局中断	0x0000 0074
14	21	可设置	DMA1_Stream3	DMA1 流 3 全局中断	0x0000 0078
15	22	可设置	DMA1_Stream4	DMA1 流 4 全局中断	0x0000 007C
16	23	可设置	DMA1_Stream5	DMA1 流 5 全局中断	0x0000 0080

续表

位置	优先级	优先级类型	名称	说明	地址
17	24	可设置	DMA1_Stream6	DMA1 流 6 全局中断	0x0000 0084
18	25	可设置	ADC	ADC1、ADC2 和 ADC3 全局中断	0x0000 0088
19	26	可设置	CAN1_TX	CAN1 TX 中断	0x0000 008C
20	27	可设置	CAN1_RX0	CAN1 RX0 中断	0x0000 0090
21	28	可设置	CAN1_RX1	CAN1 RX1 中断	0x0000 0094
22	29	可设置	CAN1_SCE	CAN1 SCE 中断	0x0000 0098
23	30	可设置	EXTI9_5	EXTI 线[9:5]中断	0x0000 009C
24	31	可设置	TIM1_BRK_TIM9	TIM1 刹车中断和 TIM2 全局中断	0x0000 00A0
25	32	可设置	TIM1_UP_TIM10	TIM1 更新中断和 TIM10 全局中断	0x0000 00A4
26	33	可设置	TIM1_TRG_COM_TIM11	TIM1 触发和换相中断与 TIM11 全局中断	0x0000 00A8
27	34	可设置	TIM1_CC	TIM1 捕获比较中断	0x0000 00AC
28	35	可设置	TIM2	TIM2 全局中断	0x0000 00B0
29	36	可设置	TIM3	TIM3 全局中断	0x0000 00B4
30	37	可设置	TIM4	TIM4 全局中断	0x0000 00B8
31	38	可设置	I^2C1_EV	I^2C1 事件中断	0x0000 00BC
32	39	可设置	I^2C1_ER	I^2C1 错误中断	0x0000 00C0
33	40	可设置	I^2C2_EV	I^2C2 事件中断	0x0000 00C4
34	41	可设置	I^2C2_ER	I^2C2 错误中断	0x0000 00C8
35	42	可设置	SPI1	SPI1 全局中断	0x0000 00CC
36	43	可设置	SPI2	SPI2 全局中断	0x0000 00D0
37	44	可设置	USART1	USART1 全局中断	0x0000 00D4
38	45	可设置	USART2	USART2 全局中断	0x0000 00D8
39	46	可设置	USART3	USART3 全局中断	0x0000 00DC
40	47	可设置	EXTI15_10	EXTI 线[15:10]中断	0x0000 00E0
41	48	可设置	RTC_Alarm	连接到 EXTI 线的 RTC 闹钟（A 和 B）中断	0x0000 00E4
42	49	可设置	OTG_FS WKUP	连接到 EXTI 线的 USB On-The-GoFS 唤醒中断	0x0000 00E8
43	50	可设置	TIM8_BRK_TIM12	TIM8 刹车中断和 TIM12 全局中断	0x0000 00EC
44	51	可设置	TIM8_UP_TIM13	TIM8 更新中断和 TIM13 全局中断	0x0000 00F0
45	52	可设置	TIM8_TRG_COM_TIM14	TIM8 触发和换相中断与 TIM14 全局中断	0x0000 00F4
46	53	可设置	TIM8_CC	TIM8 捕获比较中断	0x0000 00F8
47	54	可设置	DMA1_Stream7	DMA1 流 7 全局中断	0x0000 00FC
48	55	可设置	FSMC	FSMC 全局中断	0x0000 0100
49	56	可设置	SDIO	SDIO 全局中断	0x0000 0104
50	57	可设置	TIM5	TIM5 全局中断	0x0000 0108

续表

位置	优先级	优先级类型	名称	说明	地址
51	58	可设置	SPI3	SPI3 全局中断	0x0000 010C
52	59	可设置	USART4	USART4 全局中断	0x0000 0110
53	60	可设置	USART5	USART5 全局中断	0x0000 0114
54	61	可设置	TIM6_DAC	TIM6 全局中断，DAC1 和 DAC2 下溢错误中断	0x0000 0118
55	62	可设置	TIM7	TIM7 全局中断	0x0000 011C
56	63	可设置	DMA2_Stream0	DMA2 流 0 全局中断	0x0000 0120
57	64	可设置	DMA2_Stream1	DMA2 流 1 全局中断	0x0000 0124
58	65	可设置	DMA2_Stream2	DMA2 流 2 全局中断	0x0000 0128
59	66	可设置	DMA2_Stream3	DMA2 流 3 全局中断	0x0000 012C
60	67	可设置	DMA2_Stream4	DMA2 流 4 全局中断	0x0000 0130

5.5.4　中断应用案例

```
#include "stm32f10x.h"
#include "stm32lib.h"
#include "api.h"

/*******************************************************************************
**函数信息：void EXTIInit(void)
**功能描述：外部中断初始化函数，此处是将 PC8～PC12（KEY1～KEY5）连接至外部中断，且设置为下降沿触发
**输入参数：
**输出参数：无
**调用提示：
*******************************************************************************/
void EXTIInit(void)
{
    EXTI_InitTypeDef   EXTI_InitStructure;
    NVIC_InitTypeDef   NVIC_InitStructure;

    RCC_APB2PeriphClockCmd(RCC_APB2Periph_AFIO, ENABLE);

    /* 连接 I/O 端口到中断线，PC8～PC12 */
    GPIO_EXTILineConfig(GPIO_PortSourceGPIOC, GPIO_PinSource8);
    GPIO_EXTILineConfig(GPIO_PortSourceGPIOC, GPIO_PinSource9);
    GPIO_EXTILineConfig(GPIO_PortSourceGPIOC, GPIO_PinSource10);
    GPIO_EXTILineConfig(GPIO_PortSourceGPIOC, GPIO_PinSource11);
    GPIO_EXTILineConfig(GPIO_PortSourceGPIOC, GPIO_PinSource12);

    /*设置中断 8～12 为下降沿触发*/
    EXTI_InitStructure.EXTI_Line=EXTI_Line8|EXTI_Line9|EXTI_Line10|EXTI_Line11|EXTI_Line12;
```

```
    EXTI_InitStructure.EXTI_Mode=EXTI_Mode_Interrupt;
    EXTI_InitStructure.EXTI_Trigger=EXTI_Trigger_Falling;
    EXTI_InitStructure.EXTI_LineCmd=ENABLE;
    EXTI_Init(&EXTI_InitStructure);

    //外部中断 NVIC 配置
    NVIC_InitStructure.NVIC_IRQChannel=EXTI9_5_IRQn;
    NVIC_InitStructure.NVIC_IRQChannelPreemptionPriority=0;
    NVIC_InitStructure.NVIC_IRQChannelSubPriority=0;
    NVIC_InitStructure.NVIC_IRQChannelCmd=ENABLE;
    NVIC_Init(&NVIC_InitStructure);

    NVIC_InitStructure.NVIC_IRQChannel=EXTI15_10_IRQn;
    NVIC_InitStructure.NVIC_IRQChannelPreemptionPriority=0;
    NVIC_InitStructure.NVIC_IRQChannelSubPriority=0;
    NVIC_InitStructure.NVIC_IRQChannelCmd=ENABLE;
    NVIC_Init(&NVIC_InitStructure);
}
/*****************************************************************************
**函数信息：void EXTI9_5_IRQHandler(void)
**功能描述：外部中断 5～9 共用的中断服务程序
**输入参数：无
**输出参数：无
**调用提示：
*******************************************************************************/
void EXTI9_5_IRQHandler(void)
{
    if(EXTI_GetITStatus(EXTI_Line8) !=RESET）               //是 KEY1 按下吗
    {
        Buzzer_Time=3;                                     //设置蜂鸣器鸣响时间
        EXTI_ClearITPendingBit(EXTI_Line8);                //退出中断
    }
    else if(EXTI_GetITStatus(EXTI_Line9) !=RESET)
    {
        Buzzer_Time=3;
        EXTI_ClearITPendingBit(EXTI_Line9);
    }
}
/*****************************************************************************
**函数信息：void EXTI9_5_IRQHandler(void)
**功能描述：外部中断 10～15 共用的中断服务程序
**输入参数：无
**输出参数：无
**调用提示：
*****************************************************************************/
void EXTI15_10_IRQHandler(void)
{
```

```
        if(EXTI_GetITStatus(EXTI_Line10) !=RESET)
        {
                Buzzer_Time=3;
                EXTI_ClearITPendingBit(EXTI_Line10);
        }
        else if(EXTI_GetITStatus(EXTI_Line11) !=RESET)
        {
                Buzzer_Time=3;
                EXTI_ClearITPendingBit(EXTI_Line11);
        }
        else if(EXTI_GetITStatus(EXTI_Line12) !=RESET)
        {
                Buzzer_Time=3;
                EXTI_ClearITPendingBit(EXTI_Line12);
        }
}
/***********************************************************************
**函数信息：int main (void)
**功能描述：开机后，ARMLED 闪动，主程序向 EEPROM 写入 100 个数据，然后读出来比较，若相同，
则蜂鸣器长鸣 1 声；若不同，则蜂鸣器连续鸣叫 5 声
**输入参数：
**输出参数：
**调用提示：
***********************************************************************/
int main(void)
{

        SystemInit();                   //系统初始化，系统时钟初始化
       GPIOInit();                      //GPIO 初始化，凡是实验用到的都要初始化
        TIM2Init();                     //TIM2 初始化，LED 闪烁需要 TIM2

        EXTIInit();                     //外部中断初始化，用作按键识别

        while(1);

}
```

5.6　RTC 实验

实时时钟（RTC）是一个独立的定时器。RTC 模块拥有一组连续计数的计数器，在相应软件配置下，可提供时钟日历的功能。修改计数器的值可以重新设置系统当前的时间和日期。RTC 模块和时钟配置系统（RCC_BDCR）处于后备区域，即在系统复位或从待机模式唤醒后，RTC 的设置和时间维持不变。RTC 由自带的电源引脚 VBAT 供电，VBAT 引脚可以与蓄电池相连，也可以与外部 3.3V 电源引脚相连或保持断开。

5.6.1 STM32 系列 RTC 的特点

（1）可编程的预分频系数：分频系数最高为 2^{20}。

（2）32 位的可编程计数器：可用于较长时间段的测量。

（3）2 个分离的时钟：用于 APB1 接口的 PCLK1 和 RTC 时钟。

（4）可以选择以下 3 种 RTC 的时钟源：①HSE 时钟除以 128；②LSE 时钟；③LSI 时钟。

（5）2 个独立的复位类型：①APB1 接口由系统复位；②RTC 核心（预分频器、闹钟、计数器和分频器）只能由后备区域复位。

（6）3 个专门的可屏蔽中断：①闹钟中断，用于产生一个软件可编程的闹钟中断；②秒中断，用于产生一个可编程的周期性中断信号（最长可达 1s）。③溢出中断，用于指示内部可编程计数器溢出并回转为 0 的状态。

5.6.2 与 RTC 相关的寄存器

RTC 由两个主要部分组成，第一部分（APB1 接口）由 APB1 总线时钟驱动，用于和 APB1 总线相连，此单元还包含一组 16 位寄存器，可通过 APB1 总线对其进行读/写操作。

第二部分（RTC 核心）由一组可编程计数器组成，分成两个主要模块。第一个模块是 RTC 的预分频模块，它可编程产生最长为 1s 的 RTC 时间基准 TR_CLK。RTC 的预分频模块包含一个 20 位的可编程分频器（RTC 预分频器）。如果在 RTC_CR 中设置了相应的允许位，则在每个 TR_CLK 周期中，RTC 产生一个中断（秒中断）。第二个模块是一个 32 位的可编程计数器，可被初始化为当前的系统时间。系统时间按 TR_CLK 周期累加并与存储在 RTC_ALR 中的可编程时间相比较，如果在 RTC_CR 中设置了相应的允许位，则在比较匹配时将产生一个闹钟中断。

简化的 RTC 框图如图 5-46 所示。

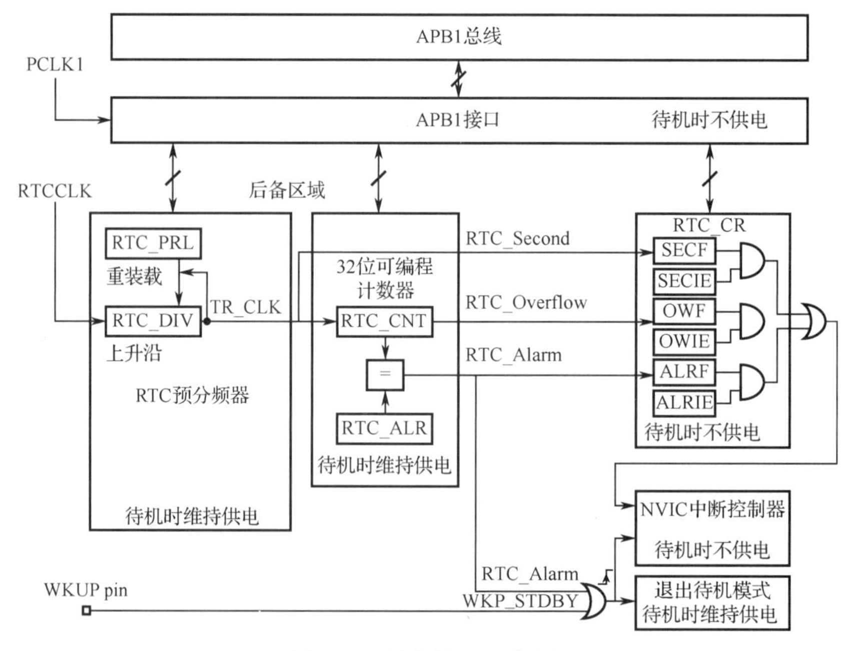

图 5-46　简化的 RTC 框图

RTC 包含许多寄存器。按照功能可将寄存器地址空间分成 3 个部分：第 1 部分（前 8 个地址）供混合寄存器组使用；第 2 部分的地址供定时器/计数器组使用；第 3 部分的地址供报警寄存器组使用。

在这些描述中，大多数寄存器的“复位值”一栏显示的都是“NC”，表示这些寄存器的值不因复位而改变。在从上电到 RTC 运行这段时间内，软件必须将这些寄存器初始化。

1. RTC 控制寄存器高位（RTC_CRH）

RTC_CRH 的位分布如图 5-47 所示。

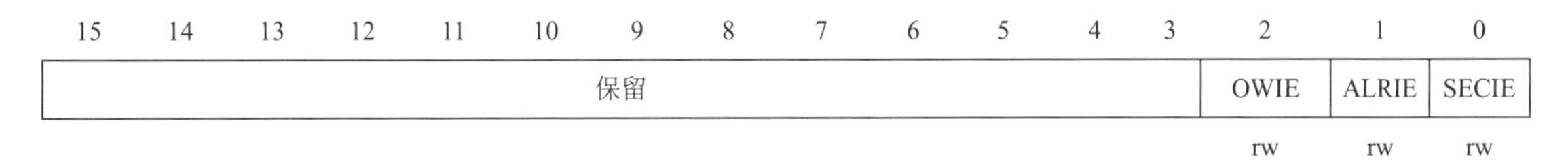

图 5-47　RTC_CRH 的位分布

RTC_CRH 的位的主要功能如表 5-39 所示。

表 5-39　RTC_CRH 的位的主要功能

位 15:3	保留，被硬件强制为 0
位 2	OWIE：允许溢出中断。 0：屏蔽（不允许）溢出中断； 1：允许溢出中断
位 1	ALRIE：允许闹钟中断。 0：屏蔽（不允许）闹钟中断； 1：允许闹钟中断
位 0	SECIE：允许秒中断。 0：屏蔽（不允许）秒中断； 1：允许秒中断。 注意：系统复位后所有的中断被屏蔽，因此可通过写 RTC 寄存器来确保在初始化后没有挂起的中断请求。当外设正在进行前一次写操作时（标志位 RTOFF=0），RTC_CR 不能进行写操作。RTC 功能由 RTC_CR 控制。一些位的写操作必须经过一个特殊的配置过程来完成

2. RTC 控制寄存器低位（RTC_CRL）

RTC_CRL 的位分布如图 5-48 所示。

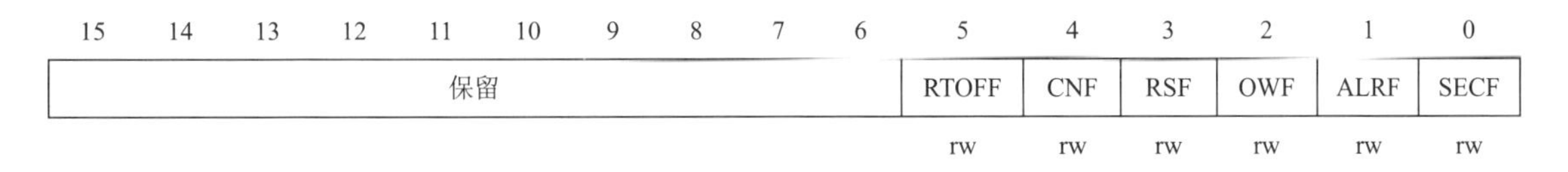

图 5-48　RTC_CRL 的位分布

RTC_CRL 的位的主要功能如表 5-40 所示。

表 5-40 RTC_CRL 的位的主要功能

位 15:6	保留，被硬件强制为 0
位 5	RTOFF：RTC 操作关闭。 RTC 模块利用该位来指示对其寄存器进行的最后一次操作的状态，指示操作是否完成。若该位为“0”，则表示无法对任何的 RTC 寄存器进行写操作。该位为只读位。 0：上一次对 RTC 寄存器的写操作仍在进行； 1：上一次对 RTC 寄存器的写操作已经完成
位 4	CNF：配置标志。 该位必须由软件置 1 以进入配置模式，从而允许向 RTC_CNT、RTC_ALR 或 RTC_PRL 写入数据。只有当该位在被置 1 并重新由软件清零后，才会执行写操作。 0：退出配置模式（开始更新 RTC 寄存器）； 1：进入配置模式
位 3	RSF：寄存器同步标志。 每当 RTC_CNT 和 RTC_DIV 由软件更新或清零时，该位由硬件置 1。在 APB1 复位后，或 APB1 时钟停止后，该位必须由软件清零。在进行任何的读操作之前，用户程序必须等待该位被硬件置 1，以确保 RTC_CNT、RTC_ALR 或 RTC_PRL 已经被同步。 0：寄存器尚未被同步； 1：寄存器已经被同步
位 2	OWF：溢出标志。 当 32 位可编程计数器溢出时，该位由硬件置 1。如果 RTC_CRH 中 OWIE=1，则产生中断。该位只能由软件清零。对该位写 1 是无效的。 0：无溢出； 1：32 位可编程计数器溢出
位 1	ALRF：闹钟标志。 当 32 位可编程计数器达到 RTC_ALR 所设置的预定值时，该位由硬件置 1。如果 RTC_CRH 中 ALRIE=1，则产生中断。该位只能由软件清零。对该位写 1 是无效的。 0：无闹钟； 1：有闹钟
位 0	SECF：秒标志。 当 32 位可编程预分频器溢出时，该位由硬件置 1 同时 RTC 计数器加 1。因此，该位为分辨率可编程的 RTC 计数器提供一个周期性的信号（通常为 1s）。如果 RTC_CRH 中 SECIE=1，则产生中断。该位只能由软件清除。对该位写 1 是无效的。 0：秒标志条件不成立； 1：秒标志条件成立。 RTC 的功能由 RTC_CR 控制。当前一个写操作还未完成（RTOFF=0）时，不能写 RTC_CR

3. RTC 预分频装载寄存器高位（RTC_PRLH）

RTC_PRLH 的位分布如图 5-49 所示。

15	14	13	12	11	10	9	8	7	6	5	4	3	2	1	0
保留												PRL[19:16]			
												rw	rw	rw	rw

图 5-49 RTC_PRLH 的位分布

RTC_PRLH 的位的主要功能如表 5-41 所示。

表 5-41 RTC_PRLH 的位的主要功能

位	功能
位 15:4	保留，被硬件强制为 0
位 3:0	PRL[19:16]：RTC 预分频装载值高位。 根据以下公式，这些位用于定义计数器的时钟频率： $f_{TR\_CLK}=f_{RTCCLK}/(PRL[19:0]+1)$ 注意：不推荐使用 0 值，否则无法正确地产生 RTC 中断和标志位

4. RTC 预分频装载寄存器低位（RTC_PRLL）

RTC_PRLL 的位分布如图 5-50 所示。

15	14	13	12	11	10	9	8	7	6	5	4	3	2	1	0
PRL[15:0]															
w	w	w	w	w	w	w	w	w	w	w	w	w	w	w	w

图 5-50 RTC_PRLL 的位分布

RTC_PRLL 的位的主要功能如表 5-42 所示。

表 5-42 RTC_PRLL 的位的主要功能

位	功能
位 15:0	PRL[15:0]：RTC 预分频装载值低位。 根据以下公式，这些位用于定义计数器的时钟频率： $f_{TR\_CLK}=f_{RTCCLK}/(PRL[19:0]+1)$ 注意：如果输入时钟频率是 32.768kHz（f_{RTCCLK}），则在 RTC_PRLL 中写入 7FFFH 可获得周期为 1s 的信号

5. RTC 预分频器余数寄存器高位（RTC_DIVH）

RTC_DIVH 的位分布如图 5-51 所示。

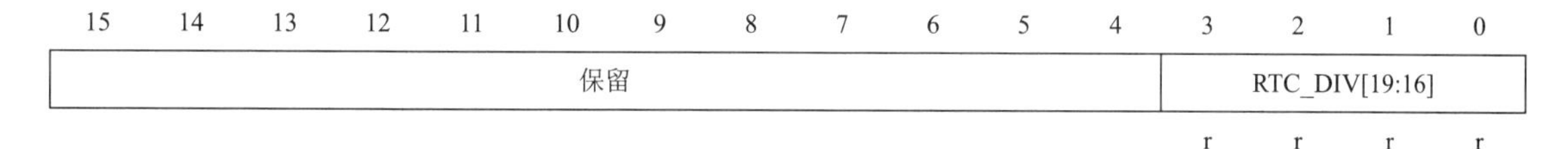

图 5-51 RTC_DIVH 的位分布

RTC_DIVH 的位的主要功能如表 5-43 所示。

表 5-43 RTC_DIVH 的位的主要功能

位	功能
位 15:4	保留
位 3:0	RTC_DIV[19:16]：RTC 时钟分频器余数高位

6. RTC 预分频器余数寄存器低位（RTC_DIVL）

RTC_DIVL 的位分布如图 5-52 所示。

15	14	13	12	11	10	9	8	7	6	5	4	3	2	1	0
保留												RTC_DIV[15:0]			
												r	r	r	r

图 5-52 RTC_DIVL 的位分布

RTC_DIVL 的位的主要功能如表 5-44 所示。

表 5-44 RTC_DIVL 的位的主要功能

位	功能
位 15:0	RTC_DIV[15:0]：RTC 时钟分频器余数低位。 在 TR_CLK 的每个周期里，RTC 预分频器中计数器的值都会被重新设置为 RTC_PRL 的值。用户可通过读取 RTC_DIV 以获得预分频计数器的当前值，而不停止预分频计数器的工作，从而获得精确的时间测量值。RTC_DIVL 是只读寄存器，其值在 RTC_PRL 或 RTC_CNT 中的值发生改变后，由硬件重新装载

7. RTC 计数器寄存器高位（RTC_CNTH）

RTC 核有一个 32 位可编程的计数器，可通过两个 16 位的寄存器访问。计数器以预分频器产生的 TR_CLK 时间基准为参考进行计数。RTC_CNT 用于存放计数器的计数值。TR_CLK、RTC_CNT 受 RTC_CR 的 RTOFF 位的写保护，仅当 RTOFF 值为 1 时，允许写操作。在 RTC_CNTH 或 RTC_CNTL 上的写操作能够直接装载到相应的可编程计数器，并且重新装载 RTC 预分频器。当进行读操作时，直接返回计数器内的计数值（系统时间）。

RTC_CNTH 的位分布如图 5-53 所示。

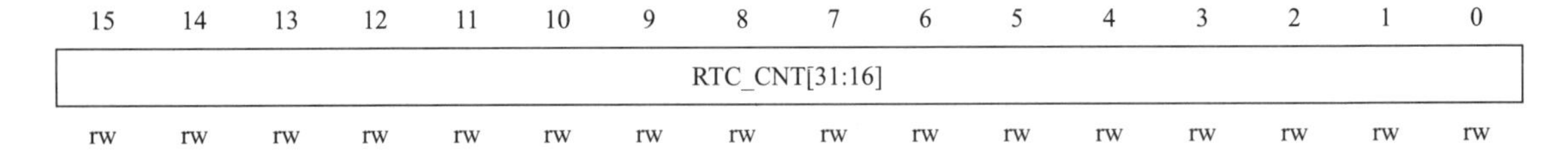

图 5-53 RTC_CNTH 的位分布

RTC_CNTH 的位的主要功能如表 5-45 所示。

表 5-45 RTC_CNTH 的位的主要功能

位	功能
位 15:0	RTC_CNT[31:16]：RTC 计数器高位。 可通过读 RTC_CNTH 来获得 RTC 计数器当前值的高位部分。在对 RTC_CNTH 进行写操作前，必须先进入配置模式

8. RTC 计数器寄存器低位（RTC_CNTL）

RTC_CNTL 的位分布如图 5-54 所示。

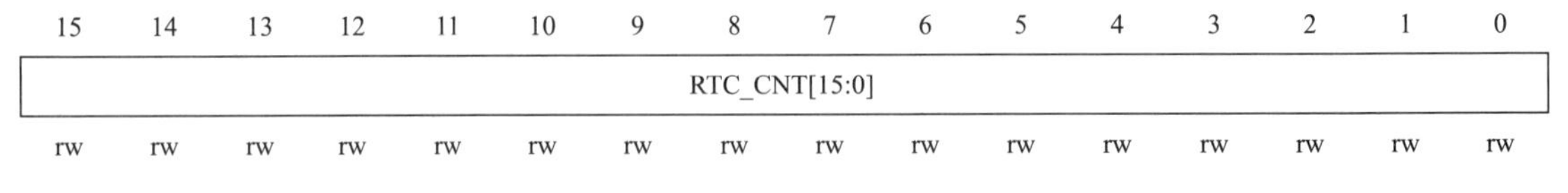

图 5-54 RTC_CNTL 的位分布

RTC_CNTL 的位的主要功能如表 5-46 所示。

表 5-46　RTC_CNTL 的位的主要功能

位 15:0	RTC_CNT[15:0]：RTC 计数器低位。 可通过读 RTC_CNTL 来获得 RTC 计数器当前值的低位部分。在对 RTC_CNTL 进行写操作前，必须先进入配置模式

9．RTC 闹钟寄存器高位（RTC_ALRH）

当可编程计数器的值与 RTC_ALR 中的 32 位的值相等时，即触发一个闹钟事件，并且产生 RTC 闹钟中断。RTC_ALRH 受 RTC_CR 中的 RTOFF 位写保护，仅当 RTOFF 值为 1 时，允许写操作。

RTC_ALRH 的位分布如图 5-55 所示。

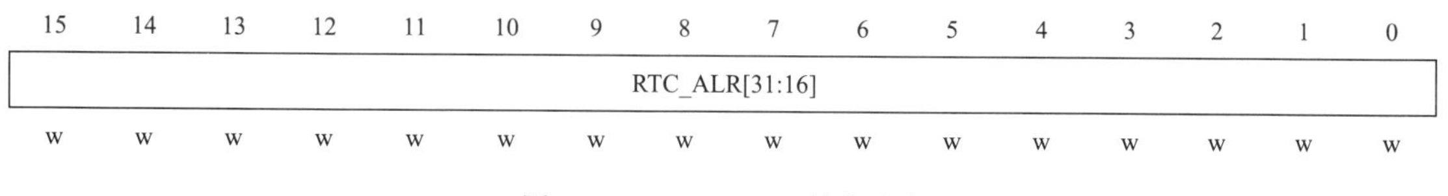

图 5-55　RTC_ALRH 的位分布

RTC_ALRH 的位的主要功能如表 5-47 所示。

表 5-47　RTC_ALRH 的位的主要功能

位 15:0	RTC_ALR[31:16]：RTC 闹铃值高位。 RTC_ALRH 用于保存由软件写入的闹钟时间的高位部分。在对 RTC_ALRH 进行写操作前，必须先进入配置模式

10．RTC 闹钟寄存器低位（RTC_ALRL）

RTC_ALRL 的位分布如图 5-56 所示。

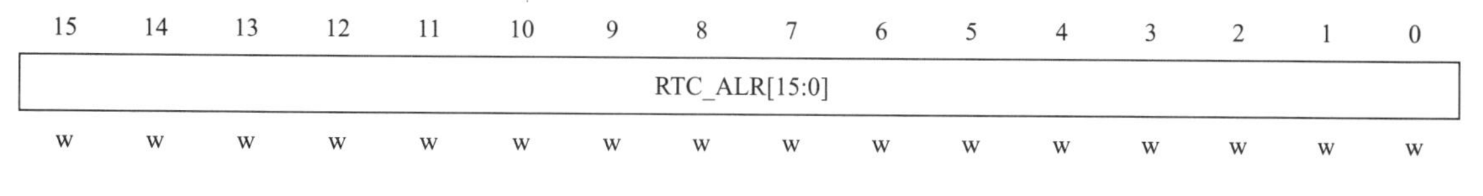

图 5-56　RTC_ALRL 的位分布

RTC_ALRL 的位的主要功能如表 5-48 所示。

表 5-48　RTC_ALRL 的位的主要功能

位 15:0	RTC_ALR[15:0]：RTC 闹铃值低位。 RTC_ALRL 用于保存由软件写入的闹钟时间的低位部分。在对 RTC_ALRL 进行写操作前，必须先进入配置模式

5.6.3　RTC 应用案例

```
/*******************************Copyright (c)***********************************
#include "stm32f10x.h"
#include "stm32lib.h"
#include "api.h"
```

```
/****************************************************************************
**函数信息：void RTCInit(void)
**功能描述：RTC 初始化函数
**输入参数：
**输出参数：无
**调用提示：
****************************************************************************/
void RTCInit(void)
{
    NVIC_InitTypeDef   NVIC_InitStructure;

    RCC_APB1PeriphClockCmd(RCC_APB1Periph_PWR | RCC_APB1Periph_BKP, ENABLE);

    PWR_BackupAccessCmd(ENABLE);  //备份寄存器使能，这个不能少
    //RCC_DeInit();
    BKP_DeInit();                      //将外设 BKP 的全部寄存器设置为默认值
    RCC_LSEConfig(RCC_LSE_ON);         //设置外部低速时钟
    //等待外部晶振振荡，需要比较长的等待时间
    while(RCC_GetFlagStatus(RCC_FLAG_LSERDY)==RESET);
    RCC_RTCCLKConfig(RCC_RTCCLKSource_LSE);
    RCC_RTCCLKCmd(ENABLE);             //允许 RTC

    RTC_WaitForSynchro();              //等待 RTC 寄存器同步
    RTC_WaitForLastTask();             //等待 RTC 寄存器写入完成
    RTC_ITConfig(RTC_IT_SEC, ENABLE);      //允许 RTC 的秒中断（还有闹钟中断和溢出中断可设置）
    RTC_WaitForLastTask();                 //等待 RTC 寄存器写入完成
    RTC_SetPrescaler(32767);           //设置 RTC 预分频器，使 RTC 时钟频率为 1Hz
    RTC_WaitForLastTask();             //等待 RTC 寄存器写入完成

    NVIC_InitStructure.NVIC_IRQChannel=RTC_IRQn;
    NVIC_InitStructure.NVIC_IRQChannelPreemptionPriority=1;
    NVIC_InitStructure.NVIC_IRQChannelSubPriority=0;
    NVIC_InitStructure.NVIC_IRQChannelCmd=ENABLE;
    NVIC_Init(&NVIC_InitStructure);
}
/****************************************************************************
**函数信息：int main (void)
**功能描述：开机后，启动 RTC，设置为每秒中断一次，时钟使用 32 768Hz 的外部晶振，RTC 中断服
务程序控制 LED 闪烁
**输入参数：
**输出参数：
**调用提示：
****************************************************************************/
int main(void)
{
    SystemInit();          //系统初始化，系统时钟初始化
    GPIOInit();            //GPIO 初始化，凡是实验用到的都要初始化
```

```
    RTCInit();              //RTC 初始化，本实验为每秒中断一次

    while (1)
    {
    }
}
/**********************************************************************
**函数信息：void RTC_IRQHandler(void)
**功能描述：RTC 中断服务函数，在 RTC 中断实验中控制 LED 闪烁
**输入参数：无
**输出参数：无
**调用提示：
**********************************************************************/
void RTC_IRQHandler(void)
{
    if (RTC_GetITStatus(RTC_IT_SEC) !=RESET)
        RTC_ClearITPendingBit(RTC_IT_SEC);                  //清除中断标志
    if(GPIO_ReadOutputDataBit(GPIOD, GPIO_Pin_2)==Bit_SET)  //判断 PD2 是否为高电平
        GPIO_ResetBits(GPIOD, GPIO_Pin_2);                  //PD2 输出低电平，ARMLED 点亮
    else
        GPIO_SetBits(GPIOD, GPIO_Pin_2);                    //PD2 输出高电平，ARMLED 熄灭
}
```

5.7　I²C 分析与应用

I²C 总线用于与外部 I²C 标准部件连接，如串行 RAM、LCD、音调发生器及其他微控制器等。

I²C 总线上存在以下两种类型的数据传输。

（1）主发送器向从接收器发送数据。主机发送的第一个字节是从机地址，接下来是数据字节。从机每接收一个字节就返回一个应答位。

（2）从发送器向主接收器发送数据。主机发送的第一个字节是从机地址，然后从机返回一个应答位，接下来从机向主机发送数据字节。主机每接收一个字节都会返回一个应答位，最后一个字节除外。接收完最后一个字节后，主机返回一个非应答位。主机产生所有串行时钟脉冲、起始条件及停止条件。每一帧都以一个停止条件或一个重复的起始条件结束。由于重复的起始条件也是下一帧的开始，所以将不会释放 I²C 总线。

5.7.1　STM32 系列 I²C 的特点

（1）并行总线/ I²C 总线协议转换器。

（2）多主机功能：该模块既可用作主设备也可用作从设备。

（3）I²C 主设备功能：①产生时钟；②产生起始信号和停止信号。

（4）I²C 从设备功能：①可编程的 I²C 地址检测；②可响应 2 个从地址的双地址能力；③停止位检测。

（5）产生和检测 7 位/10 位地址和广播呼叫。

（6）支持不同的通信速度：①标准速度（高达 100kHz）；②快速（高达 400kHz）。

（7）状态标志：①发送器/接收器模式标志；②字节发送结束标志；③I^{2}C 总线忙标志。

5.7.2 与 I^{2}C 相关的寄存器

1. 控制寄存器 1（I^{2}C_CR1）

I^{2}C_CR1 的位分布如图 5-57 所示。

15	14	13	12	11	10	9	8	7	6	5	4	3	2	1	0
SWRST	保留	ALERT	PEC	POS	ACK	STOP	START	NOSTRETCH	ENGC	ENPEC	ENARP	SMBTYPE	保留	SMBUS	PE
rw		rw	rw	rw	rw	rw	rw	rw	rw	rw	rw	rw		rw	rw

图 5-57　I^{2}C_CR1 的位分布

I^{2}C_CR1 的位的主要功能如表 5-49 所示。

表 5-49　I^{2}C_CR1 的位的主要功能

位	功能
位 15	SWRST：软件复位。 当该位被置位时，I^{2}C 处于复位状态。在复位该位前确认 I^{2}C 的引脚被释放，总线是空的。 0：I^{2}C 模块不处于复位状态； 1：I^{2}C 模块处于复位状态。 注意：该位可以用于 BUSY 位为 1，在总线上又没有检测到停止条件时
位 14	保留，被硬件强制为 0
位 13	ALERT：SMBus 提醒。 软件可以设置或清除该位。当 PE=0 时，该位由硬件清除。 0：释放 SMBAlert 引脚使其变为高电平，提醒响应地址头紧跟在 NACK 信号后面； 1：驱动 SMBAlert 引脚使其变为低电平，提醒响应地址头紧跟在 ACK 信号后面
位 12	PEC：数据包出错检测。 软件可以设置或清除该位。当传送 PEC 后，或起始或停止条件时，或 PE=0 时，硬件将该位清除。 0：无 PEC 传输； 1：PEC 传输（在发送或接收模式）。 注意：仲裁丢失时，PEC 的计算失效
位 11	POS：应答/PEC 位置（用于数据接收）。 软件可以设置或清除该位。当 PE=0 时，该位由硬件清除。 0：ACK 位控制当前移位寄存器内正在接收的字节的（N）ACK，PEC 位表明当前移位寄存器内的字节是 PEC； 1：ACK 位控制在移位寄存器内接收的下一个字节的（N）ACK，PEC 位表明在移位寄存器内接收的下一个字节是 PEC。 注意：POS 位只能用在 2 个字节的接收配置中，必须在接收数据之前配置。 为了 NACK 的第 2 个字节，必须在清除 ADDR 位之后清除 ACK 位。 为了检测第 2 个字节的 PEC，必须在配置 POS 位之后，拉伸 ADDR 事件时设置 PEC 位
位 10	ACK：应答使能。 软件可以设置或清除该位。当 PE=0 时，该位由硬件清除。 0：无应答返回； 1：在接收到一个字节后返回一个应答（匹配的地址或数据）

续表

位 9	STOP：停止条件产生。 软件可以设置或清除该位。当检测到停止条件时，该位由硬件清除。当检测到超时错误时，硬件将该位置位。 在主模式下： 0：无停止条件产生； 1：在当前字节传输或在当前起始条件发出后产生停止条件。 在从模式下： 0：无停止条件产生； 1：在当前字节传输或释放 SCL 线和 SDA 线。 注意：若设置了 STOP、START 或 PEC 位，在硬件清除 STOP 位之前，软件不要执行任何对 I^2C_CR1 的写操作；否则有可能会第 2 次设置 STOP、START 或 PEC 位
位 8	START：起始条件产生。 软件可以设置或清除该位。当起始条件发出后或 PE=0 时，该位由硬件清除。 在主模式下： 0：无起始条件产生； 1：重复产生起始条件。 在从模式下： 0：无起始条件产生； 1：当总线空闲时，产生起始条件
位 7	NOSTRETCH：禁止时钟延长（从模式）。 该位用于当 ADDR 或 BTF 标志被置位时，在从模式下禁止时钟延长，直到它被软件复位。 0：允许时钟延长； 1：禁止时钟延长
位 6	ENGC：广播呼叫使能。 0：禁止广播呼叫，以非应答响应地址 00H； 1：允许广播呼叫，以应答响应地址 00H
位 5	ENPEC：PEC 使能。 0：禁止 PEC 计算； 1：开启 PEC 计算
位 4	ENARP：ARP 使能。 0：禁止 ARP； 1：使能 ARP。 如果 SMBTYPE=0，则使用 SMBus 设备的默认地址； 如果 SMBTYPE=1，则使用 SMBus 设备的主地址
位 3	SMBTYPE：SMBus 类型。 0：SMBus 设备； 1：SMBus 主机
位 2	保留，被硬件强制为 0
位 1	SMBUS：SMBus 模式。 0：I^2C 模式； 1：SMBus 模式
位 0	PE：I^2C 模块使能。 0：禁用 I^2C 模块； 1：启用 I^2C 模块，根据 SMBUS 位的设置，相应的 I/O 端口需配置为复用功能。 注意：如果清除该位时通信正在进行，在当前通信结束后，I^2C 模块被禁用并返回空闲状态。由于在通信结束后发生 PE=0，因此所有的位被清除。在主模式下，通信结束之前，绝不能清除该位

2．控制寄存器 2（I²C_CR2）

I²C_CR2 的位分布如图 5-58 所示。

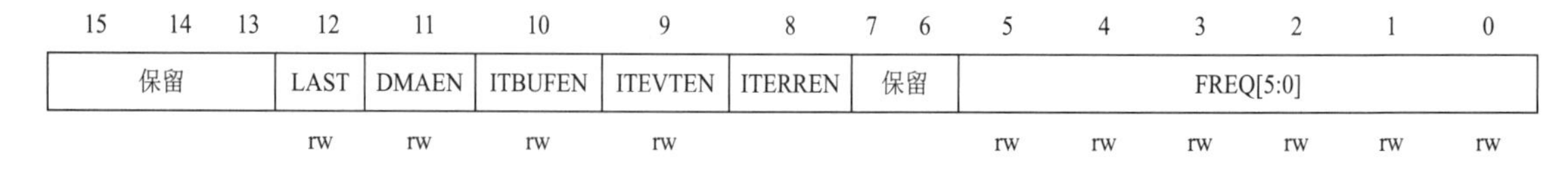

图 5-58　I²C_CR2 的位分布

I²C_CR2 的位的主要功能如表 5-50 所示。

表 5-50　I²C_CR2 的位的主要功能

位 15:13	保留，被硬件强制为 0
位 12	LAST：DMA 最后一次传输。 0：下一次 DMA 的 EOT 不是最后的传输； 1：下一次 DMA 的 EOT 是最后的传输。 注意：该位在主接收模式下使用，使得在最后一次接收数据时可以产生一个 NACK
位 11	DMAEN：DMA 请求使能。 0：禁止 DMA 请求； 1：当 TxE=1 或 RxNE=1 时，允许 DMA 请求
位 10	ITBUFEN：缓冲器中断使能。 0：当 TxE=1 或 RxNE=1 时，不产生任何中断； 1：当 TxE=1 或 RxNE=1 时，产生事件中断（不管 DMAEN 位是何种状态）
位 9	ITEVTEN：事件中断使能。 0：禁止事件中断； 1：允许事件中断。 在下列条件下，将产生该中断： ① SB=1（主模式）； ② ADDR=1（主/从模式）； ③ ADD10=1（主模式）； ④ STOPF=1（从模式）； ⑤ BTF=1，但是没有 TxE 或 RxNE 事件； ⑥ 如果 ITBUFEN=1，TxE 事件为 1； ⑦ 如果 ITBUFEN=1，RxNE 事件为 1
位 8	ITERREN：出错中断使能。 0：禁止出错中断； 1：允许出错中断。 在下列条件下，将产生该中断： ① BERR=1； ② ARLO=1； ③ AF=1； ④ OVR=1； ⑤ PECERR=1； ⑥ TIMEOUT=1； ⑦ SMBAlert=1

续表

位 7:6	保留，被硬件强制为 0
位 5:0	FREQ[5:0]：I^2C 模块时钟频率。 必须设置正确的输入时钟频率以产生正确的时序，允许的范围为 2MHz～36MHz。 000000：禁用； 000001：禁用； 000010：2MHz； …… 100100：36MHz； 大于 100100：禁用

3. 自身地址寄存器 1（I^2C_OAR1）

I^2C_OAR1 的位分布如图 5-59 所示。

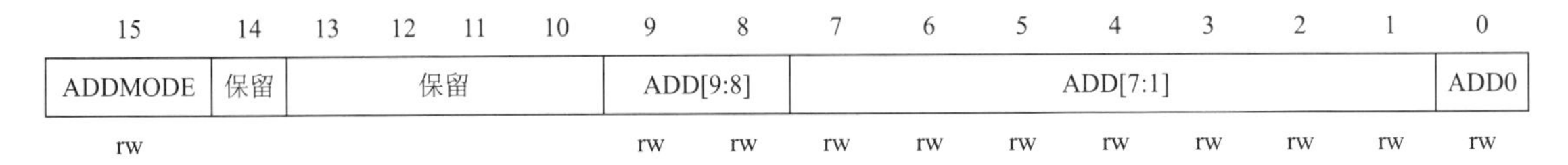

图 5-59　I^2C_OAR1 的位分布

I^2C_OAR1 的位的主要功能如表 5-51 所示。

表 5-51　I^2C_OAR1 的位的主要功能

位 15	ADDMODE：寻址模式（从模式）。 0：7 位从地址（无法应答 10 位地址）； 1：10 位从地址（无法应答 7 位地址）
位 14	应通过软件始终保持为 1
位 13:10	保留，必须保持复位值
位 9:8	ADD[9:8]：接口地址。 7 位寻址模式：无意义； 10 位寻址模式：地址的第 9:8 位
位 7:1	ADD[7:1]：接口地址，这个地址是 7、6、5、4、3、2、1 位
位 0	ADD0：接口地址。 7 位寻址模式：无意义。 10 位寻址模式：地址的第 0 位

4. 自身地址寄存器 2（I^2C_OAR2）

I^2C_OAR2 的位分布如图 5-60 所示。

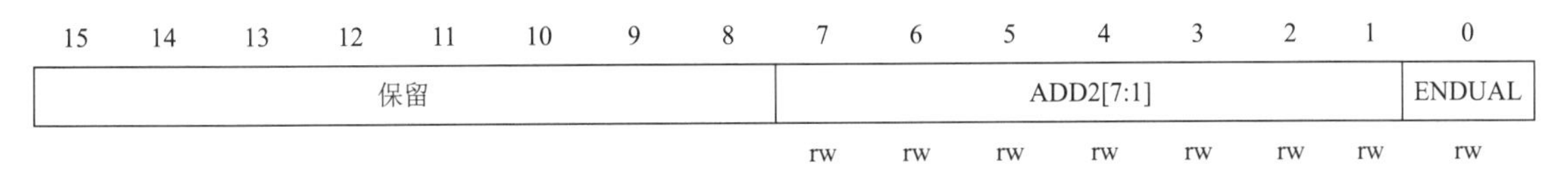

图 5-60　I^2C_OAR2 的位分布

I^2C_OAR2 的位的主要功能如表 5-52 所示。

表 5-52 I^2C_OAR2 的位的主要功能

位 15:8	保留，必须保持复位值
位 7:1	ADD2[7:1]：接口地址，这个地址是 7、6、5、4、3、2、1 位
位 0	ENDUAL：双寻址模式使能。 0：在 7 位寻址模式下，仅对 OAR1 地址响应； 1：在 7 位寻址模式下，能对 OAR1 和 OAR2 两个地址响应

5. 数据寄存器（I^2C_DR）

I^2C_DR 的位分布如图 5-61 所示。

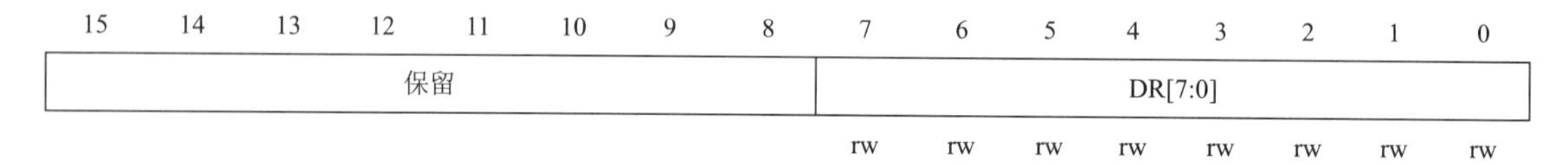

图 5-61 I^2C_DR 的位分布

I^2C_DR 的位的主要功能如表 5-53 所示。

表 5-53 I^2C_DR 的位的主要功能

位 15:8	保留，必须保持复位值
位 7:0	DR[7:0]：8 位 DR 接收的字节或者要发送到总线的字节。 发送模式：在 DR 中写入第一个字节时自动开始发送字节。如果在启动传送（TxE=1）后立即将下一个要传送的数据置于 DR 中，则可以保持连续的传送流。 接收模式：将接收到的字节复制到 DR 中（RxNE=1）。如果在接收下一个数据字节（RxNE=1）之前读取 DR，则可保持连续的传送流。 注意：①在从模式下，地址并不会复制到 DR 中；②硬件不对写冲突进行管理（TxE=0 时也可对 DR 执行写操作）；③如果发出 ACK 脉冲时出现 ARLO 事件，则 ACK 脉冲不会将接收到的字节复制到 DR，因而也无法读取字节

6. 状态寄存器 1（I^2C_SR1）

I^2C_SR1 的位分布如图 5-62 所示。

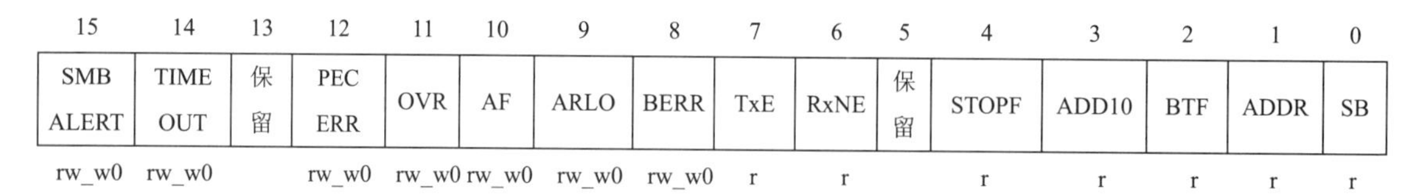

图 5-62 I^2C_SR1 的位分布

I^2C_SR1 的位的主要功能如表 5-54 所示。

表 5-54　I^2C_SR1 的位的主要功能

位 15	SMBALERT：SMBus 报警。 在 SMBus 主机模式下： 0：无 SMBALERT； 1：引脚上发生 SMBALERT 事件。 在 SMBus 从模式下： 0：无 SMBALERT 响应地址头； 1：接收到指示 SMBALERT 低电平的 SMBALERT 响应地址头。 该位由软件写入 0 来清零，或在 PE=0 时由硬件清零
位 14	TIMEOUT：超时或 Tlow 错误。 0：无超时错误； 1：SCL 低电平时，持续 25ms（超时），或主器件累计时钟低电平延长时间超过 10ms（Tlow:mext），或从器件累计时钟低电平延长时间超过 25ms（Tlow:sext）。 在从模式下该位置 1 时，从器件复位通信且硬件释放数据线。 在主模式下该位置 1 时，由硬件发送停止位。 该位由软件写入 0 来清零，或在 PE=0 时由硬件清零 注意：此功能仅在 SMBus 模式下可用
位 13	保留，必须保持复位值
位 12	PECERR：接收期间 PEC 错误。 0：无 PEC 错误，接收器在接收 PEC 后返回 ACK（如果 ACK=1）； 1：PEC 错误，接收器在接收 PEC 后返回 NAC（无论 ACK 是什么值）。 该位由软件写入 0 来清零，或在 PE=0 时由硬件清零。 注意：接收到错误的 CRC 时，如果在结束 CRC 接收之前 PEC 控制位没有置 1，则 PECERR 位在从模式下不会置 1。可以通过读取 PEC 值来判定接收到的 CRC 是否正确
位 11	OVR：上溢/下溢。 0：未发生上溢/下溢； 1：上溢或下溢。 首先，在从模式下该位由硬件置 1，前提是满足 NOSTRETCH=1。 其次，接收过程中接收到一个新字节（包括 ACK 脉冲）但尚未读取 DR，新接收的字节将丢失。 再次，发送过程中将发送一个新字节但尚未向 DR 写入数据，同一字节发送两次。 最后，该位由软件写入 0 来清零，或在 PE=0 时由硬件清零。 注意：如果 DR 写操作时间与出现 SCL 上升沿的时间非常接近，则发出的数据不确定，并且出现数据保持时间错误
位 10	AF：应答失败。 0：未发生应答失败； 1：应答失败。 无应答返回时该位由硬件置 1。 该位由软件写入 0 来清零，或在 PE=0 时由硬件清零
位 9	ARLO：仲裁丢失（主模式）。 0：未检测到仲裁丢失； 1：检测到仲裁丢失。 若接口在竞争总线时输给另一个主设备，则硬件将该位置 1。 该位由软件写入 0 来清零，或在 PE=0 时由硬件清零。 发生 ARLO 事件后，接口会自动切换回从模式（M/SL=0）。 注意：在 SMBus 中，从模式下的数据仲裁仅发生在数据阶段或发送确认期间（不适用于地址确认）

续表

位 8	BERR：总线错误。 0：无误放的起始或停止位； 1：存在误放的起始或停止位。 SCL 为高电平时，若接口在字节传输期间检测到某个无效位置出现 SDA 上升沿或下降沿，则会通过硬件将该位置 1。 该位由软件写入 0 来清零，或在 PE=0 时由硬件清零
位 7	TxE：数据寄存器为空（发送器）。 0：数据寄存器非空； 1：数据寄存器为空。 发送过程中数据寄存器为空时该位置 1。TxE 不会在地址阶段置 1。 该位由软件写入数据寄存器来清零，或在出现起始位、停止位或者 PE=0 时由硬件清零。 如果接收到 NACK 或要发送的下一个字节为 PEC（PEC=1），TxE 将不会置 1。 注意：写入第一个要发送的数据或 BTF 位置 1 时，写入数据都无法将 TxE 位清零，因为这两种情况下数据寄存器仍为空
位 6	RxNE：数据寄存器非空（接收器）。 0：数据寄存器为空； 1：数据寄存器非空。 接收模式下，数据寄存器非空时置 1。RxNE 位不会在地址阶段置 1。 该位由软件读取或写入数据寄存器来清零，或在 PE=0 时由硬件清零。 发生 ARLO 事件时，RxNE 位不会置 1。 注意：BTF 位置 1 时无法通过读取数据将 RxNE 位清零，因为此时数据寄存器仍为满
位 5	保留，必须保持复位值
位 4	STOPF：停止位检测（从模式）。 0：未检测到停止位； 1：检测到停止位。 从设备在应答脉冲后（如果 ACK=1）检测到停止位，由硬件置 1。 该位由软件分别对 SR1 和 CR1 执行读操作和写操作来清零，或在 PE=0 时由硬件清零。 注意：收到 NACK 后 STOPF 位不会置 1。 建议在 STOPF 位置 1 后执行完整的清零序列（首先读取 SR1，然后写入 CR1）
位 3	ADD10：发送 10 位头（主模式）。 0：未发生 ADD10 事件； 1：主器件已发送第一个地址字节（头）。 主器件在 10 位地址模式下已发送第一个字节时该位由硬件置 1。 该位由软件在读取 SR1 后在 DR 中写入第二个地址字节来清零，或在 PE=0 时由硬件清零。 注意：收到 NACK 后 ADD10 位不会置 1
位 2	BTF：字节传输完成。 0：数据字节传输未完成； 1：数据字节传输成功完成。 首先，该位由硬件置 1，前提是满足 NOSTRETCH=0。 其次，接收过程中接收到一个新字节（包括 ACK 脉冲）但尚未读取 DR（RxNE=1）。 再次，发送过程中将发送一个新字节但尚未向 DR 写入数据（TxE=1）。 最后，该位由软件读或写 DR 来清零，或在发送过程中出现起始或停止位后由硬件清零，也可以在 PE=0 时由硬件清零。 注意：收到 NACK 后 BTF 位不会置 1。如果下一个要发送的字节为 PEC（I^2C_SR2 中的 TRA=1，I^2C_CR1 中的 PEC=1），则 BTF 位不会置 1

续表

位 1	ADDR：地址已发送（主模式）/地址匹配（从模式）。 该位由软件在读取 SR1 后读取 SR2 来清零，或在 PE=0 时由硬件清零。 地址匹配（从模式）： 0：地址不匹配或未接收到地址； 1：接收到的地址匹配。 当接收到的从地址与 OAR 内容、广播呼叫地址或 SMBus 器件默认地址匹配时，或者识别到 SMBus 主机或 SMBus 报警时，该位由硬件置 1。(根据配置确定何时使能。) 注意：在从模式下，建议在 ADDR 位置 1 后执行完整的清零序列（首先读取 SR1，然后写入 SR2）。 地址已发送（主模式）： 0：地址发送未结束； 1：地址发送结束。 在 10 位寻址模式下，接收到第二个地址字节的 ACK 后该位置 1。 在 7 位寻址模式下，接收到地址字节的 ACK 后该位置 1。 注意：收到 NACK 后 ADDR 位不会置 1
位 0	SB：起始位（主模式）。 0：无起始位； 1：起始位已经发送。 生成启动条件时该位置 1。 该位由软件在读取 SR1 后写入 DR 来清零，或在 PE=0 时由硬件清零

7. 状态寄存器 2（I²C_SR2）

I^2C_SR2 的位分布如图 5-63 所示。

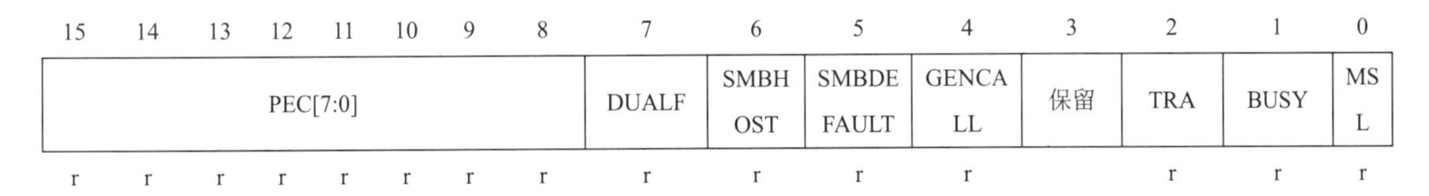

15	14	13	12	11	10	9	8	7	6	5	4	3	2	1	0
PEC[7:0]								DUALF	SMBHOST	SMBDEFAULT	GENCALL	保留	TRA	BUSY	MSL
r	r	r	r	r	r	r	r	r	r	r	r		r	r	r

图 5-63　I^2C_SR2 的位分布

I^2C_SR2 的位的主要功能如表 5-55 所示。

表 5-55　I^2C_SR2 的位的主要功能

位 15:8	PEC[7:0]：数据包错误校验寄存器。 ENPEC=1 时，此寄存器包含内部 PEC
位 7	DUALF：双标志（从模式）。 0：接收到的地址与 OAR1 匹配， 1：接收到的地址与 OAR2 匹配。 出现停止位、重复起始位或 PE=0 时该位由硬件清零
位 6	SMBHOST：SMBus 主机头（从模式）。 0：无 SMBus 主机地址； 1：SMBTYPE=1 且 ENARP=1 时接收到 SMBus 主机地址。 出现停止位、重复起始位或 PE=0 时该位由硬件清零

续表

位 5	SMBDEFAULT：SMBus 器件默认地址（从模式）。 0：无 SMBus 器件默认地址； 1：ENARP=1 时接收到 SMBus 器件默认地址。 出现停止位、重复起始位或 PE=0 时该位由硬件清零
位 4	GENCALL：广播呼叫地址（从模式）。 0：无广播呼叫； 1：ENGC=1 时接收到广播呼叫地址。 出现停止位、重复起始位或 PE=0 时该位由硬件清零
位 3	保留，必须保持复位值
位 2	TRA：发送器/接收器。 0：接收器； 1：发送器。 该位在整个地址阶段的结尾处根据地址字节的 R/W 位状态置 1。 同样，检测到停止位（STOPF=1）、重复起始位、总线仲裁丢失（ARLO=1）或当 PE=0 时该位也由硬件清零
位 1	BUSY：总线忙碌。 0：总线上无通信； 1：总线正在进行通信。 检测到 SDA 或 SCL 低电平时该位由硬件置 1。 检测到停止位时该位由硬件清零。 该位指示总线上是否正在进行通信。即使禁止接口（PE=0）后此信息也会更新
位 0	MSL：主/从模式。 0：从模式； 1：主模式。 接口进入主模式时（SB=1）该位由硬件置 1。 检测到总线上的停止位、仲裁丢失（ARLO=1）或当 PE=0 时该位由硬件清零。 注意：读取 I^2C_SR1 后再读取 I^2C_SR2 可将 ADDR 标志清零，即使 ADDR 标志在读取 I^2C_SR1 之后置 1 也如此。因此，必须仅在 I^2C_SR1 中的 ADDR 位已置 1 或者 STOPF 位已清零后读取 I^2C_SR2

8．时钟控制寄存器（I^2C_CCR）

I^2C_CCR 的位分布如图 5-64 所示。

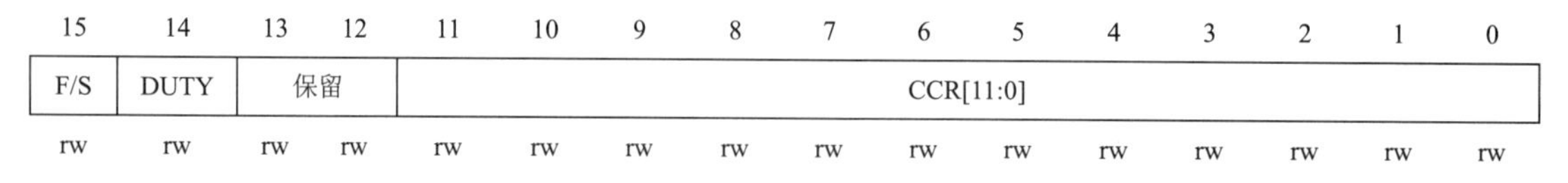

15	14	13	12	11	10	9	8	7	6	5	4	3	2	1	0
F/S	DUTY	保留		CCR[11:0]											
rw	rw	rw	rw	rw	rw	rw	rw	rw	rw	rw	rw	rw	rw	rw	rw

图 5-64　I^2C_CCR 的位分布

I^2C_CCR 的位的主要功能如表 5-56 所示。

表 5-56　I^2C_CCR 的位的主要功能

位 15	F/S：I^2C 主模式选择。 0：标准模式 I^2C； 1：快速模式 I^2C

续表

位 14	DUTY：快速模式占空比。 0：快速模式 $T_{low}/T_{high}=2$； 1：快速模式 $T_{low}/T_{high}=16/9$
位 13:12	保留，必须保持复位值
位 11:0	CCR[11:0]：快速/标准模式下的 I²C_CCR（主模式）控制主模式下的 SCL 时钟。 标准模式或 SMBus 模式： $T_{high}=CCR \times T_{PCLK1}$ $T_{low}=CCR \times T_{PCLK1}$ 快速模式： 如果 DUTY=0，则 $T_{high}=CCR \times T_{PCLK1}$ $T_{low}=2 \times CCR \times T_{PCLK1}$ 如果 DUTY=1（达到 400kHz），则 $T_{high}=9 \times CCR \times T_{PCLK1}$ $T_{low}=16 \times CCR \times T_{PCLK1}$ 例如：要在标准模式下生成 100kHz 的 SCL 频率，如果 FREQR=08，T_{PCLK1}=125ns，则必须 CCR 编程为 0x28。 注意：①允许的最小值为 0x04，但快速占空比模式除外，其最小值为 0x01；②这些时间均未经过滤波；③CCR 必须仅在禁止 I²C（PE=0）的情况下配置

9．TRISE 寄存器（I²C_TRISE）

I²C_TRISE 的位分布如图 5-65 所示。

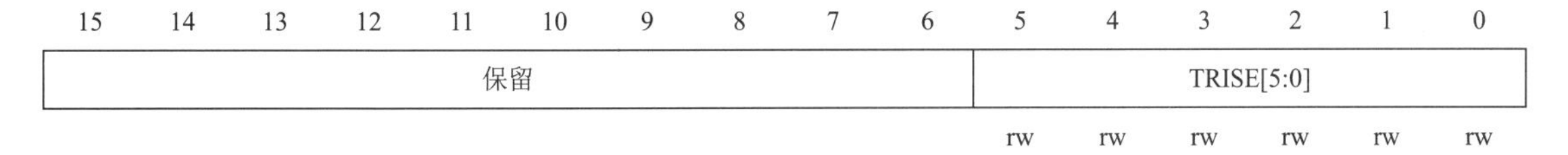

15	14	13	12	11	10	9	8	7	6	5	4	3	2	1	0
保留										TRISE[5:0]					
										rw	rw	rw	rw	rw	rw

图 5-65　I²C_TRISE 的位分布

I²C_TRISE 的位的主要功能如表 5-57 所示。

表 5-57　I²C_TRISE 的位的主要功能

位 15:6	保留，必须保持复位值
位 5:0	TRISE[5:0]：快速/标准模式下的最大 SCL 上升时间（主模式）。 这些位必须编程为 I²C 总线规范中给定的最大 SCL 上升时间加 1。 例如：标准模式下允许的最大 SCL 上升时间为 1000ns，如果 I²C_CR2 中 FREQ[5:0]位的值等于 0x08 且 T_{PCLK1}=125ns，则 TRISE[5:0]位必须编程为 09H。 滤波器值也可以叠加到 TRISE[5:0]。 如果结果不为整数，TRISE[5:0]必须编程为整数部分，以符合 T_{high} 参数要求。 注意：TRISE[5:0]必须仅在禁止 I²C（PE=0）的情况下配置

5.7.3　I²C 应用案例

```
#include "stm32f10x.h"
#include "stm32lib.h"
#include "api.h"
```

```
/*************************************************************************
**函数信息：void Delay(u16 dly)
**功能描述：延时函数，大致为毫秒
**输入参数：u32 dly：延时时间
**输出参数：无
**调用提示：无
*************************************************************************/
void Delay(u32 dly)
{
	u16 i;
	for ( ; dly>0; dly--)
		for (i=0; i<10000; i++);
}
/*************************************************************************
**函数信息：int main (void)
**功能描述：开机后，ARMLED 闪动，主程序向 EEPROM 写入 100 个数据，然后读出来比较，若相同，
则蜂鸣器长鸣 1 声；若不同，则蜂鸣器连续鸣叫 5 声
**输入参数：
**输出参数：
**调用提示：
*************************************************************************/
int main(void)
{
	int8u i,I2c_Buf[100];
	SystemInit();                          //系统初始化，系统时钟初始化
	GPIOInit();                            //GPIO 初始化，凡是实验用到的都要初始化
	TIM2Init();                            //TIM2 初始化，LED 闪烁需要 TIM2
	I2C1Init(100000);                      //I²C1 初始化，收发数据
	for(i=0;i<100;i++)
		I2c_Buf[i]=i;
	I2C1_WriteNByte(0,I2c_Buf,100);        //数据写入 EEPROM，地址为 0～99

	for(i=0;i<100;i++)                     //清除缓冲区
		I2c_Buf[i]=0;
	I2C1_ReadNByte(0,I2c_Buf,100);         //数据读回缓冲区
	for(i=0;i<100;i++)                     //比较数据是否相同
	{
		if(I2c_Buf[i]!=i)
		{
			for(i=0;i<5;i++)               //数据错误，蜂鸣器连续鸣叫 5 声
			{
				Buzzer_Time=2;
				Delay(115);
			}
			while(1);
		}
	}
```

```
        Buzzer_Time=10;                         //数据正确，蜂鸣器长鸣 1 声
        while(1);

    }
```

5.8　看门狗分析与应用

看门狗的用途是在微控制器进入错误状态后的一定时间内复位。当看门狗使能时，如果用户程序没有在溢出周期内喂狗（给看门狗定时器重装定时值），看门狗会产生一个系统复位。

STM32F10xxx 内置两个看门狗，提供了更高的安全性、时间精确性和使用灵活性。两个看门狗设备（独立看门狗和窗口看门狗）可用来检测和解决由软件错误引起的故障；当计数器达到给定的超时值时，触发一个中断（仅适用于窗口看门狗）或产生系统复位。独立看门狗（IWDG）由专用的低速时钟（LSI）驱动，即使主时钟发生故障，它也仍然有效。窗口看门狗（WWDG）由从 APB1 时钟分频后得到的时钟驱动，通过可配置的时间窗口来检测应用程序非正常的过迟或过早的操作。IWDG 最适合应用于那些需要看门狗作为一个在主程序之外，能够完全独立工作，并且对时间精度要求较低的场合。WWDG 最适合那些要求看门狗在精确计时窗口起作用的应用程序。

5.8.1　STM32 系列 IWDG 的特点

（1）自由运行的递减计数器。

（2）时钟由独立的 RC 振荡器提供（可在停止和待机模式下工作）。

（3）看门狗被激活后，在计数器计数至 0x000 时产生复位。

5.8.2　与 IWDG 相关的寄存器

在键寄存器（IWDG_KR）中写入 0xCCCC，开始启用 IWDG；此时计数器开始从其复位值 0xFFF 递减计数。当计数器计数到末尾 0x000 时，会产生一个复位信号（IWDG_RESET）。无论何时，只要在 IWDG_KR 中写入 0xAAAA，IWDG_RLR 中的值就会被重新加载到计数器，从而避免产生看门狗复位。

IWDG 框图如图 5-66 所示。

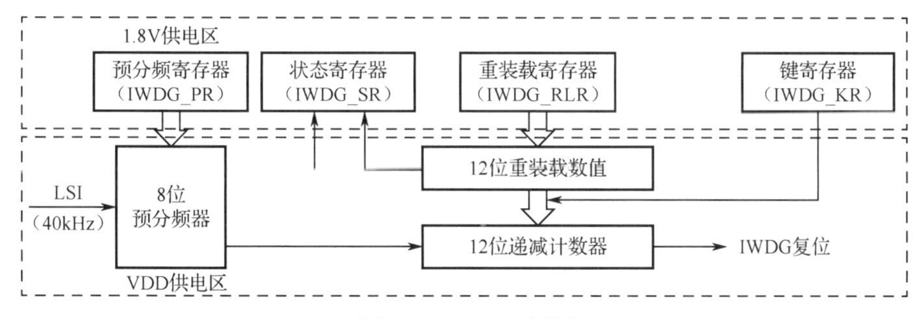

图 5-66　IWDG 框图

1. 键寄存器（IWDG_KR）

IWDG_KR 的位分布如图 5-67 所示。

31	30	29	28	27	26	25	24	23	22	21	20	19	18	17	16
保留															
15	**14**	**13**	**12**	**11**	**10**	**9**	**8**	**7**	**6**	**5**	**4**	**3**	**2**	**1**	**0**
KEY[15:0]															
w	w	w	w	w	w	w	w	w	w	w	w	w	w	w	w

图 5-67　IWDG_KR 的位分布

IWDG_KR 的位的主要功能如表 5-58 所示。

表 5-58　IWDG_KR 的位的主要功能

位	功能
位 31:16	保留，必须保持复位值
位 15:0	KEY[15:0]：键值（只写位，读为 0000H）。 必须每隔一段时间便通过软件对这些位写入键值 AAAAH，否则当计数器计数到 0 时，看门狗会产生复位 写入键值 5555H 可使能对预分频寄存器和重装载寄存器的访问

2. 预分频寄存器（IWDG_PR）

IWDG_PR 的位分布如图 5-68 所示。

31	30	29	28	27	26	25	24	23	22	21	20	19	18	17	16
保留															
15	**14**	**13**	**12**	**11**	**10**	**9**	**8**	**7**	**6**	**5**	**4**	**3**	**2**	**1**	**0**
保留													PR[2:0]		
													rw	rw	rw

图 5-68　IWDG_PR 的位分布

IWDG_PR 的位的主要功能如表 5-59 所示。

表 5-59　IWDG_PR 的位的主要功能

位	功能
位 31:3	保留，必须保持复位值
位 2:0	PR[2:0]：预分频器。 这些位受写访问保护，通过软件设置这些位来选择计数器时钟的预分频因子。若要更改预分频器的分频系数，IWDG_SR 的 PVU 位必须为 0。 000：4 分频； 001：8 分频； 010：16 分频； 011：32 分频； 100：64 分频； 101：128 分频； 110：256 分频； 111：256 分频； 注意：读取 IWDG_PR 会返回 VDD 电压域的预分频器值。如果正在对 IWDG_PR 执行写操作，则读取的值可能不是最新的或有效的。因此，只有在 IWDG_SR 中的 PVU 位为 0 时，从 IWDG_PR 读取的值才有效

3．重装载寄存器（IWDG_RLR）

IWDG_RLR 的位分布如图 5-69 所示。

31	30	29	28	27	26	25	24	23	22	21	20	19	18	17	16
保留															
15	**14**	**13**	**12**	**11**	**10**	**9**	**8**	**7**	**6**	**5**	**4**	**3**	**2**	**1**	**0**
保留				RL[11:0]											
				rw	rw	rw	rw	rw	rw	rw	rw	rw	rw	rw	rw

图 5-69　IWDG_RLR 的位分布

IWDG_RLR 的位的主要功能如表 5-60 所示。

表 5-60　IWDG_RLR 的位的主要功能

位	功能
位 31:12	保留，必须保持复位值
位 11:0	RL[11:0]：看门狗计数器重载值。 这些位受写访问保护。这个值由软件设置，每次对 IWDR_KR 写入值 AAAAH 时，这个值就会重装载到看门狗计数器中。之后，看门狗计数器便从该装载的值开始递减计数。超时周期由 AAAAH 和时钟预分频器共同决定。 若要更改重载值，则 IWDG_SR 中的 RVU 位必须为 0。 注意：读取 IWDG_RLR 会返回 VDD 电压域的重载值。如果正在对 IWDG_RLR 执行写操作，则读取的值可能不是最新的或有效的。因此，只有在 IWDG_SR 中的 RVU 位为 0 时，从 IWDG_RLR 读取的值才有效

4．状态寄存器（IWDG_SR）

IWDG_SR 的位分布如图 5-70 所示。

31	30	29	28	27	26	25	24	23	22	21	20	19	18	17	16
保留															
15	**14**	**13**	**12**	**11**	**10**	**9**	**8**	**7**	**6**	**5**	**4**	**3**	**2**	**1**	**0**
保留														RVU	PVU
														r	r

图 5-70　IWDG_SR 的位分布

IWDG_SR 的位的主要功能如表 5-61 所示。

表 5-61　IWDG_SR 的位的主要功能

位	功能
位 31:2	保留，必须保持复位值
位 1	RVU：看门狗计数器重载值更新。 可通过硬件将该位置 1 以指示重载值正在更新。在 VDD 电压域下完成重载值更新操作后（需要多达 5 个 RC 40kHz 周期），会通过硬件将该位复位。 重载值只有在 RVU 位为 0 时才可更新

续表

位 0	PVU：看门狗预分频器值更新。 可通过硬件将该位置 1 以指示预分频器值正在更新。在 VDD 电压域下完成预分频器值更新操作后（需要多达 5 个 RC 40kHz 周期），会通过硬件将该位复位。 预分频器值只有在 PVU 位为 0 时才可更新

注意：如果应用使用多个重载值或预分频器值，则必须等到 RVU 位清零后才能更改重载值，而且必须等到 PVU 位清零后才能更改预分频器值。但是，在更新预分频器和重载值之后，无须等到 RVU 或 PVU 位复位后再继续执行代码（即便进入低功耗模式，也会继续执行写操作至完成）。

5.8.3 看门狗应用案例

```
#include "stm32f10x.h"
#include "stm32lib.h"
#include "api.h"
/*****************************************************************************
**函数信息：void IWDGInit(void)
**功能描述：独立看门狗初始化函数，此处设置为每 1s 喂狗一次，否则复位
**输入参数：无
**输出参数：无
**调用提示：
*****************************************************************************/
void IWDGInit(void)
{
    IWDG_WriteAccessCmd(IWDG_WriteAccess_Enable);        //允许看门狗寄存器写入功能
    IWDG_SetPrescaler(IWDG_Prescaler_32);   //看门狗时钟分频设置，40kHz/32=1250Hz（0.8ms）
    IWDG_SetReload(1250);                   //喂狗时间 0.8ms×1250=1s，注意不能大于 0xfff（4095）

    IWDG_ReloadCounter();                                //重启计数器，即喂狗
    IWDG_Enable();                                       //使能看门狗
}

/*****************************************************************************
**函数信息：int main (void)
**功能描述：开机后，ARMLED 闪动，蜂鸣器鸣响 1 声，如果按下任意一个按键并且不松开，就打断
了喂狗时序；如果持续超过 1s 不松开按键，看门狗就会复位程序
**输入参数：
**输出参数：
**调用提示：
*****************************************************************************/
int main(void)
{
    int32u i;
    SystemInit();           //系统初始化，系统时钟初始化
    GPIOInit();             //GPIO 初始化，凡是实验用到的都要初始化
    TIM2Init();             //TIM2 初始化，LED 闪烁需要 TIM2
```

```
        IWDGInit();             //初始化并打开看门狗
        Buzzer_Time=5; //蜂鸣器鸣响
        for(i=0;i<50000;i++);
    while (1)
        {
            IWDG_ReloadCounter();                                   //喂狗
            if(!GPIO_ReadInputDataBit(GPIOC, GPIO_Pin_8)) //如果 KEY1 键按下
            {
                while(!GPIO_ReadInputDataBit(GPIOC, GPIO_Pin_8));       //等待按键松开
            }
            if(!GPIO_ReadInputDataBit(GPIOC, GPIO_Pin_9)) //如果 KEY2 键按下
            {
                while(!GPIO_ReadInputDataBit(GPIOC, GPIO_Pin_9));       //等待按键松开
            }
            if(!GPIO_ReadInputDataBit(GPIOC, GPIO_Pin_10)) //如果 KEY3 键按下
            {
                while(!GPIO_ReadInputDataBit(GPIOC, GPIO_Pin_10));      //等待按键松开
            }
            if(!GPIO_ReadInputDataBit(GPIOC, GPIO_Pin_11)) //如果 KEY4 键按下
            {
                while(!GPIO_ReadInputDataBit(GPIOC, GPIO_Pin_11));      //等待按键松开
            }
            if(!GPIO_ReadInputDataBit(GPIOC, GPIO_Pin_12)) //如果 KEY5 键按下
            {
                while(!GPIO_ReadInputDataBit(GPIOC, GPIO_Pin_12));      //等待按键松开
            }
            for(i=0;i<10000;i++);                           //延时程序
        }
}
```

5.9　SPI 分析与应用

5.9.1　SPI 简介

SPI 是一种全双工串行接口，可处理多个连接到指定总线上的主机和从机。在数据传输过程中，总线上只能有一个主机和一个从机通信。在数据传输中，主机总是会向从机发送一帧 8～16 位的数据，而从机也总是会向主机发送一帧字节数据。

SPI 控制寄存器包含一些可编程位，用于控制 SPI 功能模块，包括普通功能及异常状况。该寄存器的主要用途是检测数据传输的结束，这可通过判断 SPIF 位来实现，其他位用于指示异常状况。

SPI 数据寄存器用于发送和接收数据字节。串行数据实际的发送和接收是通过 SPI 模块逻辑中的内部移位寄存器实现的。在发送时，数据会被写入 SPI 数据寄存器。数据寄存器和内部移位寄存器之间没有缓冲区，写数据寄存器会使数据直接进入内部移位寄存器，因此数据只能在上一次数据发送完成后写入数据寄存器。读数据是带有缓冲区的，当传输结束时，接

收到的数据转移到数据缓冲区，读数据寄存器将返回读缓冲区的值。

5.9.2 SPI 特点

（1）兼容串行外设接口（SPI）规范；3 线全双工同步传输。

（2）带或不带第三根双向数据线的双线单工同步传输。

（3）8 位或 16 位传输帧格式选择。

（4）主或从操作。

（5）支持多主模式。

（6）8 个主模式波特率预分频系数（最大为 $f_{PCLK}/2$）。

（7）从模式频率（最大为 $f_{PCLK}/2$）。

（8）主模式和从模式的快速通信。

（9）主模式和从模式下均可以由软件或硬件进行 NSS 管理：主/从操作模式的动态改变。

（10）可编程的时钟极性和相位。

（11）可编程的数据顺序，MSB 在前或 LSB 在前。

（12）可触发中断的专用发送和接收标志。

（13）SPI 总线忙状态标志。

（14）支持可靠通信的硬件 CRC：①在发送模式下，CRC 值可以被作为最后一个字节发送；②在全双工模式下，对接收到的最后一个字节自动进行 CRC 校验。

（15）可触发中断的主模式故障、过载及 CRC 错误标志。

（16）支持 DMA 功能的一个字节发送和接收缓冲器：产生发送和接收请求。

5.9.3 与 SPI 相关的寄存器

通常，SPI 通过 4 个引脚与外部器件相连。

（1）MISO：主设备输入/从设备输出引脚。该引脚在从模式下发送数据，在主模式下接收数据。

（2）MOSI：主设备输出/从设备输入引脚。该引脚在主模式下发送数据，在从模式下接收数据。

（3）SCK：串口时钟引脚，作为主设备的输出、从设备的输入。

（4）NSS：从设备选择引脚。这是一个可选的引脚，用来选择主/从设备。它的功能是用来作为“片选引脚”，让主设备可以单独地与特定从设备通信，避免数据线上的冲突。从设备的 NSS 引脚可以由主设备的一个标准 I/O 引脚来驱动。一旦被使能（SSOE 位），NSS 引脚也可以作为输出引脚，并在 SPI 处于主模式时电平被拉低；此时，对于所有的 SPI 设备，如果它们的 NSS 引脚连接到主设备的 NSS 引脚，则会检测到低电平；如果它们被设置为 NSS 硬件模式，则会自动进入从设备状态。当 SPI 设备配置为主设备、NSS 配置为输入引脚（MSTR=1，SSOE=0）时，如果 NSS 引脚的电平被拉低，则这个 SPI 设备进入主模式失败状态，即 MSTR 位被自动清除，此 SPI 设备进入从模式。

SPI 方框图如图 5-71 所示。

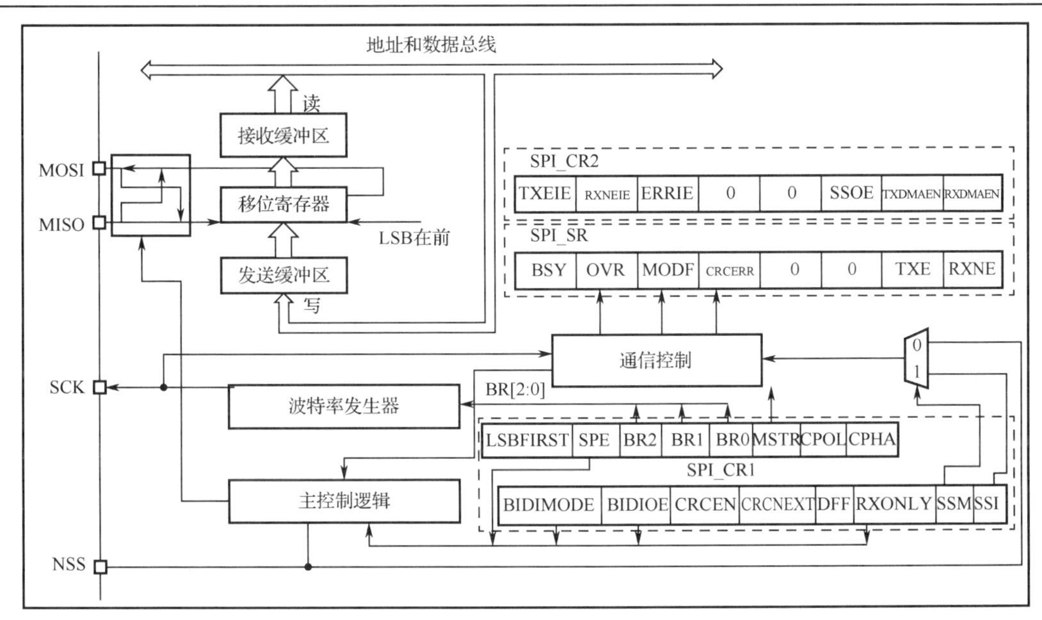

图 5-71 SPI 方框图

1. SPI 控制寄存器 1（SPI_CR1）

SPI_CR1 的位分布如图 5-72 所示。

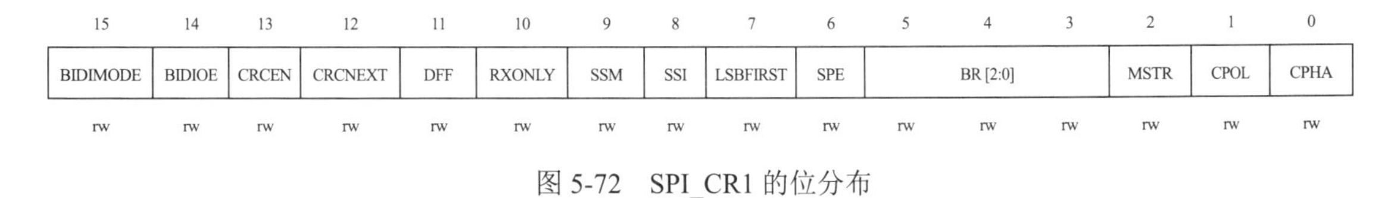

15	14	13	12	11	10	9	8	7	6	5	4	3	2	1	0
BIDIMODE	BIDIOE	CRCEN	CRCNEXT	DFF	RXONLY	SSM	SSI	LSBFIRST	SPE	BR [2:0]			MSTR	CPOL	CPHA
rw	rw	rw	rw	rw	rw	rw	rw	rw	rw	rw	rw	rw	rw	rw	rw

图 5-72 SPI_CR1 的位分布

SPI_CR1 的位的主要功能如表 5-62 所示。

表 5-62 SPI_CR1 的位的主要功能

位	功能
位 15	BIDIMODE：双向数据模式使能。 0：选择“双线双向”模式； 1：选择“单线双向”模式
位 14	BIDIOE：双向模式下的输出使能。 该位和 BIDIMODE 位一起决定在“单线双向”模式下数据的输出方向。 0：输出禁止（只收模式）； 1：输出使能（只发模式）。 这个“单线”数据线在主设备端为 MOSI 引脚，在从设备端为 MISO 引脚
位 13	CRCEN：硬件 CRC 校验使能。 0：禁止 CRC 计算； 1：启动 CRC 计算。 注意：只有在禁止 SPI 时（SPE=0），才能写该位，否则出错。该位只能在全双工模式下使用
位 12	CRCNEXT：下一个发送 CRC。 0：下一个发送的值来自发送缓冲区； 1：下一个发送的值来自发送 CRC 寄存器。 注意：在 SPI_DR 写入最后一个数据后应马上设置该位

续表

位 11	DFF：数据帧格式。 0：使用 8 位数据帧格式进行发送/接收； 1：使用 16 位数据帧格式进行发送/接收。 注意：只有当 SPI 禁止（SPE=0）时，才能写该位，否则出错。
位 10	RXONLY：只接收。 该位和 BIDIMODE 位一起决定在“双线双向”模式下的传输方向。在多个从设备的配置中，在未被访问的从设备上该位被置 1，使得只有被访问的从设备有输出，从而不会造成数据线上数据冲突。 0：全双工（发送和接收）； 1：禁止输出（只接收模式）
位 9	SSM：软件从设备管理。 当该位被置位时，NSS 引脚上的电平由 SSI 位的值决定。 0：禁止软件从设备管理； 1：启用软件从设备管理
位 8	SSI：内部从设备选择。 该位只在 SSM 位为 1 时有意义，它决定了 NSS 引脚上的电平。SSI 在 NSS 引脚上的 I/O 操作无效
位 7	LSBFIRST：帧格式。 0：先发送 MSB； 1：先发送 LSB。 注意：当通信正在进行的时候，不能改变该位的值
位 6	SPE：SPI 使能。 0：禁止 SPI 设备； 1：开启 SPI 设备。
位 5:3	BR[2:0]：波特率控制。 000：$f_{PCLK}/2$； 001：$f_{PCLK}/4$； 010：$f_{PCLK}/8$； 011：$f_{PCLK}/16$； 100：$f_{PCLK}/32$； 101：$f_{PCLK}/64$； 110：$f_{PCLK}/128$； 111：$f_{PCLK}/256$ 当通信正在进行的时候，不能修改这些位
位 2	MSTR：主设备选择。 0：配置为从设备； 1：配置为主设备。 注意：当通信正在进行的时候，不能修改该位
位 1	CPOL：时钟极性。 0：空闲状态时，SCK 引脚保持低电平； 1：空闲状态时，SCK 引脚保持高电平。 注意：当通信正在进行的时候，不能修改该位
位 0	CPHA：时钟相位。 0：数据采样从第一个时钟边沿开始； 1：数据采样从第二个时钟边沿开始。 注意：当通信正在进行的时候，不能修改该位

2．SPI 控制寄存器 2（SPI_CR2）

SPI_CR2 的位分布如图 5-73 所示。

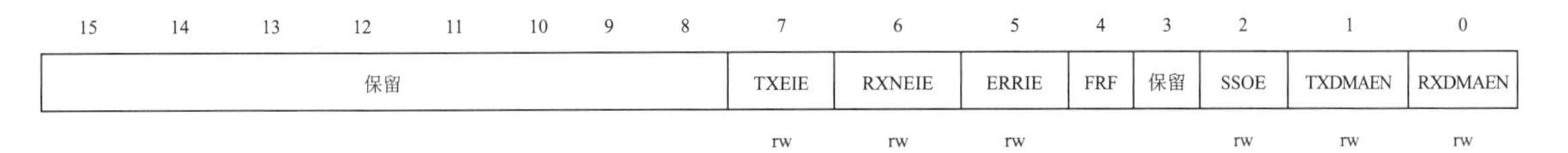

图 5-73　SPI_CR2 的位分布

SPI_CR2 的位的主要功能如表 5-63 所示。

表 5-63　SPI_CR2 的位的主要功能

位 15:8	保留，必须保持复位值
位 7	TXEIE：发送缓冲区空中断使能。 0：屏蔽 TXE 中断 1：使能 TXE 中断。TXE 标志置 1 时产生中断请求
位 6	RXNEIE：接收缓冲区非空中断使能。 0：屏蔽 RXNE 中断； 1：使能 RXNE 中断。RXNE 标志置 1 时产生中断请求
位 5	ERRIE：错误中断使能。 该位用于控制在错误状况发生时是否产生中断（SPI 模式中的 CRCERR、OVR、MODF，以及 UDR、OVR 和 FRE）。 0：屏蔽错误中断； 1：使能错误中断
位 4	FRF：帧格式。 0：SPI Motorola 模式 1：SPI TI 模式 注意：该位不适用于 I^2S 模式
位 3	保留，被硬件强制为 0
位 2	SSOE：SS 输出使能。 0：在主模式下禁止 SS 输出，可在多主模式配置下工作； 1：在主模式下使能 SS 输出，不能在多主模式配置下工作 注意：该位不适用于 I^2S 模式和 SPI TI 模式
位 1	TXDMAEN：发送缓冲区 DMA 使能。 当该位置 1 时，每当 TXE 标志置 1 时，即产生 DMA 请求。 0：关闭发送缓冲区 DMA； 1：使能发送缓冲区 DMA
位 0	RXDMAEN：接收缓冲区 DMA 使能。 当该位置 1 时，每当 RXNE 标志置 1 时，即产生 DMA 请求。 0：关闭接收缓冲区 DMA； 1：使能接收缓冲区 DMA

3．SPI 状态寄存器（SPI_SR）

SPI_SR 的位分布如图 5-74 所示。

15	14	13	12	11	10	9	8	7	6	5	4	3	2	1	0
保留							FRE	BSY	OVR	MODF	CRCERR	UDR	CHSIDE	TXE	RXNE
							r	r	r	r	r	r	r	r	r

图 5-74 SPI_SR 的位分布

SPI_SR 的位的主要功能如表 5-64 所示。

表 5-64 SPI_SR 的位的主要功能

位 15:9	保留，被硬件强制为 0
位 8	FRE：帧格式错误。 0：没有帧格式错误； 1：出现帧格式错误。 该位由硬件置 1，当读取 SPI_SR 时该位由软件清零。 注意：当 SPI 在 TI 从模式或 I^2S 从模式下工作时，使用该位
位 7	BSY：忙标志。 0：SPI（或 I^2S）不繁忙； 1：SPI（或 I^2S）忙于通信或者发送缓冲区不为空。 该位由硬件置 1 和清零。 注意：该位必须谨慎使用
位 6	OVR：上溢标志。 0：未发生上溢； 1：发生上溢。 该位由硬件置 1，可由软件序列复位
位 5	MODF：模式故障。 0：未发生模式故障； 1：发生模式故障。 该位由硬件置 1，可由软件序列复位。 注意：该位不适用于 I^2S 模式
位 4	CRCERR：CRC 错误标志。 0：接收到的 CRC 值与 SPI_RXCRCR 值匹配； 1：接收到的 CRC 值与 SPI_RXCRCR 值不匹配。 该位由硬件置 1，通过软件写入 0 来清零。 注意：该位不适用于 I^2S 模式
位 3	UDR：下溢标志。 0：未发生下溢； 1：发生下溢。 该位由硬件置 1，可由软件序列复位。 注意：该位不适用于 SPI 模式
位 2	CHSIDE：通道信息。 0：发送或接收左通道信息； 1：发送或接收右通道信息。 注意：该位不适用于 SPI 模式，在 PCM 模式下没有意义

续表

位 1	TXE：发送缓冲区为空。 0：发送缓冲区非空； 1：发送缓冲区为空
位 0	RXNE：接收缓冲区非空。 0：接收缓冲区为空； 1：接收缓冲区非空

4. SPI 数据寄存器（SPI_DR）

SPI_DR 的位分布如图 5-75 所示。

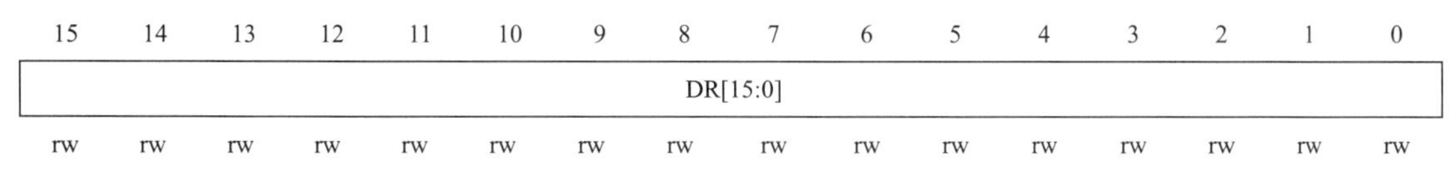

图 5-75　SPI_DR 的位分布

SPI_DR 的位的主要功能如表 5-65 所示。

表 5-65　SPI_DR 的位的主要功能

位 15:0	DR[15:0]：数据寄存器，储存已接收或者要发送的数据。 数据寄存器分为两个缓冲区，一个用于写入（发送缓冲区），一个用于读取（接收缓冲区）。对数据寄存器执行写操作时，数据将写入发送缓冲区；对数据寄存器执行读取操作时，将返回接收缓冲区中的值。针对 SPI 模式的说明：发送或接收的数据为 8 位或 16 位，具体取决于数据帧格式选择位（SPI_CR1 中的 DFF 位）。必须在使能 SPI 前进行此项选择，以确保操作正确。对于 8 位数据帧，缓冲区为 8 位，只有数据寄存器的 LSB（SPI_DR[7:0]）用于发送/接收。在接收模式下，数据寄存器的 MSB（SPI_DR[15:8]）强制为 0。对于 1 位数据帧，缓冲区为 16 位，整个数据寄存器的 SPI_DR[15:0]均用于发送/接收

5. SPI CRC 多项式寄存器（SPI_CRCPR）

SPI_CRCPR 的位分布如图 5-76 所示。

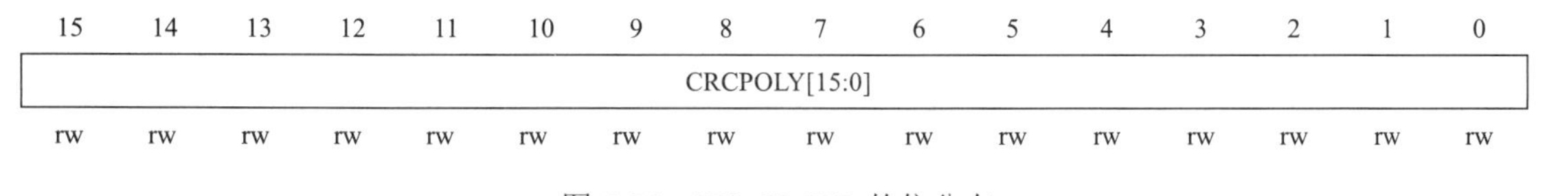

图 5-76　SPI_CRCPR 的位分布

SPI_CRCPR 的位的主要功能如表 5-66 所示。

表 5-66　SPI_CRCPR 的位的主要功能

位 15:0	CRCPOLY[15:0]：CRC 多项式寄存器。 CRC 多项式寄存器包含用于 CRC 计算的多项式。 CRC 多项式（0007H）是 CRC 多项式寄存器的复位值。可根据需要配置另一个多项式。 注意：CRC 多项式寄存器不适用于 I^2S 模式

6. SPI RXCRC 寄存器（SPI_RXCRCR）

SPI_RXCRCR 的位分布如图 5-77 所示。

15	14	13	12	11	10	9	8	7	6	5	4	3	2	1	0
RXCRC[15:0]															
r	r	r	r	r	r	r	r	r	r	r	r	r	r	r	r

图 5-77　SPI_RXCRCR 的位分布

SPI_RXCRCR 的位的主要功能如表 5-67 所示。

表 5-67　SPI_RXCRCR 的位的主要功能

位 15:0	RXCRC[15:0]：接收 CRC 寄存器（RXCRC 寄存器）。 使能 CRC 计算后，RXCRC[15:0]位将包含后续接收字节在计算后所得到的 CRC 值。当 SPI_CR1 中的 CRCEN 位写入 1 时，SPI_RXCRCR 复位。CRC 通过 SPI_CRCPR 中编程的多项式连续计算。数据帧格式设置为 8 位数据（SPI_CR1 的 DFF 位清零）时，仅考虑 8 个 LSB，CRC 计算依据任意 CRC8 标准进行；数据帧格式设置为 16 位数据（SPI_CR1 的 DFF 位置 1）时，考虑 SPI_RXCRCR 的全部 16 个位，CRC 计算依据任意 CRC16 标准进行。 注意：当 BSY 标志置 1 时，读取 SPI_RXCRCR 可能返回一个不正确的值。SPI_RXCRCR 不适用于 I^2S 模式

7．SPI TXCRC 寄存器（SPI_TXCRCR）

SPI_TXCRCR 的位分布如图 5-78 所示。

15	14	13	12	11	10	9	8	7	6	5	4	3	2	1	0
TXCRC[15:0]															
r	r	r	r	r	r	r	r	r	r	r	r	r	r	r	r

图 5-78　SPI_TXCRCR 的位分布

SPI_TXCRCR 的位的主要功能如表 5-68 所示。

表 5-68　SPI_TXCRCR 的位的主要功能

位 15:0	TXCRC[15:0]：发送 CRC 寄存器（TXCRC 寄存器）。 使能 CRC 计算后，TXCRC[7:0]位将包含后续发送字节在计算后所得到的 CRC 值。当 SPI_CR1 中的 CRCEN 位写入 1 时，SPI_TXCRCR 复位。CRC 通过 SPI_CRCPR 中编程的多项式连续计算。数据帧格式设置为 8 位数据（SPI_CR1 的 DFF 位清零）时，仅考虑 8 个 LSB，CRC 计算依据任意 CRC8 标准进行；数据帧格式设置为 16 位数据（SPI_CR1 的 DFF 位置 1）时，考虑 SPI_TXCRCR 的全部 16 个位，CRC 计算依据任意 CRC16 标准进行。 注意：当 BSY 标志置 1 时，读取 SPI_TXCRCR 可能返回一个不正确的值。SPI_TXCRCR 不适用于 I^2S 模式

8．SPI_I²S 配置寄存器（SPI_I²S_CFGR）

SPI_I^2S_CFGR 的位分布如图 5-79 所示。

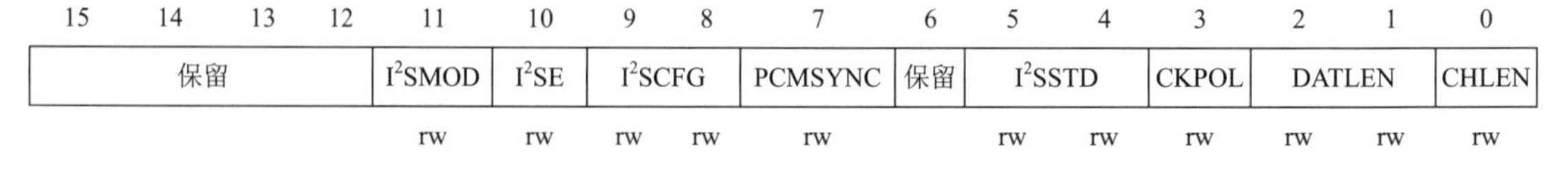

15	14	13	12	11	10	9	8	7	6	5	4	3	2	1	0
保留				I^2SMOD	I^2SE	I^2SCFG		PCMSYNC	保留	I^2SSTD		CKPOL	DATLEN		CHLEN
				rw	rw	rw	rw	rw		rw	rw	rw	rw	rw	rw

图 5-79　SPI_I^2S_CFGR 的位分布

SPI_I²S_CFGR 的位的主要功能如表 5-69 所示。

表 5-69　SPI_I²S_CFGR 的位的主要功能

位	功能
位 15:12	保留，必须保持复位值
位 11	I²SMOD：I²S 模式选择。 0：选择 SPI 模式； 1：选择 I²S 模式。 注意：应在 SPI 或 I²S 禁止时配置该位
位 10	I²SE：I²S 使能。 0：关闭 I²S 外设； 1：使能 I²S 外设。 注意：该位不适用于 SPI 模式
位 9:8	I²SCFG：I²S 配置模式。 00：从模式—发送； 01：从模式—接收； 10：主模式—发送； 11：主模式—接收。 注意：应在 I²S 禁止时配置该位。 这些位不适用于 SPI 模式
位 7	PCMSYNC：PCM 帧同步。 0：短帧同步； 1：长帧同步。 注意：只有在 I²SSTD=11（使用 PCM 标准）时，该位才有意义。 该位不适用于 SPI 模式
位 6	保留，被硬件强制为 0
位 5:4	I²SSTD：I²S 标准选择。 00：I²S Philips 标准； 01：MSB 对齐标准（左对齐）； 10：LSB 对齐标准（右对齐）； 11：PCM 标准。 注意：为确保正确运行，应在 I²S 关闭时配置这些位
位 3	CKPOL：空闲状态的时钟电平。 0：空闲状态的时钟为低电平； 1：空闲状态的时钟为高电平。 注意：为确保正确运行，应在 I²S 关闭时配置该位。 该位不适用于 SPI 模式
位 2:1	DATLEN：传输的数据长度。 00：16 位数据长度； 01：24 位数据长度； 10：32 位数据长度； 11：不允许。 注意：为确保正确运行，应在 I²S 关闭时配置这些位。 这些位不适用于 SPI 模式

续表

位 0	CHLEN：通道长度（每个音频通道的位数）。 0：16 位； 1：32 位。 只有在 DATLEN=00 时，该位的写操作才有意义，否则无论填入何值，通道长度始终由硬件固定为 32 位。该位不适用于 SPI 模式。 注意：为确保正确运行，应在 I^2S 关闭时配置该位

9．SPI_I^2S 预分频寄存器（SPI_I^2SPR）

SPI_I^2SPR 的位分布如图 5-80 所示。

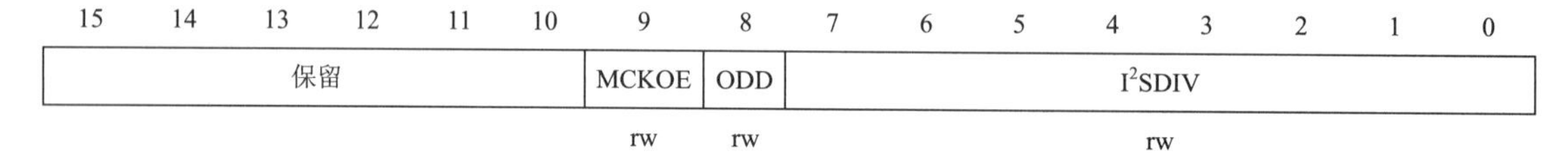

图 5-80　SPI_I^2SPR 的位分布

SPI_I^2SPR 的位的主要功能如表 5-70 所示。

表 5-70　SPI_I^2SPR 的位的主要功能

位 15:10	保留，必须保持复位值
位 9	MCKOE：主时钟输出使能。 0：禁止主时钟输出； 1：使能主时钟输出。 注意：应在 I^2S 禁止时配置该位。只有在 I^2S 为主模式时，才会使用该位。 该位不适用于 SPI 模式
位 8	ODD：预分频器的奇数因子。 0：实际分频值=$I^2SDIV\times2$； 1：实际分频值=$(I^2SDIV \times 2)+1$ 注意：应在 I^2S 禁止时配置该位。只有在 I^2S 为主模式时，才会使用该位
位 7:0	I^2SDIV：I^2S 线性预分频器。 I^2SDIV [7:0]=0 或 I^2SDIV [7:0]=1 为禁用值。 注意：应在 I^2S 禁止时配置这些位。只有在 I^2S 为主模式时，才会使用这些位

5.9.4 SPI 应用案例

```
#include "stm32f10x.h"
#include "stm32lib.h"
#include "api.h"

int32u      GulChipID=0;
int8u       GucWrBuf[10]={0,1, 2, 3, 4, 5, 6, 7, 8, 9};
int8u       GucRdBuf[10];

void Delayms(u32 dly);
```

```
/*****************************************************************************************
**函数信息：int main (void)
**功能描述：开机后，ARMLED 闪动，向扇区 0 写入数据，并读回比较是否相同，若相同，则蜂鸣器
响一声；若不同，则连续蜂鸣
**输入参数：
**输出参数：
**调用提示：
****************************************************************************************/
int main(void)
{
    int32u i;

    SystemInit();              //系统初始化，系统时钟初始化

    GPIOInit();                //GPIO 初始化，凡是实验用到的都要初始化
    TIM2Init();                //TIM2 初始化，LED 闪烁需要 TIM2

    SPI1Init();                //SPI 初始化
    //单步运行到此处时，在 RAM 中查看 GuiChipID 的值是否为 0x1F460100
    spiFLASH_RdID(Jedec_ID, &GulChipID);
    spiFLASH_Erase(0, 0);                  //擦除芯片（擦除 0 扇区），每个扇区擦除时间为 20ms

    spiFLASH_WR(0, GucWrBuf, 10);          //以 0 为起始地址，将 WrBuf 数组中的 10 个数据写入芯片

    spiFLASH_RD(0, GucRdBuf, 10);          //以 0 为起始地址，读 10 个数据到 RdBuf 中

    for (i=0;i < 8;i++)
    {
        if (GucRdBuf[i] !=GucWrBuf[i] )                  //若 SPI 读/写不正确
        {
            while (1)                                    //出错，连续蜂鸣
            {
                GPIO_SetBits(GPIOB, GPIO_Pin_5);   //PB5 输出高电平，蜂鸣器鸣响
                Delayms(30);
                GPIO_ResetBits(GPIOB, GPIO_Pin_5); //PB5 输出低电平，蜂鸣器不鸣响
                Delayms(50);
            }
        }
    }
    Delayms(100);
    Buzzer_Time=10;                                      //正确，蜂鸣一次
    Delayms(500);
    while (1);
}
/****************************************************************************************
**函数信息：void Delay(u16 dly)
**功能描述：延时函数，大致为毫秒
```

```
**输入参数：u32 dly：延时时间
**输出参数：无
**调用提示：无
*******************************************************************************/
void Delayms(int32u dly)
{
        int16u    i;
        for ( ; dly>0; dly--)
                for (i=0; i<10000; i++);
}
```

第 6 章　CAN 总线分析与应用

6.1　CAN 简介

控制局域网（CAN）是串行数据通信的一种高性能通信协议。CAN 控制器提供一个完整的 CAN 协议（遵循 CAN 规范 V2.0B）实现方案。微控制器包含片内 CAN 控制器，用来构建功能强大的局域网，支持极高安全级别的分布式实时控制，可以在汽车、工业环境、高速网络及低价位多路联机的应用中发挥很大的作用，因此能大大精简线缆，且具有强大的诊断监控功能。

STM32 的 CAN 控制器是 bxCAN（基本扩展 CAN），支持 CAN 协议 2.0A 和 2.0B。它的设计目标是以最小的 CPU 负荷来高效处理大量收到的报文。它也支持报文发送的优先级要求（优先级特性可由软件配置）。

对于安全紧要的应用，bxCAN 提供所有支持时间触发通信模式所需的硬件功能。

6.2　bxCAN 主要特点

bxCAN 主要特点如下。

（1）支持 CAN 协议 2.0A 和 2.0B 主动模式。

（2）波特率最高可达 1Mbit/s。

（3）支持时间触发通信功能。

（4）发送。

① 3 个发送邮箱。

② 发送报文的优先级特性可由软件配置。

③ 记录发送 SOF 时刻的时间戳。

（5）接收。

① 2 个 3 级深度的接收 FIFO。

② 可变的过滤器组。

③ 标识符列表。

④ FIFO 溢出处理方式可配置。

⑤ 记录接收 SOF 时刻的时间戳。

（6）时间触发通信模式。

① 禁止自动重传模式。

② 16 位自由运行定时器。

③ 可在最后 2 个数据字节发送时间戳。

（7）管理。

① 中断可屏蔽。

② 邮箱占用单独 1 块地址空间，便于提高软件效率。

（8）双 CAN。

① CAN1：主 bxCAN，它负责管理在从 bxCAN 和 512B 的 SRAM 存储器之间的通信。

② CAN2：从 bxCAN，它不能直接访问 SRAM 存储器。

③ 这两个 bxCAN 模块共享 512B 的 SRAM 存储器。

6.3 与 CAN 相关的寄存器

1. CAN 主控制寄存器（CAN_MCR）

CAN_MCR 的位分布如图 6-1 所示。

31	30	29	28	27	26	25	24	23	22	21	20	19	18	17	16
保留															DBF
															rw

15	14	13	12	11	10	9	8	7	6	5	4	3	2	1	0
RESET	保留							TTCM	ABOM	AWUM	NART	RFLM	TXFP	SLEEP	INRQ
rs								rw	rw	rw	rw	rw	rw	rw	rw

图 6-1 CAN_MCR 的位分布

CAN_MCR 的位的主要功能如表 6-1 所示。

表 6-1 CAN_MCR 的位的主要功能

位	功能
位 31:17	保留，必须保持复位值
位 16	DBF：调试冻结。 0：在调试时，CAN 照常工作； 1：在调试时，冻结 CAN 的接收/发送，仍然可以正常地读/写和控制接收 FIFO
位 15	RESET：bxCAN 软件复位。 0：外设正常工作； 1：对 bxCAN 进行强行复位，复位后 bxCAN 进入睡眠模式（FMP 位和 CAN_MCR 被初始化为其复位值）。此后硬件自动对该位清零
位 14:8	保留，被硬件强制为 0
位 7	TTCM：时间触发通信模式。 0：禁止时间触发通信模式； 1：允许时间触发通信模式
位 6	ABOM：自动离线（Bus-Off）管理。 该位决定 CAN 硬件在什么条件下可以退出离线状态。 0：在软件发出请求后，一旦监测到 128 次连续 11 个隐性位，并且软件将 CAN_MCR 的 INRQ 位先置 1 再清零，即退出总线关闭状态。 1：一旦监测到 128 次连续 11 个隐性位，即通过硬件自动退出总线关闭状态

续表

位 5	AWUM：自动唤醒模式。 该位决定 CAN 处于睡眠模式时由硬件还是软件唤醒。 0：睡眠模式通过清除 CAN_MCR 的 SLEEP 位由软件唤醒； 1：睡眠模式通过检测 CAN 报文由硬件自动唤醒。唤醒的同时，硬件自动对 CAN_MSR 的 SLEEP 和 SLAK 位清零
位 4	NART：禁止报文自动重传。 0：按照 CAN 标准，CAN 硬件在发送报文失败时会一直自动重传直到发送成功； 1：CAN 报文只被发送 1 次，不管发送的结果如何（成功、出错或仲裁丢失）
位 3	RFLM：接收 FIFO 锁定模式。 0：在接收溢出时，FIFO 未被锁定，若接收 FIFO 的报文未被读出，则下一个收到的报文会覆盖原有的报文； 1：在接收溢出时，FIFO 被锁定，若接收 FIFO 的报文未被读出，则下一个收到的报文会被丢弃
位 2	TXFP：发送 FIFO 优先级。 当有多个报文同时在等待发送时，该位决定这些报文的发送顺序。 0：优先级由报文的标识符来决定； 1：优先级由发送请求的顺序来决定
位 1	SLEEP：睡眠模式请求。 软件对该位置 1 可以请求 CAN 进入睡眠模式，一旦当前的 CAN 活动（发送或接收报文）结束，CAN 就进入睡眠模式。 软件对该位清零可以使 CAN 退出睡眠模式。 当设置了 AWUM 位且在 CAN Rx 信号中检测出 SOF 位时，硬件对该位清零。 在复位后该位被置 1，即 CAN 在复位后处于睡眠模式
位 0	INRQ：初始化请求。 软件对该位清零可以使 CAN 从初始化模式进入正常工作模式。当 CAN 在接收引脚检测到连续的 11 个隐性位后，CAN 就达到同步，并为接收和发送数据做好准备。为此，硬件相应地对 CAN_MSR 的 INAK 位清零。 软件对该位置 1 可以使 CAN 从正常工作模式进入初始化模式。一旦当前的 CAN 活动（发送或接收）结束，CAN 就进入初始化模式。为此，硬件相应地对 CAN_MSR 的 INAK 位置 1

2．CAN 主状态寄存器（CAN_MSR）

CAN_MSR 的位分布如图 6-2 所示。

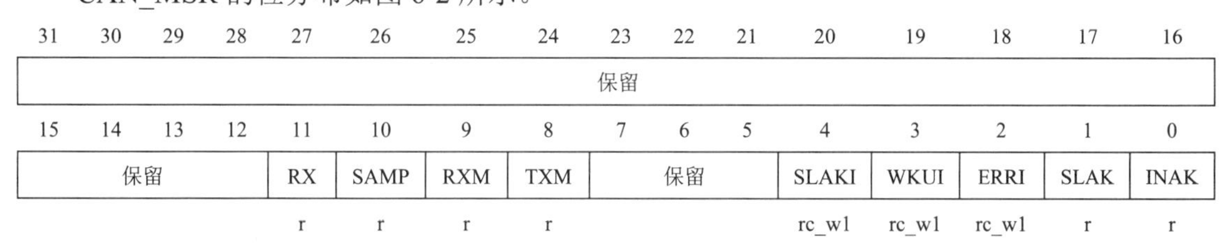

图 6-2　CAN_MSR 的位分布

CAN_MSR 的位的主要功能如表 6-2 所示。

表 6-2　CAN_MSR 的位的主要功能

位 31:12	保留，被硬件强制为 0
位 11	RX：CAN 接收电平。 该位反映 CAN 接收引脚（CAN_RX）的实际电平

续表

位 10	SAMP：上次采样值。 CAN 接收引脚的上次采样值（对应于当前接收位的值）
位 9	RXM：接收模式。 该位为 1 表示 CAN 当前为接收器
位 8	TXM：发送模式。 该位为 1 表示 CAN 当前为发送器
位 7:5	保留，被硬件强制为 0
位 4	SLAKI：睡眠确认中断。 当 SLKIE=1 时，一旦 CAN 进入睡眠模式，硬件就对该位置 1，紧接着相应的中断被触发。当设置该位为 1 时，如果设置了 CAN_IER 中的 SLKIE 位，将产生一个状态改变中断。 软件可对该位清零，当 SLAK 位被清零时，硬件也对该位清零。 注意：当 SLKIE=0 时，不应该查询该位，而应该查询 SLAK 位来获知睡眠状态
位 3	WKUI：唤醒中断挂号。 当 CAN 处于睡眠状态时，一旦检测到帧起始位（SOF），硬件就置该位为 1；并且如果 CAN_IER 的 WKUIE 位为 1，则产生一个状态改变中断。该位由软件清零
位 2	ERRI：出错中断挂号。 当检测到错误时，CAN_ESR 的某位被置 1，如果 CAN_IER 的相应中断使能位也被置 1，则硬件对该位置 1；如果 CAN_IER 的 ERRIE 位为 1，则产生状态改变中断。该位由软件清零
位 1	SLAK：睡眠模式确认。 该位由硬件置 1，指示软件 CAN 模块正处于睡眠模式。该位是对软件请求进入睡眠模式的确认（将 CAN_MCR 的 SLEEP 位置 1）。 当 CAN 退出睡眠模式时，硬件对该位清零（需要与 CAN 总线同步）。与 CAN 总线同步指硬件需要在 CAN 的 RX 引脚上检测到连续的 11 个隐性位。 注意：通过软件或硬件对 CAN_MCR 的 SLEEP 位清零，将启动退出睡眠模式的过程。有关清除 SLEEP 位的详细信息，参见 CAN_MCR 的 AWUM 位的描述
位 0	INAK：初始化确认。 该位由硬件置 1，指示软件 CAN 模块正处于初始化模式。该位是对软件请求进入初始化模式的确认（将 CAN_MCR 的 INRQ 位置 1）。 当 CAN 退出初始化模式时，硬件对该位清零（需要与 CAN 总线同步）。CAN 总线同步指硬件需要在 CAN 的 RX 引脚上检测到连续的 11 个隐性位

3. CAN 发送状态寄存器（CAN_TSR）

CAN_TSR 的位分布如图 6-3 所示。

31	30	29	28	27	26	25	24	23	22	21	20	19	18	17	16
LOW2	LOW1	LOW0	TME2	TME1	TME0	CODE[1:0]		ABRQ2	保留			TERR2	ALST2	TXOK2	RQCP2
r	r	r	r	r	r	r	r	r				rc_w1	rc_w1	rc_w1	rc_w1

15	14	13	12	11	10	9	8	7	6	5	4	3	2	1	0
ABRQ1	保留			TERR1	ALST1	TXOK1	RQCP1	ABRQ0	保留			TERR0	ALST0	TXOK0	RQCP0
rs				rc_w1	rc_w1	rc_w1	rc_w1	rs				rc_w1	rc_w1	rc_w1	rc_w1

图 6-3　CAN_TSR 的位分布

CAN_TSR 的位的主要功能如表 6-3 所示。

表 6-3　CAN_TSR 的位的主要功能

位	功能
位 31	LOW2：邮箱 2 最低优先级标志。 当多个邮箱在等待发送报文，且邮箱 2 的优先级最低时，硬件对该位置 1
位 30	LOW1：邮箱 1 最低优先级标志。 当多个邮箱在等待发送报文，且邮箱 1 的优先级最低时，硬件对该位置 1
位 29	LOW0：邮箱 0 最低优先级标志。 当多个邮箱在等待发送报文，且邮箱 0 的优先级最低时，硬件对该位置 1 注意：如果只有 1 个邮箱在等待，则 LOW[2:0]位被清零
位 28	TME2：发送邮箱 2 空。 当邮箱 2 中没有等待发送的报文时，硬件对该位置 1
位 27	TME1：发送邮箱 1 空。 当邮箱 1 中没有等待发送的报文时，硬件对该位置 1
位 26	TME0：发送邮箱 0 空。 当邮箱 0 中没有等待发送的报文时，硬件对该位置 1
位 25:24	CODE[1:0]：邮箱号。 当至少有 1 个发送邮箱为空时，这 2 位表示下一个空的发送邮箱号。 当所有的发送邮箱都为空时，这 2 位表示优先级最低的那个发送邮箱号
位 23	ABRQ2：邮箱 2 中止发送。 软件对该位置 1，可以中止邮箱 2 的发送请求，当邮箱 2 的发送报文被清除时，硬件对该位清零。 如果邮箱 2 中没有等待发送的报文，则对该位置 1 没有任何效果
位 22:20	保留，被硬件强制为 0
位 19	TERR2：邮箱 2 发送失败。 当邮箱 2 因为出错而发送失败时，对该位置 1
位 18	ALST2：邮箱 2 仲裁丢失。 当邮箱 2 因为仲裁丢失而发送失败时，对该位置 1
位 17	TXOK2：邮箱 2 发送成功。 每次在邮箱 2 进行发送尝试后，硬件对该位进行更新。 0：上次发送尝试失败； 1：上次发送尝试成功。 当邮箱 2 的发送请求被成功完成后，硬件对该位置 1
位 16	RQCP2：邮箱 2 请求完成 当上次对邮箱 2 的请求（发送或中止）完成后，硬件对该位置 1。 软件对该位写 1 可以对其清零；当硬件接收到发送请求时也对该位清零（CAN_TI2R 的 TXRQ 位被置 1）。 该位被清零时，邮箱 2 的其他发送状态位（TXOK2，ALST2 和 TERR2）也被清零。
位 15	ABRQ1：邮箱 1 中止发送。 软件对该位置 1，可以中止邮箱 1 的发送请求，当邮箱 1 的发送报文被清除时，硬件对该位清零。 如果邮箱 1 中没有等待发送的报文，则对该位置 1 没有任何效果
位 14:12	保留，被硬件强制为 0
位 11	TERR1：邮箱 1 发送失败。 当邮箱 1 因为出错而发送失败时，对该位置 1
位 10	ALST1：邮箱 1 仲裁丢失。 当邮箱 1 因为仲裁丢失而发送失败时，对该位置 1

续表

位 9	TXOK1：邮箱 1 发送成功。 每次在邮箱 1 进行发送尝试后，硬件对该位进行更新。 0：上次发送尝试失败； 1：上次发送尝试成功。 当邮箱 1 的发送请求被成功完成后，硬件对该位置 1
位 8	RQCP1：邮箱 1 请求完成。 当上次对邮箱 1 的请求（发送或中止）完成后，硬件对该位置 1。 软件对该位写 1 可以对其清零；当硬件接收到发送请求时也对该位清零（CAN_TI1R 的 TXRQ 位被置 1）。 该位被清零时，邮箱 1 的其他发送状态位（TXOK1、ALST1 和 TERR1）也被清零
位 7	ABRQ0：邮箱 0 中止发送。 软件对该位置 1，可以中止邮箱 0 的发送请求，当邮箱 0 的发送报文被清除时，硬件对该位清零。 如果邮箱 0 中没有等待发送的报文，则对该位置 1 没有任何效果
位 6:4	保留，被硬件强制为 0
位 3	TERR0：邮箱 0 发送失败。 当邮箱 0 因为出错而导致发送失败时，对该位置 1
位 2	ALST0：邮箱 0 仲裁丢失。 当邮箱 0 因为仲裁丢失而导致发送失败时，对该位置 1
位 1	TXOK0：邮箱 0 发送成功。 每次在邮箱 0 进行发送尝试后，硬件对该位进行更新。 0：上次发送尝试失败； 1：上次发送尝试成功。 当邮箱 0 的发送请求被成功完成后，硬件对该位置 1
位 0	RQCP0：邮箱 0 请求完成。 当上次对邮箱 0 的请求（发送或中止）完成后，硬件对该位置 1 软件对该位写 1 可以对其清零；当硬件接收到发送请求时也对该位清零（CAN_TI0R 的 TXRQ 位被置 1）。 该位被清零时，邮箱 0 的其他发送状态位（TXOK0、ALST0 和 TERR0）也被清零

4．CAN 接收 FIFO0 寄存器（CAN_RF0R）

CAN_RF0R 的位分布如图 6-4 所示。

图 6-4　CAN_RF0R 的位分布

CAN_RF0R 的位的主要功能如表 6-4 所示。

表 6-4　CAN_RF0R 的位的主要功能

位 31:6	保留，必须保持复位值
位 5	RFOM0：释放 FIFO0 输出邮箱。 该位由软件置 1，用于释放 FIFO 的输出邮箱。FIFO 中至少有一条消息挂起时，才能释放输出邮箱。FIFO 为空时，将该位置 1 没有任何作用。如果 FIFO 中至少有两条消息挂起，软件必须释放输出邮箱，才能访问下一条消息。输出邮箱释放后，该位由硬件清零

续表

位 4	FOVR0：FIFO0 上溢。FIFO 填满时，如果接收到新消息并且通过筛选器，该位将由硬件置 1。该位由软件清零
位 3	FULL0：FIFO0 满。FIFO 中存储三条消息后，该位由硬件置 1。该位由软件清零
位 2	保留，必须保持复位值
位 1:0	FMP0[1:0]：FIFO0 消息挂起。这些位用于指示接收 FIFO 中挂起的消息数。硬件每向 FIFO 存储一条新消息，FMP 就会增加。软件每次通过将 RFOM0 位置 1 来释放输出邮箱，FMP 就会减少

5．CAN 接收 FIFO1 寄存器（CAN_RF1R）

CAN_RF1R 的位分布如图 6-5 所示。

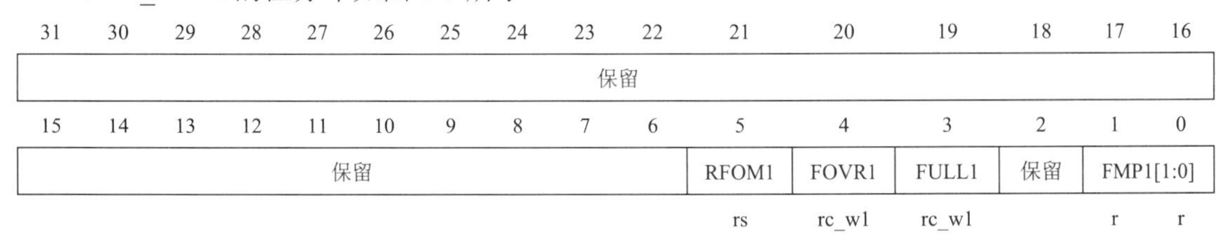

图 6-5　CAN_RF1R 的位分布

CAN_RF1R 的位的主要功能如表 6-5 所示。

表 6-5　CAN_RF1R 的位的主要功能

位 31:6	保留，必须保持复位值
位 5	RFOM1：释放 FIFO1 输出邮箱。 该位由软件置 1，用于释放 FIFO 的输出邮箱。FIFO 中至少有一条消息挂起时，才能释放输出邮箱。FIFO 为空时，将该位置 1 没有任何作用。如果 FIFO 中至少有两条消息挂起，软件必须释放输出邮箱，才能访问下一条消息。输出邮箱释放后，该位由硬件清零
位 4	FOVR1：FIFO1 上溢。FIFO 填满时，如果接收到新消息并且通过筛选器，该位将由硬件置 1。该位由软件清零
位 3	FULL1：FIFO1 满。FIFO 中存储三条消息后，该位由硬件置 1。该位由软件清零
位 2	保留，必须保持复位值
位 1:0	FMP1[1:0]：FIFO1 消息挂起。这些位用于指示接收 FIFO 中挂起的消息数。硬件每向 FIFO 存储一条新消息，FMP 就会增加。软件每次通过将 RFOM1 位置 1 来释放输出邮箱，FMP 就会减少

6．CAN 中断使能寄存器（CAN_IER）

CAN_IER 的位分布如图 6-6 所示。

31–18	17	16
保留	SLKIE	WKUIE
	rw	rw

15	14–12	11	10	9	8	7	6	5	4	3	2	1	0
ERRIE	保留	LECIE	BOFIE	EPVIE	EWGIE	保留	FOVIE1	FFIE1	FMPIE1	FOVIE0	FFIE0	FMPIE0	TMEIE
rw		rw	rw	rw	rw		rw	rw	rw	rw	rw	rw	rw

图 6-6　CAN_IER 的位分布

CAN_IER 的位的主要功能如表 6-6 所示。

表 6-6 CAN_IER 的位的主要功能

位 31:18	保留，必须保持复位值
位 17	SLKIE：睡眠中断使能。 0：SLAKI 位置 1 时，不产生中断； 1：SLAKI 位置 1 时，产生中断
位 16	WKUIE：唤醒中断使能。 0：WKUI 位置 1 时，不产生中断； 1：WKUI 位置 1 时，产生中断
位 15	ERRIE：错误中断使能。 0：CAN_ESR 中有挂起的错误状况时，不会产生中断； 1：CAN_ESR 中有挂起的错误状况时，会产生中断
位 14:12	保留，必须保持复位值
位 11	LECIE：上一个错误代码中断使能。 0：如果在检测到错误后，硬件将 LEC[2:0]中的错误代码置 1，则不会将 ERRI 位置 1； 1：如果在检测到错误后，硬件将 LEC[2:0]中的错误代码置 1，则会将 ERRI 位置 1
位 10	BOFIE：总线关闭中断使能。 0：BOFF 位置 1 时，不会将 ERRI 位置 1； 1：BOFF 位置 1 时，会将 ERRI 位置 1
位 9	EPVIE：错误被动中断使能。 0：EPVF 位置 1 时，不会将 ERRI 位置 1； 1：EPVF 位置 1 时，会将 ERRI 位置 1
位 8	EWGIE：错误警告中断使能。 0：EWGF 位置 1 时，不会将 ERRI 位置 1； 1：EWGF 位置 1 时，会将 ERRI 位置 1
位 7	保留，必须保持复位值
位 6	FOVIE1：FIFO 上溢中断使能。 0：FOVR 位置 1 时，不产生中断； 1：FOVR 位置 1 时，产生中断
位 5	FFIE1：FIFO 满中断使能。 0：FULL 位置 1 时，不产生中断； 1：FULL 位置 1 时，产生中断
位 4	FMPIE1：FIFO 消息挂起中断使能。 0：FMP[1:0]位的状态不是 00b 时，不产生中断； 1：FMP[1:0]位的状态不是 00b 时，产生中断
位 3	FOVIE0：FIFO 上溢中断使能。 0：FOVR 位置 1 时，不产生中断； 1：FOVR 位置 1 时，产生中断
位 2	FFIE0：FIFO 满中断使能。 0：FULL 位置 1 时，不产生中断； 1：FULL 位置 1 时，产生中断
位 1	FMPIE0：FIFO 消息挂起中断使能。 0：FMP[1:0]位的状态不是 00b 时，不产生中断； 1：FMP[1:0]位的状态不是 00b 时，产生中断

续表

位 0	TMEIE：发送邮箱空中断使能。 0：RQCPx 位置 1 时，不产生中断； 1：RQCPx 位置 1 时，产生中断

7. CAN 错误状态寄存器（CAN_ESR）

CAN_ESR 的位分布如图 6-7 所示。

31	30	29	28	27	26	25	24	23	22	21	20	19	18	17	16
REC[7:0]								TEC[7:0]							
r	r	r	r	r	r	r	r	r	r	r	r	r	r	r	r

15	14	13	12	11	10	9	8	7	6	5	4	3	2	1	0
保留									LEC[2:0]			保留	BOFF	EPVF	EWGF
									rw	rw	rw		r	r	r

图 6-7　CAN_ESR 的位分布

CAN_ESR 的位的主要功能如表 6-7 所示。

表 6-7　CAN_ESR 的位的主要功能

位 31:24	REC[7:0]：接收错误计数器，CAN 协议故障隔离机制的实施部分。如果接收期间发生错误，该计数器按 1 或 8 递增，具体取决于 CAN 标准定义的错误状况。每次成功接收后，该计数器按 1 递减，如果其数值大于 128，则复位为 120。当计数器值超过 127 时，CAN 控制器进入错误被动状态
位 23:16	TEC[7:0]：9 位发送错误计数器最低有效字节，CAN 协议故障隔离机制的实施部分
位 15:7	保留，必须保持复位值
位 6:4	LEC[2:0]：上一个错误代码。该字段由硬件置 1，其中的代码指示 CAN 总线上检测到的上一个错误的错误状况。如果消息成功传送（接收或发送）且未发生错误，该字段将清零。 LEC[2:0]位可由软件置为 0b111。LEC[2:0]位由硬件更新，以指示当前通信状态。 000：无错误； 001：填充错误； 010：格式错误； 011：确认错误； 100：位隐性错误； 101：位显性错误； 110：CRC 错误； 111：由软件置 1
位 3	保留，必须保持复位值
位 2	BOFF：总线关闭标志。该位由硬件在进入睡眠状态时置 1。TEC 上溢（超过 255）时，CAN_ESR 进入总线关闭状态
位 1	EPVF：错误被动标志。达到错误被动极限（接收错误计数器或发送错误计数器>127）时，该位由硬件置 1
位 0	EWGF：错误警告标志。达到警告极限时，该位由硬件置 1（接收错误计数器或发送错误计数器≥96）

8. CAN 位时序寄存器（CAN_BTR）

CAN_BTR 的位分布如图 6-8 所示。

31	30	29	28	27	26	25	24	23	22	21	20	19	18	17	16
SILM	LBKM	保留				SJW[1:0]		保留	TS2[2:0]			TS1[3:0]			
rw	rw					rw	rw		rw	rw	rw	rw	rw	rw	rw
15	**14**	**13**	**12**	**11**	**10**	**9**	**8**	**7**	**6**	**5**	**4**	**3**	**2**	**1**	**0**
保留						BRP[9:0]									
						rw	rw	rw	rw	rw	rw	rw	rw	rw	rw

图 6-8 CAN_BTR 的位分布

CAN_BTR 的位的主要功能如表 6-8 所示。

表 6-8 CAN_BTR 的位的主要功能

位 31	SILM：静默模式（调试）。 0：正常工作； 1：静默模式
位 30	LBKM：环回模式（调试）。 0：禁止环回模式； 1：使能环回模式
位 29:26	保留，必须保持复位值
位 25:24	SJW[1:0]：再同步跳转宽度。这些位定义 CAN 硬件在执行再同步时最多可以将位加长或缩短的时间片数目。该位宽度计算公式为 $t_{RJW}=t_{CAN}\times(SJW[1:0]+1)$
位 23	保留，必须保持复位值
位 22:20	TS2[2:0]：时间段 2。这些位定义时间段 2 中的时间片数目。该位宽度计算公式为 $t_{BS2}=t_{CAN}\times(TS2[2:0]+1)$
位 19:16	TS1[3:0]：时间段 1。这些位定义时间段 1 中的时间片数目。该位宽度计算公式为 $t_{BS1}=t_{CAN}\times(TS1[3:0]+1)$
位 15:10	保留，必须保持复位值
位 9:0	BRP[9:0]：波特率预分频器。这些位定义一个时间片的长度。该位宽度计算公式为 $t_q=(BRP[9:0]+1)\times T_{PCLK}$

9．发送邮箱标识符寄存器（CAN_TI*x*R）（*x*=0～2）

CAN_TI*x*R 的位分布如图 6-9 所示。

31	30	29	28	27	26	25	24	23	22	21	20	19	18	17	16
STID[10:0]/EXID[28:18]											EXID[17:13]				
rw	rw	rw	rw	rw	rw	rw	rw	rw	rw	rw	rw	rw	rw	rw	rw
15	**14**	**13**	**12**	**11**	**10**	**9**	**8**	**7**	**6**	**5**	**4**	**3**	**2**	**1**	**0**
EXID[12:0]													IDE	RTR	TXRQ
rw	rw	rw	rw	rw	rw	rw	rw	rw	rw	rw	rw	rw	rw	rw	rw

图 6-9 CAN_TI*x*R 的位分布

CAN_TI*x*R 的位的主要功能如表 6-9 所示。

表 6-9 CAN_TIxR 的位的主要功能

位 31:21	STID[10:0]/EXID[28:18]：标准标识符或扩展标识符的 MSB（取决于 IDE 位的值）
位 20:3	EXID[17:0]：扩展标识符的 LSB

续表

位 2	IDE：标识符扩展。 该位用于定义邮箱中消息的标识符类型。 0：标准标识符； 1：扩展标识符
位 1	RTR：远程发送请求。 0：数据帧； 1：遥控帧
位 0	TXRQ：发送邮箱请求。 该位由软件置 1，用于请求发送相应邮箱的内容。邮箱变为空后，该位由硬件清零

10．发送邮箱数据长度和时间戳寄存器（CAN_TDT*x*R）（*x*=0～2）

CAN_TDT*x*R 的位分布如图 6-10 所示。

31	30	29	28	27	26	25	24	23	22	21	20	19	18	17	16
TIME[15:0]															
rw	rw	rw	rw	rw	rw	rw	rw	rw	rw	rw	rw	rw	rw	rw	rw

15	14	13	12	11	10	9	8	7	6	5	4	3	2	1	0
保留							TGT	保留				DLC[3:0]			
							rw					rw	rw	rw	rw

图 6-10　CAN_TDT*x*R 的位分布

CAN_TDT*x*R 的位的主要功能如表 6-10 所示。

表 6-10　CAN_TDT*x*R 的位的主要功能

位 31:16	TIME[15:0]：消息时间戳。 此字段包含在进行 SOF 发送时所捕获的 16 位定时器值
位 15:9	保留，必须保持复位值
位 8	TGT：发送全局时间。 只有硬件处于时间触发通信模式（CAN_MCR 的 TTCM 位置 1）时，该位才会激活。 0：不发送时间戳 TIME[15:0]； 1：8 字节消息的最后 2 个数据字节中发送时间戳 TIME[15:0]的值。数据字节 7 对应 TIME[7:0]，数据字节 6 对应 TIME[15:8]。该值将替换 CAN_TDH*x*R[31:16]寄存器（DATA6[7:0]和 DATA7[7:0]）中写入的数据。DLC 必须编程为 8，才能通过 CAN 总线发送这 2 个数据字节
位 7:4	保留，必须保持复位值
位 3:0	DLC[3:0]：数据长度代码。 该字段定义数据帧或遥控帧请求中的数据字节数。 一条消息可以包含 0～8 个数据字节，具体取决于 DLC 字段的值

11．发送邮箱低字节数据寄存器（CAN_TDL*x*R）（*x*=0～2）

CAN_TDL*x*R 的位分布如图 6-11 所示。

31	30	29	28	27	26	25	24	23	22	21	20	19	18	17	16
DATA3[7:0]								DATA2[7:0]							
rw	rw	rw	rw	rw	rw	rw	rw	rw	rw	rw	rw	rw	rw	rw	rw
15	14	13	12	11	10	9	8	7	6	5	4	3	2	1	0
DATA1[7:0]								DATA0[7:0]							
rw	rw	rw	rw	rw	rw	rw	rw	rw	rw	rw	rw	rw	rw	rw	rw

图 6-11 CAN_TDL*x*R 的位分布

CAN_TDL*x*R 的位的主要功能如表 6-11 所示。

表 6-11 CAN_TDL*x*R 的位的主要功能

位	功能
位 31:24	DATA3[7:0]：数据字节 3，即消息的数据字节 3
位 23:16	DATA2[7:0]：数据字节 2，即消息的数据字节 2
位 15:8	DATA1[7:0]：数据字节 1，即消息的数据字节 1
位 7:0	DATA0[7:0]：数据字节 0，即消息的数据字节 0。 一条消息可以包含 0～8 个数据字节，从数据字节 0 开始

12．发送邮箱高字节数据寄存器（CAN_TDH*x*R）（*x*=0～2）

CAN_TDH*x*R 的位分布如图 6-12 所示。

31	30	29	28	27	26	25	24	23	22	21	20	19	18	17	16
DATA7[7:0]								DATA6[7:0]							
rw	rw	rw	rw	rw	rw	rw	rw	rw	rw	rw	rw	rw	rw	rw	rw
15	14	13	12	11	10	9	8	7	6	5	4	3	2	1	0
DATA5[7:0]								DATA4[7:0]							
rw	rw	rw	rw	rw	rw	rw	rw	rw	rw	rw	rw	rw	rw	rw	rw

图 6-12 CAN_TDH*x*R 的位分布

CAN_TDH*x*R 的位的主要功能如表 6-12 所示。

表 6-12 CAN_TDH*x*R 的位的主要功能

位	功能
位 31:24	DATA7[7:0]：数据字节 7，即消息的数据字节 7。 注意：如果 TTCG 及此消息的 TGT 为激活状态，则 DATA7 和 DATA6 将以时间戳值替换
位 23:16	DATA6[7:0]：数据字节 6，即消息的数据字节 6
位 15:8	DATA5[7:0]：数据字节 5，即消息的数据字节 5
位 7:0	DATA4[7:0]：数据字节 4，即消息的数据字节 4

13．接收 FIFO 邮箱标识符寄存器（CAN_RI*x*R）（*x*=0～1）

CAN_RI*x*R 的位分布如图 6-13 所示。

31	30	29	28	27	26	25	24	23	22	21	20	19	18	17	16
STID[10:0]/EXID[28:18]											EXID[17:13]				
r	r	r	r	r	r	r	r	r	r	r	r	r	r	r	r

15	14	13	12	11	10	9	8	7	6	5	4	3	2	1	0
EXID[12:0]													IDE	RTR	保留
r	r	r	r	r	r	r	r	r	r	r	r	r	r	r	

图 6-13　CAN_RI*x*R 的位分布

CAN_RI*x*R 的位的主要功能如表 6-13 所示。

表 6-13　CAN_RIxR 的位的主要功能

位	功能
位 31:21	STID[10:0]/EXID[28:18]：标准标识符或扩展标识符的 MSB（取决于 IDE 位的值）
位 20:3	EXID[17:0]：扩展标识符的 LSB
位 2	IDE：标识符扩展。该位用于定义邮箱中消息的标识符类型。 0：标准标识符； 1：扩展标识符
位 1	RTR：远程发送请求。 0：数据帧； 1：遥控帧
位 0	保留，必须保持复位值

14．接收 FIFO 邮箱数据长度和时间戳寄存器（CAN_RDTxR）（*x*=0～1）

CAN_RDT*x*R 的位分布如图 6-14 所示。

31	30	29	28	27	26	25	24	23	22	21	20	19	18	17	16
TIME[15:0]															
r	r	r	r	r	r	r	r	r	r	r	r	r	r	r	r

15	14	13	12	11	10	9	8	7	6	5	4	3	2	1	0
FMI[7:0]								保留				DLC[3:0]			
r	r	r	r	r	r	r	r					r	r	r	r

图 6-14　CAN_RDT*x*R 的位分布

CAN_RDT*x*R 的位的主要功能如表 6-14 所示。

表 6-14　CAN_RDT*x*R 的位的主要功能

位	功能
位 31:16	TIME[15:0]：消息时间戳。此字段包含在进行 SOF 检测时所捕获的 16 位定时器值
位 15:8	FMI[7:0]：筛选器匹配索引。 CAN_RDT*x*R 包含筛选器匹配索引，邮箱中存储的消息需要经过该筛选器
位 7:4	保留，必须保持复位值
位 3:0	DLC[3:0]：数据长度代码。此字段定义一个数据帧所包含的数据字节数（0～8）。如果是远程帧请求，则为 0

15．接收 FIFO 邮箱低字节数据寄存器（CAN_RDL*x*R）（*x*=0～1）

CAN_RDL*x*R 的位分布如图 6-15 所示。

31	30	29	28	27	26	25	24	23	22	21	20	19	18	17	16
DATA3[7:0]								DATA2[7:0]							
r	r	r	r	r	r	r	r	r	r	r	r	r	r	r	r
15	**14**	**13**	**12**	**11**	**10**	**9**	**8**	**7**	**6**	**5**	**4**	**3**	**2**	**1**	**0**
DATA1[7:0]								DATA0[7:0]							
r	r	r	r	r	r	r	r	r	r	r	r	r	r	r	r

图 6-15　CAN_RDL*x*R 的位分布

CAN_RDL*x*R 的位的主要功能如表 6-15 所示。

表 6-15　CAN_RDL*x*R 的位的主要功能

位	功能
位 31:24	DATA3[7:0]：数据字节 3，即消息的数据字节 3
位 23:16	DATA2[7:0]：数据字节 2，即消息的数据字节 2
位 15:8	DATA1[7:0]：数据字节 1，即消息的数据字节 1
位 7:0	DATA0[7:0]：数据字节 0，即消息的数据字节 0。 一条消息可以包含 0～8 个数据字节，从数据字节 0 开始

16．接收 FIFO 邮箱高字节数据寄存器（CAN_RDH*x*R）（*x*=0～1）

CAN_RDH*x*R 的位分布如图 6-16 所示。

31	30	29	28	27	26	25	24	23	22	21	20	19	18	17	16
DATA7[7:0]								DATA6[7:0]							
r	r	r	r	r	r	r	r	r	r	r	r	r	r	r	r
15	**14**	**13**	**12**	**11**	**10**	**9**	**8**	**7**	**6**	**5**	**4**	**3**	**2**	**1**	**0**
DATA5[7:0]								DATA4[7:0]							
r	r	r	r	r	r	r	r	r	r	r	r	r	r	r	r

图 6-16　CAN_RDH*x*R 的位分布

CAN_RDH*x*R 的位的主要功能如表 6-16 所示。

表 6-16　CAN_RDH*x*R 的位的主要功能

位	功能
位 31:24	DATA7[7:0]：数据字节 7，即消息的数据字节 3
位 23:16	DATA6[7:0]：数据字节 6，即消息的数据字节 2
位 15:8	DATA5[7:0]：数据字节 5，即消息的数据字节 1
位 7:0	DATA4[7:0]：数据字节 4，即消息的数据字节 0

17．CAN 过滤器主控寄存器（CAN_FMR）

CAN_FMR 的位分布如图 6-17 所示。

31	30	29	28	27	26	25	24	23	22	21	20	19	18	17	16
保留															

15	14	13	12	11	10	9	8	7	6	5	4	3	2	1	0
保留		CAN2SB[5:0]						保留							FINIT
		rw													rw

图 6-17　CAN_FMR 的位分布

CAN_FMR 的位的主要功能如表 6-17 所示。

表 6-17　CAN_FMR 的位的主要功能

位 31:14	保留，必须保持复位值
位 13:8	CAN2SB[5:0]：CAN2 起始存储区。这些位将由软件置 1 和清零。它们为处于 0～27 范围内的 CAN2 接口（从模式）定义起始存储区。 注意：CAN2SB[5:0]=28d 时，可以使用 CAN1 的所有筛选器。CAN2SB[5:0]设置为 0 时，不会为 CAN1 分配任何筛选器
位 7:1	保留，必须保持复位值
位 0	FINIT：筛选器初始化模式。 0：筛选器工作模式； 1：筛选器初始化模式

18．CAN 过滤器模式寄存器（CAN_FM1R）

CAN_FM1R 的位分布如图 6-18 所示。

31	30	29	28	27	26	25	24	23	22	21	20	19	18	17	16
保留				FBM27	FBM26	FBM25	FBM24	FBM23	FBM22	FBM21	FBM20	FBM19	FBM18	FBM17	FBM16
				rw	rw	rw	rw	rw	rw	rw	rw	rw	rw	rw	rw

15	14	13	12	11	10	9	8	7	6	5	4	3	2	1	0
FBM15	FBM14	FBM13	FBM12	FBM11	FBM10	FBM9	FBM8	FBM7	FBM6	FBM5	FBM4	FBM3	FBM2	FBM1	FBM0
rw	rw	rw	rw	rw	rw	rw	rw	rw	rw	rw	rw	rw	rw	rw	rw

图 6-18　CAN_FM1R 的位分布

CAN_FM1R 的位的主要功能如表 6-18 所示。

表 6-18　CAN_FM1R 的位的主要功能

位 31:28	保留，必须保持复位值
位 27:0	FBM*x*：筛选器模式，即筛选器 *x* 的寄存器的模式。 0：筛选器存储区 *x* 的两个 32 位寄存器处于标识符屏蔽模式； 1：筛选器存储区 *x* 的两个 32 位寄存器处于标识符列表模式

19．CAN 过滤器位宽寄存器（CAN_FS1R）

CAN_FS1R 的位分布如图 6-19 所示。

31	30	29	28	27	26	25	24	23	22	21	20	19	18	17	16
保留				FSC27	FSC26	FSC25	FSC24	FSC23	FSC22	FSC21	FSC20	FSC19	FSC18	FSC17	FSC16
				rw	rw	rw	rw	rw	rw	rw	rw	rw	rw	rw	rw
15	14	13	12	11	10	9	8	7	6	5	4	3	2	1	0
FSC15	FSC14	FSC13	FSC12	FSC11	FSC10	FSC9	FSC8	FSC7	FSC6	FSC5	FSC4	FSC3	FSC2	FSC1	FSC0
rw	rw	rw	rw	rw	rw	rw	rw	rw	rw	rw	rw	rw	rw	rw	rw

图 6-19 CAN_FS1R 的位分布

CAN_FS1R 的位的主要功能如表 6-19 所示。

表 6-19 CAN_FS1R 的位的主要功能

位 31:28	保留，必须保持复位值
位 27:0	FSC*x*：筛选器尺度配置。 这些位定义了筛选器 13～0 的尺度配置。 0：双 16 位尺度配置； 1：单 32 位尺度配置

20．CAN 过滤器 FIFO 关联寄存器（CAN_FFA1R）

CAN_FFA1R 的位分布如图 6-20 所示。

31	30	29	28	27	26	25	24	23	22	21	20	19	18	17	16
保留				FFA27	FFA26	FFA25	FFA24	FFA23	FFA22	FFA21	FFA20	FFA19	FFA18	FFA17	FFA16
				rw	rw	rw	rw	rw	rw	rw	rw	rw	rw	rw	rw
15	14	13	12	11	10	9	8	7	6	5	4	3	2	1	0
FFA15	FFA14	FFA13	FFA12	FFA11	FFA10	FFA9	FFA8	FFA7	FFA6	FFA5	FFA4	FFA3	FFA2	FFA1	FFA0
rw	rw	rw	rw	rw	rw	rw	rw	rw	rw	rw	rw	rw	rw	rw	rw

图 6-20 CAN_FFA1R 的位分布

CAN_FFA1R 的位的主要功能如表 6-20 所示。

表 6-20 CAN_FFA1R 的位的主要功能

位 31:14	保留，被硬件强制为 0
位 13:0	FFA*x*：过滤器位宽设置。 报文在通过了某过滤器的过滤后，将被存放到其关联的 FIFO 中。 0：过滤器被关联到 FIFO0； 1：过滤器被关联到 FIFO1。 注意：位 27:14 只出现在互联型产品中，其他产品为保留位

21．CAN 过滤器激活寄存器（CAN_FA1R）

CAN_FA1R 的位分布如图 6-21 所示。

31	30	29	28	27	26	25	24	23	22	21	20	19	18	17	16
保留				FACT27	FACT26	FACT25	FACT24	FACT23	FACT22	FACT21	FACT20	FACT19	FACT18	FACT17	FACT16
				rw	rw	rw	rw	rw	rw	rw	rw	rw	rw	rw	rw

15	14	13	12	11	10	9	8	7	6	5	4	3	2	1	0
FACT15	FACT14	FACT13	FACT12	FACT11	FACT10	FACT9	FACT8	FACT7	FACT6	FACT5	FACT4	FACT3	FACT2	FACT1	FACT0
rw	rw	rw	rw	rw	rw	rw	rw	rw	rw	rw	rw	rw	rw	rw	rw

图 6-21　CAN_FA1R 的位分布

CAN_FA1R 的位的主要功能如表 6-21 所示。

表 6-21　CAN_FA1R 的位的主要功能

位	说明
位 31:28	保留，必须保持复位值
位 27:0	FACT*x*：筛选器激活。 软件将该位置 1 可激活筛选器 *x*。要修改筛选器 *x* 的寄存器（CAN_F*x*R[0:7]），必须将 FACT*x* 位清零或将 CAN_FMR 的 FINIT 位置 1。 0：筛选器 *x* 未激活； 1：筛选器 *x* 激活

22．CAN 过滤器组 *i* 的寄存器 *x*（CAN_F*i*R*x*）

CAN_F*i*R*x* 的位分布如图 6-22 所示。

31	30	29	28	27	26	25	24	23	22	21	20	19	18	17	16
FB31	FB30	FB29	FB28	FB27	FB26	FB25	FB24	FB23	FB22	FB21	FB20	FB19	FB18	FB17	FB16
rw	rw	rw	rw	rw	rw	rw	rw	rw	rw	rw	rw	rw	rw	rw	rw

15	14	13	12	11	10	9	8	7	6	5	4	3	2	1	0
FB15	FB14	FB13	FB12	FB11	FB10	FB9	FB8	FB7	FB6	FB5	FB4	FB3	FB2	FB1	FB0
rw	rw	rw	rw	rw	rw	rw	rw	rw	rw	rw	rw	rw	rw	rw	rw

图 6-22　CAN_F*i*R*x* 的位分布

CAN_F*i*R*x* 的位的主要功能如表 6-22 所示。

表 6-22　CAN_F*i*R*x* 的位的主要功能

位	说明
位 31:0	FB[31:0]：筛选器位。 寄存器的每一位用于指定预期标识符相应位的级别。 0：需要显性位； 1：需要隐性位。 掩码寄存器的每一位用于指定相关标识符寄存器的位是否必须与预期标识符的相应位匹配。 0：无关，不使用此位进行比较。 1：必须匹配，传入标识符的此位必须与筛选器相应标识符寄存器中指定的级别相同

6.4　CAN 总线应用案例

```
#include "stm32f10x.h"
#include "stm32lib.h"
```

```
#include "api.h"
u16 ADCData=3000;
/*************************************************************************
**函数信息 ： void CANInit(void)
**功能描述 ： CAN 初始化函数
**输入参数 ： 无
**输出参数 ： 无
**调用提示 ：
*************************************************************************/
void CANInit(void)
{
    GPIO_InitTypeDef           GPIO_InitStructure;
    CAN_InitTypeDef            CAN_InitStructure;
    CAN_FilterInitTypeDef   CAN_FilterInitStructure;
    NVIC_InitTypeDef           NVIC_InitStructure;

    //PB8、PB9 配置为 CAN 总线
    RCC_APB1PeriphClockCmd(RCC_APB1Periph_CAN1, ENABLE);
    RCC_APB2PeriphClockCmd(RCC_APB2Periph_AFIO, ENABLE);
    //PB8-CAN RX
    GPIO_InitStructure.GPIO_Pin=GPIO_Pin_8;
    GPIO_InitStructure.GPIO_Mode=GPIO_Mode_IPU;
    GPIO_Init(GPIOB, &GPIO_InitStructure);
    //PB9-CAN TX
    GPIO_InitStructure.GPIO_Pin=GPIO_Pin_9;
    GPIO_InitStructure.GPIO_Speed=GPIO_Speed_50MHz;
    GPIO_InitStructure.GPIO_Mode=GPIO_Mode_AF_PP;
    GPIO_Init(GPIOB, &GPIO_InitStructure);
    GPIO_PinRemapConfig(GPIO_Remap1_CAN1, ENABLE);              //端口重映射到 PD0、PD1

    /* CAN register init */
    CAN_DeInit(CAN1);
    CAN_StructInit(&CAN_InitStructure);

    /* CAN cell init */
    CAN_InitStructure.CAN_TTCM=ENABLE;          //时间触发
    CAN_InitStructure.CAN_ABOM=ENABLE;          //自动离线管理
    CAN_InitStructure.CAN_AWUM=ENABLE;          //自动唤醒
    CAN_InitStructure.CAN_NART=ENABLE;          //ENABLE：错误不自动重传，DISABLE：重传
    CAN_InitStructure.CAN_RFLM=DISABLE;
    CAN_InitStructure.CAN_TXFP=DISABLE;
    CAN_InitStructure.CAN_Mode=CAN_Mode_Normal;             //正常传输模式
    CAN_InitStructure.CAN_SJW=CAN_SJW_1tq;                  //1～4
    CAN_InitStructure.CAN_BS1=CAN_BS1_12tq;                 //1～16
    CAN_InitStructure.CAN_BS2=CAN_BS2_7tq;                  //1～8
    CAN_InitStructure.CAN_Prescaler=9;
    CAN_Init(CAN1,&CAN_InitStructure);
```

```
    /* CAN 过滤器设置 */
    CAN_FilterInitStructure.CAN_FilterNumber=0;
    CAN_FilterInitStructure.CAN_FilterMode=CAN_FilterMode_IdMask;
    CAN_FilterInitStructure.CAN_FilterScale=CAN_FilterScale_32bit;
    CAN_FilterInitStructure.CAN_FilterIdHigh=0x0000;
    CAN_FilterInitStructure.CAN_FilterIdLow=0x0000;
    CAN_FilterInitStructure.CAN_FilterMaskIdHigh=0x0000;
    CAN_FilterInitStructure.CAN_FilterMaskIdLow=0x0000;
    CAN_FilterInitStructure.CAN_FilterFIFOAssignment=CAN_FIFO0;
    CAN_FilterInitStructure.CAN_FilterActivation=ENABLE;
    CAN_FilterInit(&CAN_FilterInitStructure);

    /* 允许 FMP0 中断 */
    CAN_ITConfig(CAN1,CAN_IT_FMP0, ENABLE);

    NVIC_PriorityGroupConfig(NVIC_PriorityGroup_1);
    NVIC_InitStructure.NVIC_IRQChannel=USB_LP_CAN1_RX0_IRQn;
    NVIC_InitStructure.NVIC_IRQChannelPreemptionPriority=0;
    NVIC_InitStructure.NVIC_IRQChannelSubPriority=0;
    NVIC_InitStructure.NVIC_IRQChannelCmd=ENABLE;
    NVIC_Init(&NVIC_InitStructure);
}
/***************************************************************************
**函数信息 ： void USB_LP_CAN1_RX0_IRQHandler(void)
**功能描述 ： his function handles USB Low Priority or CAN RX0 interrupts
**输入参数 ： 无
**输出参数 ： 无
**调用提示 ：
***************************************************************************/
void USB_LP_CAN1_RX0_IRQHandler(void)
{
    CanRxMsg RxMessage;
    RxMessage.ExtId=0;
    CAN_Receive(CAN1,CAN_FIFO0, &RxMessage);

    if(RxMessage.ExtId==0x01)
    {
        ADCData=RxMessage.Data[0]+(RxMessage.Data[1]<<8);
    }
}
/***************************************************************************/
void Delay(u32 dly);

/***************************************************************************
**函数信息 ： int main (void)
**功能描述 ： 开机后，ARMLED 闪动，CAN 总线开始接收数据（在 CAN 中断中接收），并以接收的
```

```
数据作为LED闪烁频率的依据
    **输入参数 ：
    **输出参数 ：
    **调用提示 ：
    ***************************************************************************/
    int main(void)
    {
        SystemInit();           //系统初始化，系统时钟初始化
       GPIOInit();              //GPIO初始化，凡是实验用到的都要初始化
        CANInit();


        while(1)
        {
            GPIO_ResetBits(GPIOD, GPIO_Pin_2);//PD2输出低电平，点亮ARMLED
            Delay(ADCData);
            GPIO_SetBits(GPIOD, GPIO_Pin_2);   //PD2输出高电平，熄灭ARMLED
            Delay(ADCData);
        }

    }
    /***************************************************************************
    **函数信息 ： void Delay(u16 dly)
    **功能描述 ： 延时函数，大致为0.01ms
    **输入参数 ： u32 dly：延时时间
    **输出参数 ： 无
    **调用提示 ： 无
    ***************************************************************************/
    void Delay(u32 dly)
    {
        u16   i;
        for ( ; dly>0; dly--)
            for (i=0; i<1000; i++);
    }
```

第 7 章　协处理器 DMA 分析与应用

7.1　DMA 简介

在处理器中由协处理器来辅助处理器完成部分功能，主要是协助作用。协处理器用于执行特定的处理任务，如数字协处理器可以控制数字处理，以减轻处理器的负担。

ARM 可支持多达 16 个协处理器。系统控制协处理器的功能如下。

（1）系统整体控制和配置。

（2）缓存配置和管理。

（3）紧耦合的内存（CTM）的配置和管理。

（4）内存管理单元（MMU）的配置和管理。

（5）DMA 控制。

（6）系统性能控制。

其中，直接存储器存取（Direct Memory Access，DMA）控制器用于提供在外设和存储器之间或者存储器和存储器之间的高速数据传输。无须 CPU 干预，数据可以通过 DMA 快速地移动，这就节省了 CPU 的空间来做其他操作。两个 DMA 控制器有 12 个通道（DMA1 有 7 个通道，DMA2 有 5 个通道），每个通道专门用于管理来自一个或多个外设对存储器访问的请求。还有一个仲裁器用于协调各个 DMA 请求的优先级。每个 DMA 流都可以为单个源和目标提供单向串行 DMA 传输。例如，一个双向端口就需要一个专门的发送流和一个专门的接收流。源和目标可以是一个存储区或外设。

7.2　DMA 控制器特点

DMA控制器是一种在系统内部转移数据的独特外设，可以将其视为一种能够通过一组专用总线将内部和外部存储器与每个具有 DMA 能力的外设连接起来的控制器。它之所以属于外设，是因为它是在处理器的编程控制下进行传输的。其主要特点如下。

（1）12 个独立的可配置的通道（请求）：DMA1 有 7 个通道，DMA2 有 5 个通道。

（2）每个通道都直接连接专用的硬件 DMA 请求，每个通道都同样支持软件触发。这些功能通过软件来配置。

（3）在同一个 DMA 模块上，多个请求间的优先级可以通过软件编程设置（共有 4 级，即很高、高、中等和低），优先级设置相等时由硬件决定（请求 0 优先于请求 1，以此类推）。

（4）独立数据源和目标数据区的传输宽度（字节、半字、全字），模拟打包和拆包的过程。源和目标地址必须按数据传输宽度对齐。

（5）支持循环的缓冲器管理。

（6）每个通道都有 3 个事件标志（DMA 半传输、DMA 传输完成和 DMA 传输出错），这

3 个事件标志逻辑或成为一个单独的中断请求。

（7）存储器和存储器间的传输。

（8）外设和存储器、存储器和外设之间的传输。

（9）闪存、SRAM、外设的 SRAM、APB1、APB2 和 AHB 外设均可作为访问的源和目标。

（10）可编程的数据传输数目最大为 65 535。

从结构上看，一般而言，DMA 控制器包括一条地址总线、一条数据总线和控制寄存器。高效率的 DMA 控制器具有访问其所需要的任意资源的能力，而无须处理器本身的介入，它必须能产生中断。最后，它必须能在控制器内部计算出地址。

一个处理器可以包含多个 DMA 控制器。每个 DMA 控制器有多个 DMA 通道，以及多条直接与存储器站和外设连接的总线。很多高性能处理器中集成了两种类型的DMA控制器：第一类通常称为“系统 DMA 控制器”，可以实现对任何资源（外设和存储器）的访问，对于这种类型的 DMA 控制器来说，信号周期数是以系统时钟（SCLK）来计数的，以 ADI 的 Blackfin 处理器为例，频率最高可达 133MHz；第二类称为内部存储器 DMA 控制器（IMDMA），专门用于内部存储器所处位置之间的相互存取操作。因为存取都发生在内部（L1－L1、L1－L2，或者 L2－L2），周期数的计数则以内核时钟（CCLK）为基准来进行，该时钟的频率可以超过 600MHz。

每个 DMA 控制器有一组 FIFO，起到 DMA 子系统和外设或存储器之间的缓冲器的作用。对于 MemDMA（Memory DMA）来说，传输的源端和目标端都有一组 FIFO 存在。当资源紧张而不能完成数据传输时，FIFO 可以提供数据的暂存区，从而提高性能。

通常会在代码初始化过程中对 DMA 控制器进行配置，内核只需要在数据传输完成后对中断做出响应即可。技术人员可以对 DMA 控制器进行编程，让其与内核并行地移动数据，而同时让内核执行其基本的处理任务。

7.3 DMA 控制器功能描述

7.3.1 DMA 功能框图

在发生一个事件后，外设向 DMA 控制器发送一个请求信号。DMA 控制器根据通道的优先级处理请求。当 DMA 控制器开始访问发出请求的外设时，DMA 控制器立即发送给它一个应答信号。当从 DMA 控制器得到应答信号时，外设立即释放它的请求。一旦外设释放了这个请求，DMA 控制器就同时撤销应答信号。如果有更多的请求时，外设可以启动下一个周期。

总之，每次 DMA 传送由以下 3 个操作组成。

（1）从外设数据寄存器或者从当前外设/存储器地址寄存器指示的存储器地址取数据，第一次传输时的开始地址是 DMA_CPAR*x* 或 DMA_CMAR*x* 指定的外设基地址或存储器单元。

（2）存数据到外设数据寄存器或者当前外设/存储器地址寄存器指示的存储器地址，第一次传输时的开始地址是 DMA_CPAR*x* 或 DMA_CMAR*x* 指定的外设基地址或存储器单元。

（3）执行一次 DMA_CNDTR*x* 的递减操作，该寄存器包含未完成的操作数目。

图 7-1 为 DMA 功能框图。

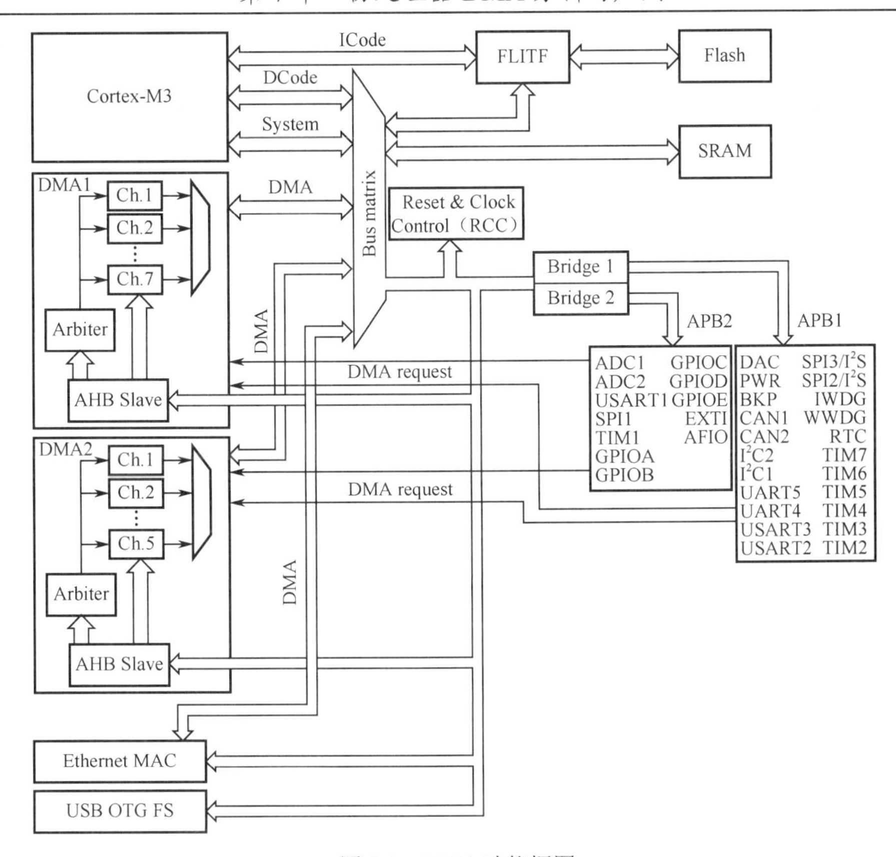

图7-1　DMA功能框图

DMA控制器是内存储器同外设之间进行高速数据传送时的硬件控制电路，是一种实现直接数据传送的专用处理器。它必须能取代在程序控制传送中由CPU和软件所完成的各项功能，它的主要功能如下。

(1)DMAC同外设之间有一对联络信号线——外设的DMA请求信号(DREQ)线及DMAC向外设发出的DMA响应信号（DACK）线。

(2)DMAC在接收到DREQ后，同CPU之间也有一对联络信号线——DMAC向CPU发出的总线请求信号（HOLD或BUSRQ）线及CPU在当前总线周期结束后向DMAC发出的总线响应信号（HLDA或BUSAK）线，DMAC接管对总线的控制权，进入DMA操作方式。

(3）能发出地址信息，对存储器寻址，并修改地址指针，DMAC内部必须有能自动加1或减1的地址寄存器。

(4）能决定传送的字节数，并能判断DMA传送是否结束。DMA内部必须有能自动减1的字计数寄存器，计数结束产生终止计数信号。

(5）能发出DMA结束信号，释放总线，使CPU恢复总线控制权。

(6）能发出读/写控制信号，包括存储器访问信号和I/O访问信号。DMAC内部必须有时序和读/写控制逻辑。

有些DMAC芯片和模块在这些基本功能的基础上还增加了一些新的功能。例如，在DMA传送结束时产生中断请求信号；在传送完一个字节数后输出一个脉冲信号，用于记录已传送的字节数，为外部提供周期性的脉冲序列；在一个数据块传送完后能自动装入新的起始地址和字节数，以便重复传送一个数据块或将几个数据块连接起来传送；产生两个存储器地址，从而实现存储器与存储器之间的传送，以及能够对I/O设备寻址，实现I/O设备与I/O设备之间的传送，以及能够在传送过程中检索某一特定字节或者进行数据检验等。

7.3.2 DMA通道配置

在配置DMA时，其通道x的过程描述如下（x代表通道号）。

（1）在DMA_CPARx中设置外设寄存器的地址。发生外设数据传输请求时，这个地址将是数据传输的源或目标。

（2）在DMA_CMARx中设置数据存储器的地址。发生外设数据传输请求时，传输的数据将从这个地址读出或写入这个地址。

（3）在DMA_CNDTRx中设置要传输的数据量。在每个数据传输后，这个数值将会递减。

（4）在DMA_CCRx的PL[1:0]位中设置通道的优先级。

（5）在DMA_CCRx中设置数据传输的方向、循环模式、外设和存储器的增量模式、外设和存储器的数据宽度、传输一半产生中断或传输完成产生中断。

（6）设置DMA_CCRx的ENABLE位，启动该通道。

一旦启动了DMA通道，它可响应连到该通道上的外设的DMA请求。当传输一半的数据后，半传输标志（HTIF）被置1，当设置了允许半传输中断位（HTIE）时，将产生一个中断请求。在数据传输结束后，传输完成标志（TCIF）被置1，当设置了允许传输完成中断位（TCIE）时，将产生一个中断请求。

7.3.3 DMA中断

每个DMA通道都可以在DMA传输过半、传输完成和传输错误时产生中断。为应用的灵活性考虑，通过设置寄存器的不同位来打开这些中断。

DMA中断事件如表7-1所示。

表7-1 DMA中断事件

中 断 事 件	事件标志位	使能控制位
传输过半	HTIF	HTIE
传输完成	TCIF	TCIE
传输错误	TEIF	TEIE

需要注意，在大容量产品中，DMA2通道4和DMA2通道5的中断被映射在同一个中断向量上。在互联型产品中，DMA2通道4和DMA2通道5的中断分别有独立的中断向量。所有其他的DMA通道都有自己的中断向量。

7.4 DMA相关控制模块

7.4.1 DMA1控制器

从外设［TIMx（x=1、2、3、4）、ADC1、SPI1、SPI/I^2S2、I^2Cx（x=1、2）和USARTx（x=1、

2、3)] 产生的 7 个请求，通过逻辑或输入 DMA1 控制器，这意味着同时只能有 1 个请求有效。图 7-2 为 DMA1 请求映像图。外设的 DMA 请求可以通过设置相应外设寄存器中的控制位被独立地开启或关闭。

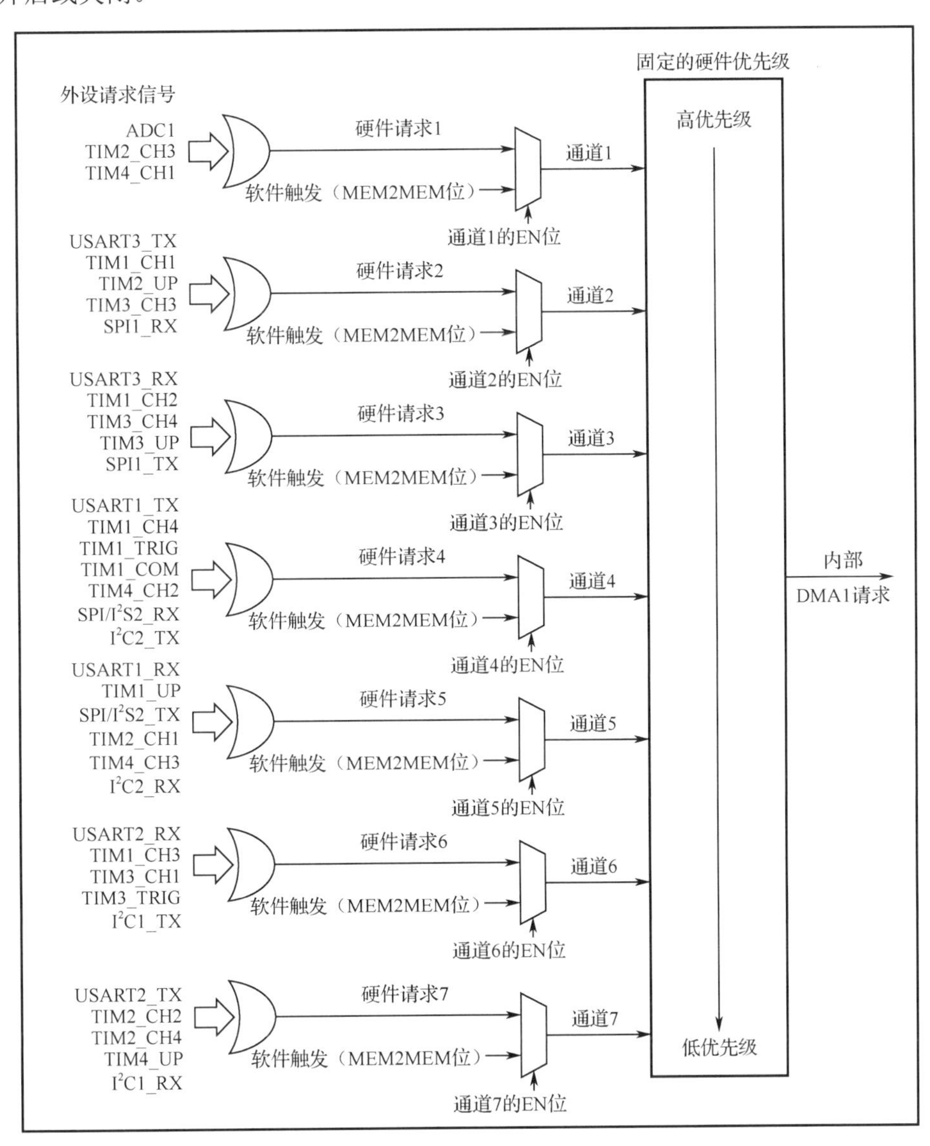

图 7-2　DMA1 请求映像图

各通道的 DMA1 请求一览表如表 7-2 所示。

表 7-2　各通道的 DMA1 请求一览表

外　设	通道 1	通道 2	通道 3	通道 4	通道 5	通道 6	通道 7
ADC1	ADC1						
SPI/I²S		SPI1_RX	SPI1_TX	SPI/I²S2_RX	SPI/I²S2_TX		
USART		USART3_TX	USART3_RX	USART1_TX	USART1_RX	USART2_RX	USART2_TX
I²C				I²C2_TX	I²C2_RX	I²C1_TX	I²C1_RX

续表

外　设	通道 1	通道 2	通道 3	通道 4	通道 5	通道 6	通道 7
TIM1		TIM1_CH1	TIM1_CH2	TIM1_TX4 TIM1_TRIG TIM1_COM	TIM1_UP	TIM1_CH3	
TIM2	TIM2_CH3	TIM2_UP			TIM2_CH1		TIM2_CH2 TIM2_CH4
TIM3		TIM3_CH3	TIM3_CH4 TIM3_UP			TIM3_CH1 TIM3_TRIG	
TIM4	TIM4_CH1			TIM4_CH2	TIM4_CH3		TIM4_UP

7.4.2 DMA2 控制器

从外设［TIM*x*（*x*=5、6、7、8）、ADC3、SPI/I^{2}S3、UART4、DAC 通道 1、2 和 SDIO］产生的 5 个请求，经逻辑或输入 DMA2 控制器，这意味着同时只能有一个请求有效。图 7-3 为 DMA2 请求映像图。外设的 DMA 请求可以通过设置相应外设寄存器中的 DMA 控制位被独立地开启或关闭。

注意：DMA2 控制器及其相关请求仅存在于大容量产品和互联型产品中。

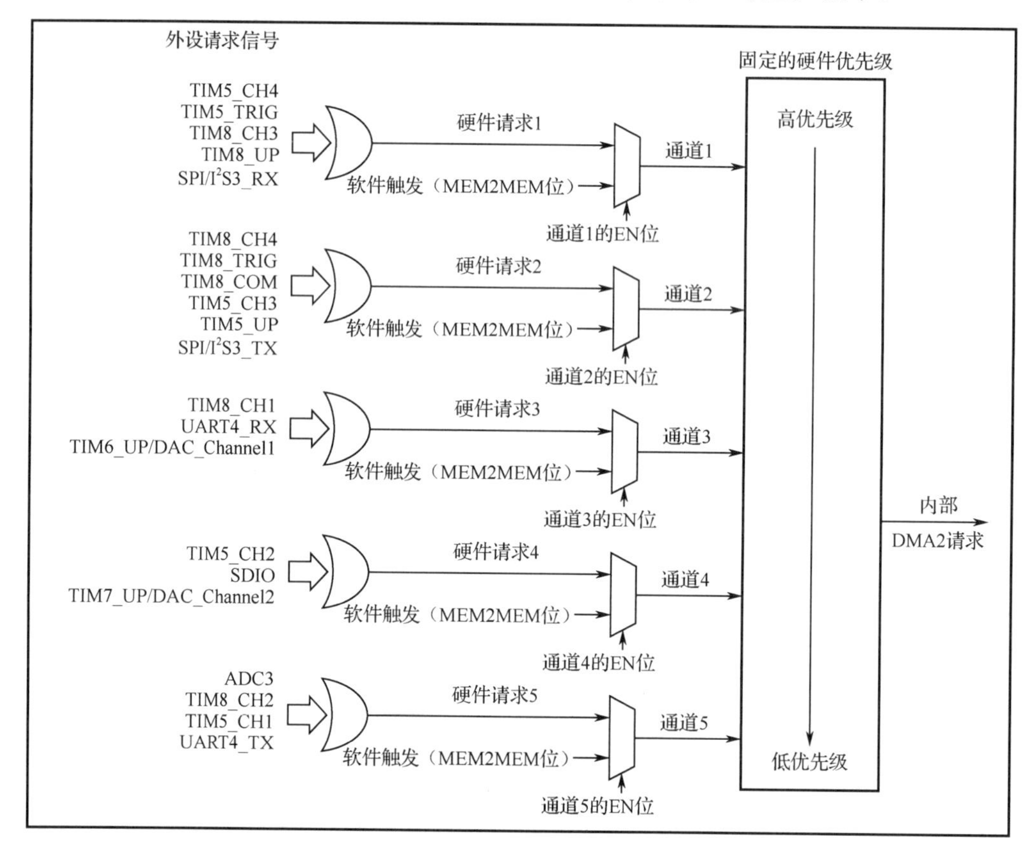

图 7-3　DMA2 请求映像图

各通道的 DMA2 请求一览表如表 7-3 所示。

表 7-3　各通道的 DMA2 请求一览表

外　设	通道 1	通道 2	通道 3	通道 4	通道 5
ADC3					ADC3
SPI/I^{2}S3	SPI/I^{2}S3_RX	SPI/I^{2}S3_TX			
UART4			UART4_RX		UART4_TX
SDIO				SDIO	
TIM5	TIM5_CH4 TIM5_TRIG	TIM5_CH3 TIM5_UP		TIM5_CH2	TIM5_CH1
TIM6/DAC 通道 1			TIM6_UP/DAC 通道 1		
TIM7/DAC 通道 2				TIM7_UP/DAC 通道 2	
TIM8	TIM8_CH3 TIM8_UP	TIM8_CH4 TIM8_TRIG TIM8_COM	TIM8_CH1		TIM8_CH2

7.5　DMA 控制器应用案例

下面以 DMA 控制器的 ADC1 通道的传送功能为例介绍 DMA 控制器的简单用法。

```
//ADC1 采样地址
#define ADC1_DR_Address ((uint32_t)0x4001244C)
//ADC1 DMA 配置
static void BSP_DMAAdc1_Init(void)
{
    DMA_InitTypeDef    DMA_AdcInit;
    RCC_AHBPeriphClockCmd(RCC_AHBPeriph_DMA1, ENABLE);
//启动 DMA1 时钟，ADC1 对应 DMA1 通道 1
    DMA_AdcInit.DMA_PeripheralBaseAddr=ADC1_DR_Address;    //外设地址
//外设数据字长（半字、16 位双字节长度）根据 ADC 寄存器 ADC_DR 说明确定
    DMA_AdcInit.DMA_PeripheralDataSize=DMA_PeripheralDataSize_HalfWord;
//设置 DMA 的外设递增模式，禁止递增，只读取一个外设数据
    DMA_AdcInit.DMA_PeripheralInc=DMA_PeripheralInc_Disable;
//内存地址，存放读取 ADC 数据的缓存，根据实际情况确认缓存大小
    DMA_AdcInit.DMA_MemoryBaseAddr=(u32)ADCSampleValue;
//内存数据字长同外设长度，必须相同以防止传输错乱
    DMA_AdcInit.DMA_MemoryDataSize=DMA_MemoryDataSize_HalfWord;
//设置 DMA 的内存递增模式，允许递增，读取 ADC1 多通道数据，不同的通道数据存放在不同的缓存中
    DMA_AdcInit.DMA_MemoryInc=DMA_MemoryInc_Enable;
//DMA 通道的 DMA 缓存的大小根据实际情况设定
    DMA_AdcInit.DMA_BufferSize=SAMPLETIMES*SAMPLEPORT;
//DMA 传输方向为单向，由于读取的是外设 ADC 上的数据，左移设定从外设到内存
    DMA_AdcInit.DMA_DIR=DMA_DIR_PeripheralSRC;
//设置 DMA 控制器的 2 个存储器中的变量互相访问，关闭内存间传输功能
    DMA_AdcInit.DMA_M2M=DMA_M2M_Disable;
//设置 DMA 的传输模式为循环传输模式，保证一直读取外设数据
```

```
    DMA_AdcInit.DMA_Mode=DMA_Mode_Circular;
//设置 DMA 的优先级最高
    DMA_AdcInit.DMA_Priority=DMA_Priority_VeryHigh;
//初始化 DMA
    DMA_Init(DMA1_Channel1, &DMA_AdcInit);
//使能 DMA1
    DMA_Cmd(DMA1_Channel1,ENABLE);
//使能 DMA 传输完成中断，传输完成中断及一次循环结束
    DMA_ITConfig(DMA1_Channel1, DMA_IT_TC, ENABLE);
//初始化中断
    BSP_NVIC_Init(DMA1_Channel1_IRQn, 1, 4);
}
```

使用 DMA 时，需要先确认外设对应的 DMA 通道及传输方向（外设到内存、内存到外设等）；然后根据传输方向设定源地址和目标地址；再根据实际需要传输的方式设定相关参数，初始化 DMA 并使能 DMA；最后根据实际情况决定是否需要中断。

第8章　μC/OS-Ⅱ简介

8.1　微控制器操作系统

在微控制器领域，操作系统主要有两种：通用操作系统与嵌入式（实时）操作系统。

通用操作系统主要有Windows/NT/XP、Linux、UNIX等，用于个人计算机、服务器。

嵌入式（实时）操作系统是用于嵌入式设备的操作系统，具有通用操作系统的基本特点，又具有系统实时性、硬件的相关依赖性、软件固态化及应用的专用性等特点。

嵌入式（实时）操作系统通常包括与硬件相关的底层驱动软件、系统内核、设备驱动接口、通信协议、图形界面、标准化浏览器Browser等，嵌入式（实时）操作系统结构框图如图8-1所示。

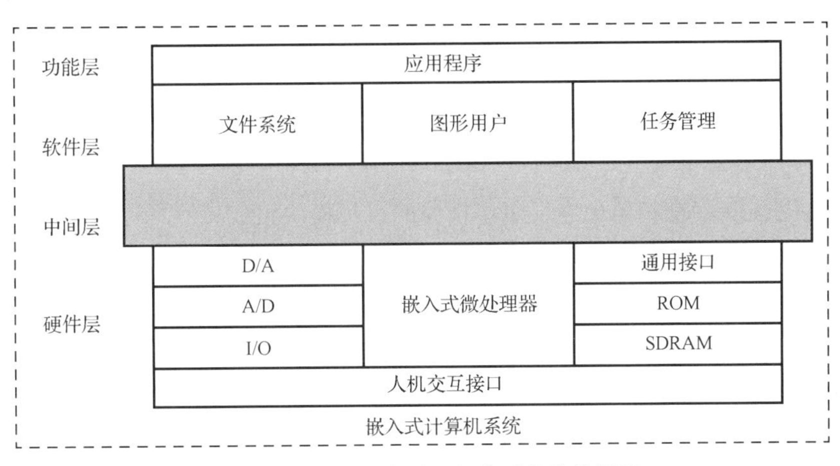

图8-1　嵌入式（实时）操作系统结构框图

嵌入式（实时）操作系统的重要指标有实时性（中断响应时间、任务切换时间等）、尺寸（可裁剪性）、可扩展性（内核、中间件）。

嵌入式（实时）操作系统的种类繁多，如μC/OS-Ⅱ、eCOS、Linux、HOPEN OS等。它大体上可分为两种类型：商用型和免费型。商用型的嵌入式（实时）操作系统功能稳定、可靠，有完善的技术支持和售后服务，但往往价格昂贵，如VxWorks、QNX、Windows CE、Palm OS等。免费型的嵌入式（实时）操作系统在价格方面具有优势，目前主要有Linux。而μC/OS是一种源码开放的商业RTOS。

1. μTenux

μTenux是一个开源免费的嵌入式（实时）操作系统，开发团队来自大连，主要针对ARM Cortex M0～M4系列的微控制器。其内核采用20世纪80年代就出现的μT-Kernel。在全球嵌入式最发达的日本，μT-Kernel拥有60%的占有率。同时tecoss中国开源社区还推出了Tenux，针对 ARM Cortex 的 R 系列和 A 系列。目前，悠龙软件是世界知名公司 ARM 的合作伙伴，还是 Ti、ATMEL、ST、T-Engine、Neusoft、Tianfusoftwarepark、TEG、Parasoft etc.芯片厂商的合作伙伴。

目前，官方提供的 μTenux 稳定版代码为 V1.5.00r160。

2. DJYOS

DJYOS是一个嵌入式（实时）操作系统，没有考虑在通用计算机/服务器上与Windows、Linux、UNIX竞争。

DJYOS 是以事件为核心进行调度的，这种调度策略使程序员可以按人类认知事物的习惯而不是计算机的习惯来编程。普通操作系统中，调度是以线程为核心的，事件被作为线程的数据，标榜为“事件触发”的软件模型，也是由线程在一旁候着，待特定事件发生时，线程恢复运行并把它作为输入数据加以处理。以事件为核心的调度，则像设备和内存一样，把线程虚拟机作为处理事件所需要的资源看待，当某事件需要处理时，分配或者创建一个线程虚拟机给该事件，并启动该线程虚拟机处理事件。在嵌入式领域，DJYOS要与非实时操作系统（如Linux、Windows CE）竞争，以及与实时操作系统（如 VxWorks、QNX 等）竞争。

3. VxWorks

VxWorks是美国 WindRiver 公司的产品，是目前嵌入式系统领域中应用很广泛、市场占有率比较高的嵌入式操作系统。

VxWorks 由 400 多个相对独立、短小精悍的目标模块组成，用户可根据需要选择适当的模块裁剪和配置系统；提供基于优先级的任务调度、任务间同步与通信、中断处理、定时器和内存管理等功能，内建符合 POSIX（可移植操作系统接口）规范的内存管理，以及多处理器控制程序；并且具有简明易懂的用户接口，在核心方面甚至可以微缩到 8KB。

4. μC/OS-Ⅱ

μC/OS-Ⅱ是在 μC-OS 的基础上发展起来的，是用 C 语言编写的一种结构小巧、抢占式的多任务实时内核。μC/OS-Ⅱ能管理 64 个任务，并提供任务调度与管理、内存管理、任务间同步与通信、时间管理和中断服务等功能，具有执行效率高、占用空间小、实时性能优良和可扩展性强等特点。

5. μClinux

μClinux是一种优秀的嵌入式Linux 版本，其全称为 micro-control Linux，从字面意思看是指微控制 Linux。同标准的 Linux 相比，μClinux 的内核非常小，但是它仍然继承了 Linux 的主要特性，包括良好的稳定性和移植性、强大的网络功能、出色的文件系统、标准丰富的 API，以及TCP/IP 网络协议等。因为没有 MMU，所以其多任务的实现需要一定技巧。

6. eCos

eCos（embedded Configurable operating system，嵌入式可配置操作系统）是一个源码开放的可配置、可移植、面向深度嵌入式应用的实时操作系统。它的最大特点是配置灵活，采用模块化设计，核心部分由不同的组件构成，包括内核、C 语言库和底层运行包等。每个组件可提供大量的配置选项（实时内核也可作为可选配置），使用 eCos 提供的配置工具可以很方便地配置，并通过不同的配置使 eCos 能够满足不同的嵌入式应用要求。

7．RTXC

RTXC（Real-Time eXecutive in C，C 语言的实时执行体）是一种灵活的、经过工业应用考验的多任务实时内核，可以广泛应用于各种采用 8 位/16 位单片机、16 位/32 位微处理器、DSP 的嵌入式应用场合。

8.2　μC/OS-Ⅱ描述

μC/OS 的应用面覆盖了诸多领域，如照相机、医疗器械、音响设备、发动机控制、高速公路电话系统、自动提款机等。1998 年，μC/OS 进一步发展为 μC/OS-Ⅱ，目前的版本有 μC/OS-Ⅱ V2.61、V2.72。2000 年，μC/OS-Ⅱ得到美国联邦航空管理局（FAA）的认证，可以用于飞行器中。

μC/OS-Ⅱ是一个完整的、可移植、可裁剪、源码公开的抢占式实时多任务操作系统，因此，程序开发人员可以在嵌入式系统的开发过程中，灵活地改写其源码，以满足用户特定的需求。μC/OS-Ⅱ在处理器上的成功移植，将大大提高复杂应用系统的开发效率，增强系统的可靠性，降低开发成本，提高经济效益。

8.2.1　μC/OS-Ⅱ特性

μC/OS-Ⅱ具有以下特性。

（1）源码开放。

（2）可移植性（Portable）。绝大部分 μC/OS-Ⅱ的源码是用移植性很强的 ANSI C 写的，和微处理器硬件相关的那部分是用汇编语言写的。用汇编语言写的部分已经压到最低限度，使得 μC/OS-Ⅱ便于移植到其他微处理器上。μC/OS-Ⅱ可以在绝大多数 8 位、16 位、32 位及 64 位微处理器、微控制器、DSP 上运行。

（3）可固化（ROMable）。μC/OS-Ⅱ是为嵌入式应用而设计的，这就意味着，只要读者有固化手段（C 编译、连接、下载和固化），μC/OS-Ⅱ就可以嵌入读者的产品中成为产品的一部分。

（4）可裁剪性（Scalable）。可以只使用 μC/OS-Ⅱ中应用程序需要的那些系统服务。也就是说某产品可以只使用很少几个 μC/OS-Ⅱ调用，而另一个产品则使用了几乎所有 μC/OS-Ⅱ的功能，这样可以减少产品中的 μC/OS-Ⅱ所需的存储器空间（RAM 和 ROM）。这种可裁剪性是靠条件编译实现的。

（5）占先式（Preemptive）。

（6）多任务。μC/OS-Ⅱ可以管理 64 个任务，然而，目前版本保留 8 个任务给系统。应用程序最多可以有 256 个任务。

（7）可确定性。全部 μC/OS-Ⅱ的函数调用与服务的执行时间具有可确定性。

（8）任务栈。每个任务有自己单独的栈，μC/OS-Ⅱ允许每个任务有不同的栈空间，以便降低应用程序对 RAM 的需求。

（9）系统服务。μC/OS-Ⅱ提供很多系统服务，如邮箱、消息队列、信号量、块大小固定的内存的申请与释放、时间相关函数等。

（10）中断管理。中断可以使正在执行的任务暂时挂起，若优先级更高的任务被该中断唤醒，则高优先级的任务在中断嵌套全部退出后立即执行，中断嵌套层数可达255层。

（11）稳定性与可靠性。

8.2.2 结构组成

μC/OS-Ⅱ可以大致分成核心、任务处理、时钟、任务同步和通信、CPU的移植5个部分。

核心部分（OSCore.c）：是操作系统的处理核心，包括操作系统初始化、操作系统运行、中断进出的前导、时钟节拍、任务调度、事件处理等，能够维持系统基本工作的部分都在这里。

任务处理部分（OSTask.c）：任务处理部分中的内容都是与任务的操作密切相关的。它包括任务的建立、删除、挂起、恢复等。因为μC/OS-Ⅱ是以任务为基本单位进行调度的，所以这部分内容也相当重要。

时钟部分（OSTime.c）：μC/OS-Ⅱ中的最小时钟单位是timetick（时钟节拍），任务延时等操作是在该部分完成的。

任务同步和通信部分：为事件处理部分，包括信号量、邮箱、邮箱队列、事件标志等，主要用于任务间的互相联系和对临界资源的访问。

与CPU的接口部分：是μC/OS-Ⅱ使用的CPU的移植部分。由于μC/OS-Ⅱ是一个通用性的操作系统，所以对于关键问题上的实现，还是需要根据具体CPU的具体内容和要求进行相应的移植。这部分内容由于牵涉到SP等系统指针，所以通常用汇编语言编写。该部分主要包括中断级任务切换的底层实现、任务级任务切换的底层实现、时钟节拍的产生和处理、中断的相关处理部分等内容。

8.2.3 工作原理

如果要实现多任务机制，那么目标CPU必须具备一种在运行期更改PC的途径，否则无法做到切换。不幸的是，直接设置PC指针，还没有哪个CPU支持这样的指令。但是一般CPU都允许通过类似JMP、CALL等指令间接地修改PC。多任务机制的实现也正是基于这个出发点。事实上，通常使用CALL指令或者软中断指令来修改PC，主要是软中断指令。但在一些CPU上，并不存在软中断这样的概念，所以，在那些CPU上，使用几条PUSH指令加上一条CALL指令可模拟一次软中断的发生。

而μC/OS-Ⅱ是一种基于优先级的可抢占的硬实时内核。在μC/OS-Ⅱ中，每个任务都有一个任务控制块（Task Control Block，TCB），这是一个比较复杂的数据结构。在任务控制块的偏移为0的地方，存储着一个指针，它记录了所属任务的专用堆栈地址。事实上，在μC/OS-Ⅱ中，每个任务都有自己的专用堆栈，彼此之间不能侵犯，这点需要要求程序员在他们的程序中保证。一般的做法是把它们声明成静态数组，而且要声明成OS_STK类型。当任务有了自己的堆栈后，就可以将每个任务堆栈在那里，记录到任务控制块偏移为0的地方。以后每当发生任务切换时，系统必然会先进入一个中断，这一般是通过软中断或者时钟中断实现的。然后系统会把当前任务的堆栈地址保存起来，紧接着恢复要切换的任务的堆栈地址。由于每个任务的堆栈里一定存的是地址（每当发生任务切换时，系统必然会先进入一个中断，而一旦中断，CPU 就会把地址压入堆栈），这样，就达到了修改 PC 为下一个任务的地址的目的。

8.2.4 μC/OS-Ⅱ管理

1. 任务管理

μC/OS-Ⅱ中最多可以支持 64 个任务，分别对应优先级 0～63，其中 0 为最高优先级。63 为最低优先级，系统保留了 4 个最高优先级的任务和 4 个最低优先级的任务，所有用户可以使用的任务数有 56 个。

μC/OS-Ⅱ提供了任务管理的各种函数调用，包括创建任务、删除任务、改变任务的优先级、任务挂起和恢复等。

系统初始化时会自动产生两个任务：一个是空闲任务，它的优先级最低，该任务仅给一个整型变量做累加运算；另一个是系统任务，它的优先级为次低，该任务负责统计当前 CPU 的利用率。

2. 时间管理

μC/OS-Ⅱ的时间管理是通过定时中断来实现的，该定时中断一般为每 10ms 或 100ms 发生一次，时间频率取决于用户对硬件系统的定时器编程。中断发生的时间间隔是固定不变的，该中断也成为一个时钟节拍。

μC/OS-Ⅱ要求用户在定时中断的服务程序中，调用系统提供的与时钟节拍相关的系统函数，如中断级的任务切换函数、系统时间函数。

3. 内存管理

在 ANSI C 中使用 malloc 和 free 两个函数动态分配和释放内存。但在嵌入式实时操作系统中，多次这样的操作会导致产生内存碎片，且由于内存管理算法的原因，malloc 和 free 的执行时间也是不确定的。

μC/OS-Ⅱ把连续的大块内存按分区管理。每个分区中包含整数个大小相同的内存块，但不同分区之间的内存块大小可以不同。当用户需要动态分配内存时，系统选择一个适当的分区，按块来分配内存。释放内存时将该块放回它以前所属的分区，这样能有效解决碎片问题，同时执行时间也是固定的。

8.2.5 任务调度

μC/OS-Ⅱ采用的是可剥夺型的实时多任务内核。可剥夺型的实时多任务内核在任何时候都运行就绪了的最高优先级的任务。

μC/OS-Ⅱ的任务调度是完全基于任务优先级的抢占式调度，也就是最高优先级的任务一旦处于就绪态，则立即抢占正在运行的低优先级任务的处理器资源。为了简化系统设计，μC/OS-Ⅱ规定所有任务的优先级不同，因为任务的优先级也同时唯一标志了该任务本身。

（1）高优先级的任务因为需要某种临界资源，所以主动请求挂起，让出处理器，此时将调度处于就绪态的低优先级任务执行，这种调度也称为任务级的上下文切换。

（2）高优先级的任务因为时钟节拍到来，在时钟中断的处理程序中，内核发现高优先级任务获得了执行条件，则在中断态直接切换到高优先级任务执行。这种调度称为中断级的上下文切换。

（3）以上两种调度方式在 μC/OS-Ⅱ的执行过程中非常普遍，一般来说，前者发生在系统服务中，后者发生在时钟中断的服务程序中。

（4）调度工作的内容可以分为两个部分：最高优先级任务的寻找和任务切换。最高优先级任务的寻找是通过建立就绪任务表来实现的。μC/OS-Ⅱ中的每个任务都有独立的堆栈空间，并有一个称为任务控制块的数据结构，其中第一个成员变量就是保存的任务堆栈指针。任务调度模块首先用变量 OSTCBHighRdy 记录当前最高级就绪任务的任务控制块地址，然后调用 OS_TASK_SW()函数进行任务切换。

8.3 μC/OS-Ⅱ中断机理

8.3.1 函数调用和中断调用的操作

MSP430最常使用的 C编译器应该就是 IAR Embedded WorkBench。对于该编译器来说，它有以下规律。

1. 函数调用

如果是函数级调用，则编译器会在函数调用时先把当前函数 PC 压栈，然后调用函数，PC 值改变。

如果被调用的函数带有参数，则编译器按照以下规则进行。

最左边的两个参数如果不是struct（结构体）或者 union（联合体），则其将被赋值到寄存器；否则将被压栈。函数剩下的参数都将被压栈。根据最左边的两个参数的类型，分别赋值给 R12（对于 32 位类型赋值给 R12:R13）和 R14（对于 32 位类型赋值给 R14:R15）。

2. 中断调用

如果在中断中调用中断服务子程序，则编译器把当前执行语句的 PC 压栈，同时把 SR 压栈。接着根据中断服务子程序的复杂程度，把 R12～R15 中的寄存器压栈，然后执行中断服务子程序。中断处理结束后再把 RX 寄存器出栈，SR 出栈，PC 出栈。把系统恢复到中断前的状态，使程序接着被中断的部分继续运行。

8.3.2 任务级和中断级的任务切换步骤和原理

1. 任务级的任务切换步骤和原理

μC/OS-Ⅱ是一个多任务的操作系统，在没有用户自己定义的中断情况下，任务间的切换一般会调用 OSSched()函数。该函数的结构如下。

```
void OSSched(void)
{
```

```
关中断
如果（不是中断嵌套并且系统可以被调度）
{
确定优先级最高的任务
如果（最高级的任务不是当前任务）
{
调用 OSCtxSw();
}
}
开中断
}
```

我们把 OSSched()函数称作任务调度的前导函数。它先判断要进行任务切换的条件，如果条件允许进行任务调度，则调用 OSCtxSw()函数，这个函数是真正实现任务调度的函数。由于期间要对堆栈进行操作，所以 OSCtxSw()函数一般用汇编语言写成，它将正在运行的任务的 CPUSR 的推入堆栈，然后把 R4～R15 压栈。接着把当前的 SP 保存在 TCB->OSTCBStkPtr 中，然后把最高优先级的 TCB->OSTCBStkPtr 的值赋值给 SP。此时，SP 就已经指到最高优先级任务的堆栈了。然后进行出栈工作，把 R15～R4 出栈。接着使用 RETI 指令返回，这样就把 SR 和 PC 出栈了。简单地说，μC/OS-Ⅱ切换到最高优先级的任务，只是恢复最高优先级任务所有的寄存器并运行 RETI指令，实际上，只是人为地模仿了一次中断。

2．中断级的任务切换步骤和原理

μC/OS-Ⅱ的中断服务子程序和一般的前后台的操作有少许不同，往往需要进行以下操作。

（1）保存全部 CPU 寄存器。

（2）调用 OSIntEnter()或 OSIntNesting++函数。

（3）开放中断。

（4）执行用户代码。

（5）关闭中断。

（6）调用 OSIntExit()函数。

（7）恢复所有 CPU 寄存器。

（8）RETI。

OSIntEnter()就是将全局变量OSIntNesting 加 1。OSIntNesting 是中断嵌套层数的变量，μC/OS-Ⅱ通过它确保在中断嵌套时，不进行任务调度。执行完用户的代码后，μC/OS-Ⅱ调用 OSIntExit()函数，一个与 OSSched()函数很像的函数。在 OSIntEnter()函数中，系统首先把 OSIntNesting 减 1，然后判断是否中断嵌套。如果不是，并且当前任务不是最高优先级的任务，那么找到优先级最高的任务，执行 OSIntCtxSw()这一中断任务切换函数。因为在这之前已经做好了压栈工作；在这个函数中，要进行 R15～R4 的出栈工作。而且，由于在之前调用函数的时候，可能已经有一些寄存器被压入了堆栈，所以要进行堆栈指针的调整，使得正在进行的任务能够从正确的位置出栈。

8.4 μC/OS-Ⅱ优先级处理

在嵌入式系统的应用中，实时性是一个重要的指标，而优先级翻转是影响系统实时性的重要问题。

μC/OS-Ⅱ采用基于固定优先级的占先式调度方式，是一个实时、多任务的操作系统。系统中的每个任务具有一个任务控制块 OS_TCB，任务控制块记录任务执行的环境，包括任务的优先级、任务的堆栈指针、任务的相关事件控制块指针等。内核将系统中处于就绪态的任务在就绪表中进行标注，通过就绪表中的两个变量 OSRdyGrp 和 OSRdyTbl[]可快速查找系统中就绪的任务。在 μC/OS-Ⅱ中，每个任务有唯一的优先级，因此任务的优先级也是任务的唯一编号（ID），可以作为任务的唯一标识。内核可用控制块优先级表 OSTCBPrioTbl[]由任务的优先级查到任务控制块的地址。μC/OS-Ⅱ主要就是利用任务控制块、就绪表和控制块优先级表 OSTCBPrioTbl[]来进行任务调度的。任务调度程序 OSSched()首先由就绪表中找到当前系统中处于就绪态的优先级最高的任务，然后根据其优先级由控制块优先级表 OSTCBPrioTbl[]取得相应任务控制块的地址，由 OS_TASK_SW()程序进行运行环境的切换。若将当前运行环境切换成该任务的运行环境，则该任务由就绪态转为运行态。当这个任务运行完毕或因其他原因挂起时，任务调度程序 OSSched()再次到就绪表中寻找当前系统中处于就绪态的优先级最高的任务，转而执行该任务，如此完成任务调度。若在任务运行时发生中断，则转向执行中断程序，执行完毕后不是简单地返回中断调用处，而是由 OSIntExit()程序进行任务调度，执行当前系统中优先级最高的就绪态任务。当系统中所有任务都执行完毕时，任务调度程序 OSSched()就不断执行优先级最低的空闲任务 OSTaskIdle()，等待用户程序的运行。

8.4.1 优先级翻转

在 μC/OS-Ⅱ中，多个任务按照优先级高低由内核调度执行，而且任务调度所花的时间是常数，与应用程序中建立的任务数无关。对于占先式内核，任务的响应时间是确定的，而且是最优化的，占先式内核保证最高优先级的任务最先执行。

任务的响应时间=寻找最高优先级任务的时间+任务切换时间

在 μC/OS-Ⅱ中寻找进入就绪态的最高优先级任务是通过查就绪表实现的，这减少了所需时间。

```
y=OSUnMapTbl[OSRdyGrp];
x=OSUnMapTbl [OSRdyTbl[y]];
prio=(y<<3)+x;
```

任务切换是通过调用汇编函数 OS_TASK_SW()实现的，主要完成两个任务运行环境的保存和恢复。因此用户可以通过安排任务的优先级，保证系统的实时性。当涉及共享资源的互斥访问时，多任务实时操作系统常常会出现优先级翻转问题，不能保证高优先级任务的响应时间，从而影响系统的实时性，μC/OS-Ⅱ中也存在同样问题。所谓优先级翻转问题，是指当一个高优先级任务通过信号量机制访问共享资源时，该信号量已被低优先级任务占有，而这个低优先级任务在访问共享资源时可能又被其他一些中等优先级任务抢先，因此造成高优先级任务被许多具有较低优先级的任务阻塞，实时性难以得到保证。例如，有 A、B、C 3 个任务，其优先级 A>B>C，任务 A、B 处于挂起状态，等待某一事件的发生，任务 C 正在运行，此时任务 C 开始使用某一共享资源 S。在使用中，任务 A 等待的事件到来，任务 A 转为就绪态，因为任务 A 比任务 C优先级高，所以任务 A 立即执行。当任务 A 要使用共享资源S 时，由于其正在被任务 C 使用，因此任务 A 被挂起，任务 C 开始运行。如果此时任务 B 等待的事件到来，则任务 B 转为就绪态。由于任务 B 比任务 C 优先级高，因此任务 B 开始运行，直到任务 B 运行完毕，任务 C 才开始运行。直到任务 C 释放共享资源 S 后，任务 A 才得以执行。在这种情况下，优先级发生了翻转，任务 B 先于任务 A 运行。这样便不能保证高优先级任务的响应时间，解决优先级翻转问题有优先级天花板和优先级继承两种方法。

当任务申请某资源时，把该任务的优先级提升到可访问这个资源的所有任务中的最高优先级，这个优先级称为该资源的优先级天花板。这种方法简单易行，不必进行复杂的判断，不管任务是否阻塞了高优先级任务的运行，只要任务访问共享资源就会提升任务的优先级。在 μC/OS-Ⅱ中，可以通过 OSTaskChangePrio()函数改变任务的优先级，但是改变任务的优先级是很花时间的。如果不发生优先级翻转而提升了任务的优先级，释放资源后又改回原优先级，则无形中浪费了许多CPU 时间，也影响了系统的实时性。

优先级继承指当任务 A 申请共享资源 S 时，如果共享资源 S 正在被任务 C 使用，比较任务 C 与自身的优先级，若发现任务 C 的优先级小于自身的优先级，则将任务 C 的优先级提升到自身的优先级，在任务 C 释放共享资源 S 后再恢复任务 C 的原优先级。这种方法只在占有资源的低优先级任务阻塞了高优先级任务时才会动态地改变任务的优先级，如果过程较复杂，则需要进行判断。μC/OS-Ⅱ不支持优先级继承，而且其以任务的优先级作为任务标识，每个优先级只能有一个任务，因此，不适合在应用程序中使用优先级继承。

8.4.2　优先级翻转的合理解决

在 μC/OS-Ⅱ中，为解决优先级翻转影响任务实时性的问题，可以借鉴优先级继承方法对优先级天花板方法进行改进。对 μC/OS-Ⅱ的使用，共享资源任务的优先级不是全部提升，而是先判断再决定是否提升，即当有任务 A 申请共享资源 S 时，首先判断是否有别的的任务正在占用共享资源 S，若无，则任务 A 继续执行；若有，则假设为任务 B 正在使用该资源，判断任务 B 的优先级是否低于任务 A，如果任务 B 的优先级高于任务 A，则任务 A 挂起，等待任务 B 释放该资源；如果任务 B 的优先级低于任务 A，则提升任务 B 的优先级到该资源的优先级天花板，当任务 B 释放资源后，再恢复到原优先级。在 μC/OS-Ⅱ中，每个共享资源都可看作一个事件，每个事件都有相应的事件控制块 ECB。在 ECB 中包含一个等待本事件的等待任务列表，该列表包括 OSEventTbl[]和 OSEventGrp 两个域，通过对等待任务列表的判断可以很容易地确定是否有多个任务在等待该资源，同时可判断任务的优先级与当前任务优先级的高低，从而决定是否需要用 OSTaskChangePio()函数来改变任务的优先级。这样，仅在优先级有可能发生翻转的情况下才改变任务的优先级，而且利用事件的等待任务列表进行判断，比用 OSTaskChangePio()函数改变任务的优先级的速度快，并占用较少的CPU 时间，有利于系统实时性的提高。

总之，优先级翻转问题是多任务实时操作系统普遍存在的问题，这个问题也存在于 μC/OS-Ⅱ中。通过在应用程序中进行简单的判断，在可能出现优先级翻转的情况下动态地改变任务的优先级，可以有效地避免任务的优先级翻转，保证高优先级任务的执行，提高系统的实时性。

8.5 μC/OS-Ⅱ开发注意事项

μC/OS-Ⅱ是一个简洁、易用的基于优先级的嵌入式抢占式多任务实时内核。尽管它非常简单，但是它的确在很大程度上解放了程序员的嵌入式开发工作。既然是一个操作系统内核，那么一旦使用它，就会涉及如何基于操作系统设计应用软件的问题。

8.5.1 任务框架

```
void task_xxx(void *pArg)
{
    /* 该任务的初始化工作 */
    ……
    /* 进入该任务的死循环 */
while(1)
{
    ……
}
}
```

每个用户的任务都必须符合事件驱动的编程模型，即μC/OS-Ⅱ的应用程序都必须是“事件驱动的编程模型”。一个任务首先等待一个事件的发生，事件可以是系统中断发出的，也可以是其他任务发出的，还可以是任务自身等待的时间片。当一个事件发生了，任务再做相应的处理，处理结束后又开始等待下一个事件的发生。如此周而复始的任务处理模型就是“事件驱动的编程模型”。“事件驱动的编程模型”也涵盖了中断驱动模型，μC/OS-Ⅱ事件归根结底来自以下3个方面。

（1）中断服务函数发送的事件。

（2）系统延时时间到所引起的事件。

（3）其他任务发送的事件。

其中，“中断服务函数发送的事件”就是指每当有硬件中断发生时，中断服务程序就会以事件的形式告诉任务，而等待该事件的最高优先级任务就会马上得以运行；“系统延时时间到所引起的事件”其实也是硬件中断导致的，即系统定时器中断；“其他任务发送的事件”则是由任务代码自身决定的，是完全的“软事件”。不管“软事件”还是“硬事件”，反正引起μC/OS-Ⅱ任务切换的原因就是“事件”，所以用户编写应用代码时一定要体现出“事件驱动的编程模型”。

8.5.2 软件层次

μC/OS-Ⅱ会直接操纵硬件，例如：任务切换代码必然要保存和恢复CPU及协处理器的寄存器；μC/OS-Ⅱ的内核时基时钟需要硬件定时器的中断。

BSP 就是“板极支持包”，它包括基于 μC/OS-Ⅱ开发的事件驱动模型、支持多任务的驱动程序。这些驱动程序直接控制各个硬件模块并利用 μC/OS-Ⅱ的系统函数实现多任务功能，它们应该尽量避免应用程序直接操纵硬件和 μC/OS-Ⅱ内核。BSP 还应该为应用程序提供标准、统一的 API，以达到软件层次分明、应用软件代码可复用的目的。

应用程序就是用户为具体应用需要而开发的软件，它必须符合 μC/OS-Ⅱ的编程模型，即“事件驱动的编程模型”。应用程序还应该尽量避免直接控制硬件和直接调用 μC/OS-Ⅱ系统函数、变量，一个完善的 μC/OS-Ⅱ系统不需要应用程序针对具体硬件设计。也就是说，μC/OS-Ⅱ必须拥有完备的设备驱动程序，而驱动程序和 BSP 共同提供完备、标准的 API。

8.5.3　互斥信号对象

互斥信号对象（Mutual Exclusion Semaphore），简称Mutex，是 μC/OS-Ⅱ的内核对象之一，用于管理那些需要独占访问的资源，并使其适应多任务环境。

创建每个 Mutex 都需要指定一个空闲的优先级号，这个优先级号的优先级必须比所有可能使用此 Mutex 的任务的优先级都高。

μC/OS-Ⅱ的 Mutex 实现原理大致如下。

当一个低优先级的任务 A 申请并得到 Mutex 时，它获得资源访问权。如果此后有一个高优先级的任务 B 开始运行（此时任务 A 已经被剥夺），而且也要求得到 Mutex，系统就会把任务 A 的优先级提高到Mutex所指定的优先级。由于此优先级高于任何可能使用此 Mutex 的任务的优先级，所以任务 A 会马上获得 CPU 控制权。一直到任务 A 释放 Mutex，任务 A 才回到它原有的优先级，这时任务 B 就可以拥有 Mutex 了。

应该注意的是，当任务 A 得到 Mutex 后，就不要再等待其他内核对象（如信号量、邮箱、队列、事件标志等），而应该尽量快速地完成工作，释放 Mutex。否则，这样的 Mutex 就失去了作用，而且效果比直接使用信号量（Sem）更糟糕。

虽然普通的信号量也可以用于互斥访问某独占资源，但是它可能引起优先级翻转问题。假设上面的例子使用的是信号量，当任务 A 得到信号量后，那么任务 C（假设任务 C 的优先级比任务 A 的优先级高，但比任务 B 的优先级低）就绪的话，将获得 CPU 控制权，于是任务 A 和任务 B 都被剥夺 CPU 控制权。任务 C 的优先级比任务 B 的优先级低，却优先得到了 CPU。而如果任务 A 是优先级最低的任务，那么它就要等到所有比它优先级高的任务都挂起之后才会拥有 CPU，任务 B（优先级最高的任务）跟着它一起倒霉。这就是优先级翻转问题，这是违背“基于优先级的抢占式多任务实时操作系统”原则的。

综上所述，μC/OS-Ⅱ中多个任务访问独占资源时，最好使用Mutex，但是 Mutex 比较消耗 CPU 时间和内存。如果某高优先级的任务要使用独占资源，但是不在乎久等的情况下，就可以使用信号量，因为信号量是最高效最省内存的内核对象。

8.5.4　调用函数的处理

μC/OS-Ⅱ的 OSSchedLock()和 OSSchedUnlock()函数允许应用程序锁定当前任务不被其他任务抢占。使用时应该注意的是，在调用了 OSSchedLock()函数之后，而在调用 OSSchedUnlock()函数之前，千万不要再调用诸如 OSFlagPend()、OSMboxPend()、OSMutexPend()、OSQPend()、OSSemPend()之类的事件等待函数。

同时，应当确保 OSSchedLock()和 OSSchedUnlock()函数成对出现，特别是在有些分支条件语句中，要考虑各种分支情况，不要有遗漏。

需要一并提醒用户的是，当调用开关中断函数 OS_ENTER_CRITICAL()和 OS_EXIT_CRITICAL()时，也要确保其成对出现，否则系统将可能崩溃。

不过，在 OS_ENTER_CRITICAL()和 OS_EXIT_CRITICAL()函数之间调用诸如 OSFlagPend()、OSMboxPend()、OSMutexPend()、OSQPend()、OSSemPend()之类的事件等待函数时还是允许的。

8.6 μC/OS-Ⅱ图书

本书是 *MicroC/OS-Ⅱ The Real-Time Kernel* 的第 2 版，在第 1 版（V2.0）基础上做了重大改进与升级；通过对 μC/OS-Ⅱ源码的分析与描述，讲述了多任务实时的基本概念、竞争与调度算法、任务间同步与通信、存储与定时的管理，以及如何处理优先级翻转问题；介绍了如何将 μC/OS-Ⅱ移植到不同 CPU 上、如何调试移植代码；在所附光盘中，给出了已通过 FAA 安全认证的 μC/OS-Ⅱ V2.52 的全部源码，以及可在个人计算机上运行的移植范例；除英文版外，有中文版和韩文版等，如图 8-2 所示。

英文版

中文版

韩文版

图 8-2 μC/OS-Ⅱ经典图书

8.7 μC/OS-Ⅱ操作系统移植

8.7.1 μC/OS-Ⅱ成功移植的条件

要把 μC/OS-Ⅱ成功地移植到某一处理器上，该处理器必须满足以下要求。

（1）处理器的 C 编译器能产生可重入代码。

（2）用 C 语言就可以打开和关闭中断。

（3）处理器支持中断，并且能产生定时中断。

（4）处理器支持能够容纳一定量数据（可能是几千字节）的硬件堆栈。

（5）处理器有将堆栈指针和其他 CPU 寄存器读出和存储到堆栈或内存中的指令。

8.7.2 μC/OS-Ⅱ移植的相关工作

μC/OS-Ⅱ的移植工作主要涉及与处理器相关的以下内容。

与编译器相关的数据类型声明（OS_CPU.H）不同的处理器有不同的字长，所以必须定义一系列数据类型以确保移植的正确性。文件 OS_CPU.H 中声明了 10 个相关数据类型。改写与任务管理相关的函数（OS_CPU_C.C），μC/OS-Ⅱ移植需要改写 6 个与任务管理相关的函数，它们是 OSTaskStkInit()、OSTaskCreatHook()、OSTaskDelHook()、OSTaskSwHook()、OSTaskStatHook()、OSTaskTickHook()。其中只需对 OSTaskStkInit()函数编写代码，后 5 个函数必须声明，但是内部并没有代码。OSTaskCreate()和 OSTaskCreateExt()函数通过调用 OSTaskStkInit()函数初始化任务的堆栈结构。

编写与任务切换相关的函数（OS_CPU_A.ASM），μC/OS-Ⅱ移植要求用户编写 4 个与处理器相关的汇编语言函数：OSStartHighRdy()、OSCtxSw()、OSIntCtxSw()、OSTickISR()。

如果用户的编译器支持插入汇编语言代码，可将所有与处理器相关的代码放到OS_CPU_C.C 文件中，该文件便不再需要。编写中断服务例程 CPUhighInterruptHook()函数和 CPUlowInterruptHook()函数，用户需要根据μC/OS-Ⅱ的要求，编写自己的中断服务例程。所有的中断是在CPUhighInterruptHook()函数和CPUlowInterruptHook()函数中处理的，用户只需要提供处理中断的代码。时钟中断必须是一个低优先级的中断，并且需要定时调用 OSTimeTick()函数。

在 CPUlowInterruptHook()函数处理完中断服务子程序后，CPU 相关代码开始退出中断。调用 OSIntExit()函数使中断嵌套层数递减，当嵌套层数为 0 时，所有的中断嵌套结束，系统通过调用 OSSched()函数，判断 CPU 应该回到先前被中断的任务，还是运行高优先级的任务。如果此时有一个高优先级的任务，μC/OS-Ⅱ会通过任务切换使 CPU 运行此任务。

8.7.3 用户实时任务编写

μC/OS-Ⅱ中的实时任务是在系统初始化（调用 OSInit()和 OSCtxSw()函数）后，通过 OSTaskCreateExt()函数调用创建的实时任务，实时任务创建完成后，调用 OpenTimer0()函数设置时钟中断，最后调用 OSStart()函数，系统开始运行并进行任务调度。

第 9 章　Keil 集成开发环境介绍及应用

使用 Keil 创建 ARM 工程文件的过程大体和创建 51 系列工程文件相似。

9.1　Keil 软件安装

9.1.1　编译软件安装

软件版本为 Keil5.15 版本。

1．MDK 软件安装

（1）安装程序文件 MDK515.exe，安装文件路径为“xxxx 工程应用资料\开发软件\MDK”。

（2）安装时需要注意的是，在安装过程中可以更改安装路径，但安装路径不允许有中文路径。

2．软件芯片支持包

安装需要使用芯片对应的软件工程支持包，如使用 Cortex-M4 系列的芯片安装 Keil.STM32F4xx_DFP.2.7.0.pack。芯片支持包文件路径为“xxxx 工程应用资料\开发软件\MDK\.Download”。

9.1.2　驱动程序安装

1．下载器驱动安装

驱动文件路径为“xxxx 工程应用资料\开发软件\MDK\xxxx 下载器驱动”。根据个人计算机的操作系统版本选择对应的驱动程序并安装。驱动安装成功的标志为在计算机设备管理器中找到“xxxx”硬件。

2．USB 串口驱动安装

驱动文件路径为“xxxx 工程应用资料\开发软件\MDK\CH340_CH341”。利用“管理员权限”允许驱动安装文件。驱动安装成功的标志为在计算机设备管理器中找到“USB-SERIL CH340 COMx”硬件。

9.2　新建工程

Cortex-M 系列工程目前存在两种新建工程的样式，分别是“寄存器”和“库函数”。寄存器版工程主要是在工程设计中，使用编程语言直接对芯片底层寄存器实现驱动芯片中的外设模块，而库函数版工程主要是在工程设计中，直接调用芯片生产厂家提供的驱动

KPI 接口函数，通过调用相关的函数实现对芯片底层寄存器的操作，从而实现驱动芯片中的外设模块。

9.2.1　寄存器版新建工程

1. 新建工程文件夹

在计算机中新建一个工程文件夹，并对这个文件夹进行命名（文件夹名称自定义）。

2. 新建工程分类文件夹

（1）在新建的工程文件夹下再建立两个子文件夹，一个文件夹主要存放用户编写的 C 执行程序文件（文件夹名称自定义，建议命名为 User），另一个文件夹存放 Cortex 系列内核接口驱动文件（文件夹名称自定义，建议命名为 Cmsisi），如图 9-1 所示。

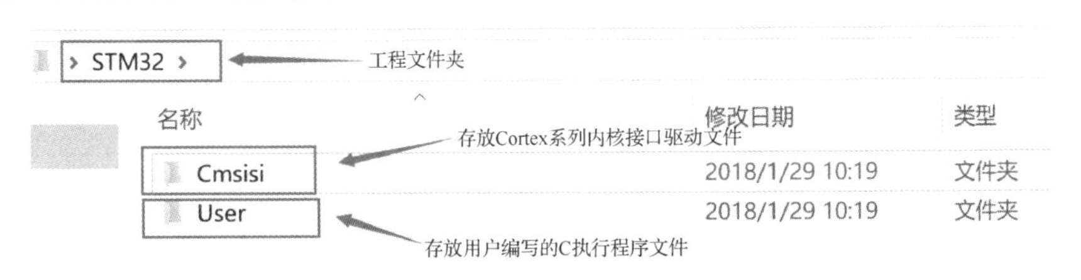

图 9-1　新建工程文件夹

（2）在存放用户编写的程序文件的文件夹下，再建立两个子文件夹，这两个文件夹主要存放用户编写的 C 文件和对应的 H 头文件（建议分别命名为 Inc 和 Src），如图 9-2 所示。

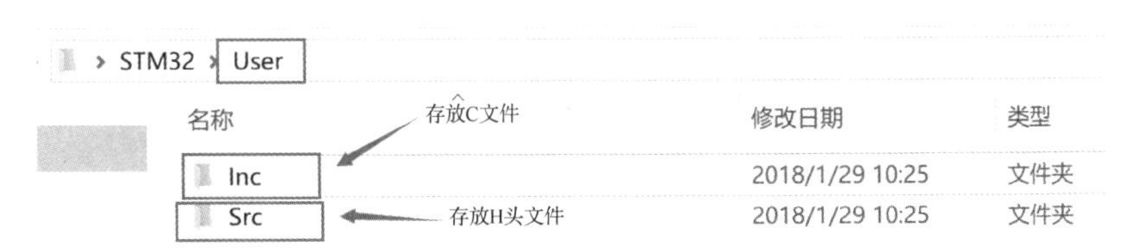

图 9-2　用户程序文件夹

3. 准备工程相关文件

把“创建工程所需”文件夹下的所有文件复制到工程文件夹下的“Cmsisi”文件夹中，如图 9-3 所示。

STM32 › Cmsisi

名称	修改日期	类型	大小
core_cm4.h	2014/5/27 13:46	C/C++ Header File	108 KB
core_cm4_simd.h	2014/7/17 21:52	C/C++ Header File	23 KB
core_cmFunc.h	2014/7/17 21:52	C/C++ Header File	17 KB
core_cmInstr.h	2014/7/17 21:52	C/C++ Header File	21 KB
startup_stm32f40_41xxx.s	2014/8/2 0:12	Assembler Source	29 KB
stm32f4xx.h	2016/8/3 9:31	C/C++ Header File	688 KB
system_stm32f4xx.c	2014/8/2 0:06	C Source File	47 KB
system_stm32f4xx.h	2014/8/1 22:30	C/C++ Header File	3 KB

图 9-3　复制工程文件

9.2.2 Keil 软件新建工程

选择 Keil 软件的“Project”菜单下的“New µVision Project”命令新建一个工程，并对这个工程进行自定义命名。

具体步骤：双击打开 Keil 软件，选择“Project”→“New µVision Project”命令，新建一个工程。如图 9-4 所示，在“文件名”文本框中输入工程名，一般工程名为英文或字母，注意工程名没有后缀。

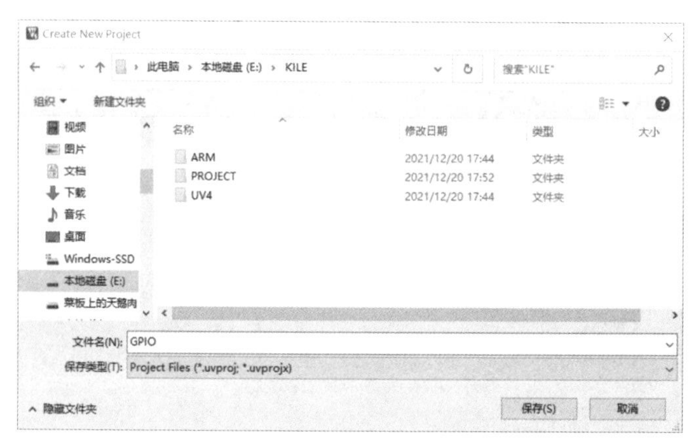

图 9-4 建立新工程

1．选择具体芯片型号

保存工程名后弹出如图 9-5 所示的对话框，选择用到的芯片型号。

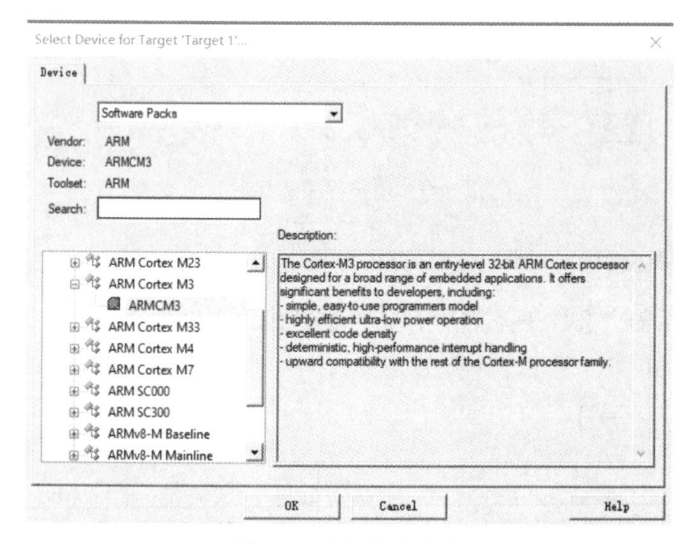

图 9-5 选择芯片型号

2．配置工程选项

单击设计栏中的“品字形”按钮（见图 9-6），弹出“Manage Project Items”对话框，如图 9-7 所示。

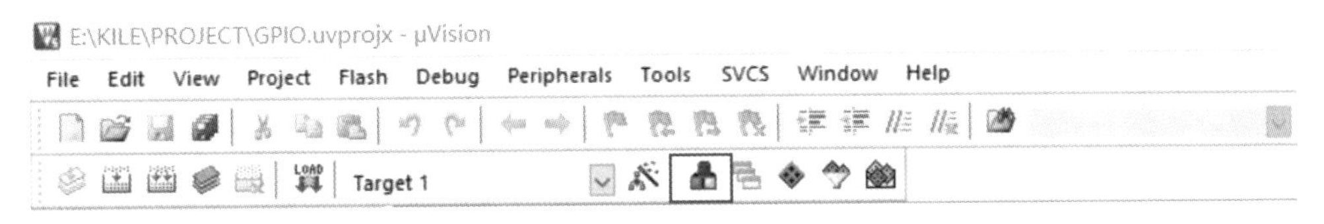

图 9-6 “品字形”按钮

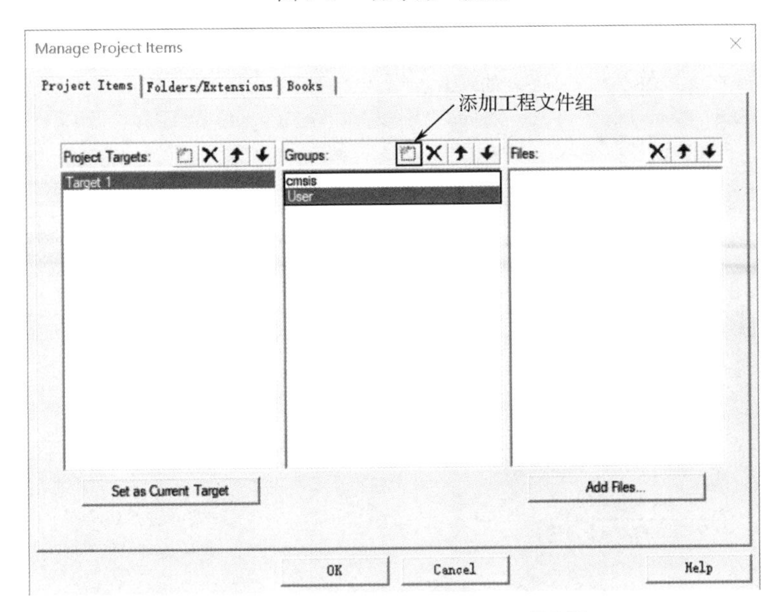

图 9-7 “Manage Project Items”对话框

（1）第一列为开发工程名称（双击可以更改名称）。

（2）第二列为工程项目组，创建两个工程文件组，分别是“内核接口组”（建议命名为 CMSIS）和“用户组”（建议命名为 User）。

（3）第三列为工程项目组关联文件，如图 9-8 所示。

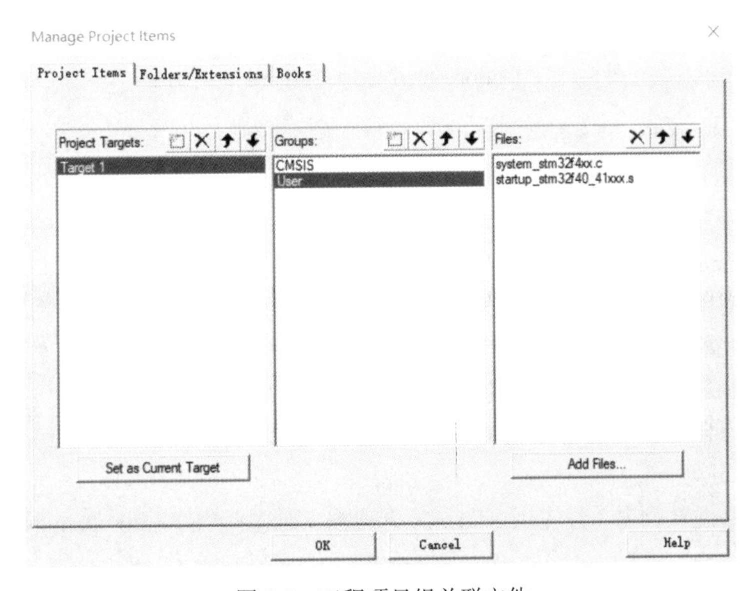

图 9-8 工程项目组关联文件

单击“Add Files”按钮，把存放 Cortex 系列内核接口驱动文件的文件夹下的 startup_stm32f40_41xxx.s 和 system_stm32f4xx.c 文件添加到工程组列表中。

3. 设置工程参数

单击设计栏中的“魔术棒”按钮（见图 9-9），弹出“Options for Target 'Target 1'”对话框，如图 9-10 所示。

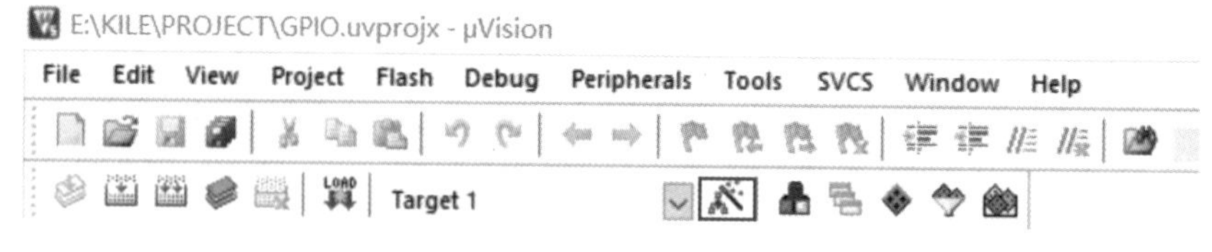

图 9-9 “魔术棒”按钮

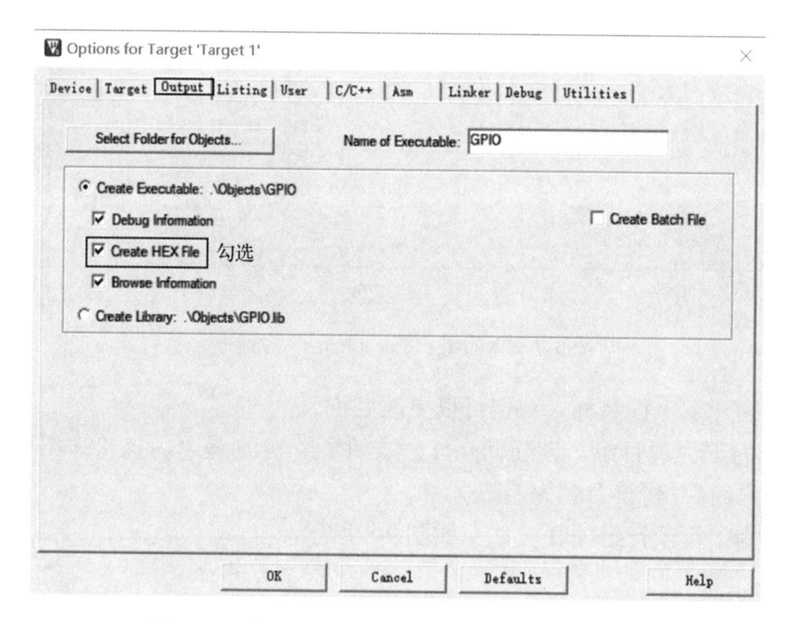

图 9-10 “Options for Target 'Target 1'”对话框

1）“Output”选项卡

勾选“Create HEX File”复选框，如图 9-10 所示。

2）“C/C++”选项卡

（1）在“Define”文本框中填入“STM32F40_41xxx”，如图 9-11 所示。这主要是为了告诉编译器，工程使用哪款主控芯片，在选择芯片的头文件中执行相应的程序。

（2）在“Include Paths”文本框中设置 Keil 软件头文件查找路径。

①.\存放 Cortex 系列内核接口驱动文件的文件夹\Include

②.\ 存放用户自己编写的程序的文件夹\Include

3）“Debug”选项卡

设置调试项目硬件型号（若使用 ST-Link 下载器，则选择“ST-Link Debugger”），如图 9-12 所示。

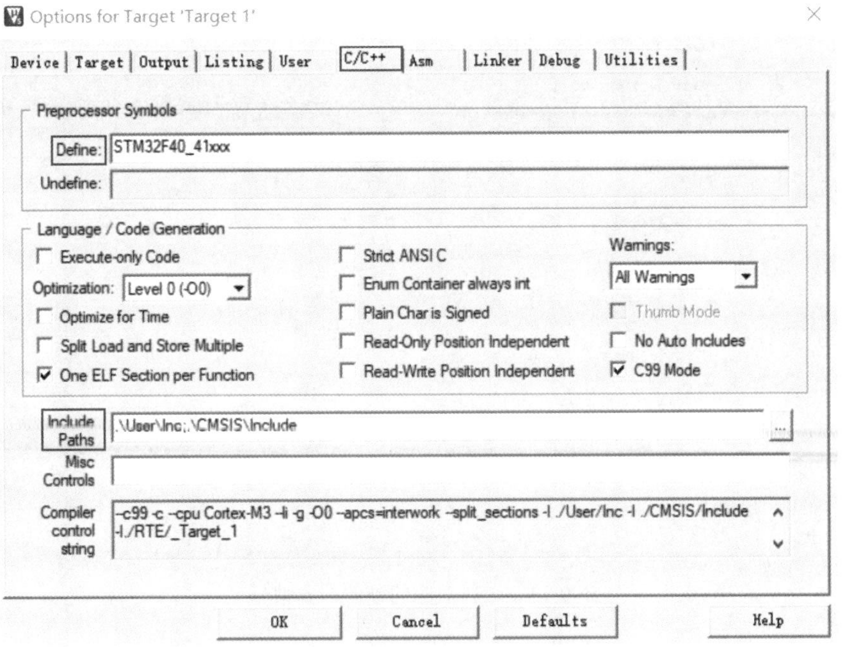

Options for Target 'Target 1'
Device | Target | Output | Listing | User | C/C++ | Asm | Linker | Debug | Utilities
Preprocessor Symbols
Define: STM32F40_41xxx
Undefine:
Language / Code Generation
Execute-only Code
Optimization: Level 0 (-O0)
Optimize for Time
Split Load and Store Multiple
One ELF Section per Function
Strict ANSI C
Enum Container always int
Plain Char is Signed
Read-Only Position Independent
Read-Write Position Independent
Warnings: All Warnings
Thumb Mode
No Auto Includes
C99 Mode
Include Paths: .\User\Inc;.\CMSIS\Include
Misc Controls
Compiler control string: --c99 -c --cpu Cortex-M3 -li -g -O0 --apcs=interwork --split_sections -I ./User/Inc -I ./CMSIS/Include -I./RTE/_Target_1
OK　Cancel　Defaults　Help

图 9-11　填写主控芯片型号

Options for Target 'Target 1'
Device | Target | Output | Listing | User | C/C++ | Asm | Linker | Debug | Utilities
Use Simulator　with restrictions　Settings
Limit Speed to Real-Time
Load Application at Startup　Run to main()
Initialization File:
Edit...
Restore Debug Session Settings
Breakpoints　Toolbox
Watch Windows & Performance Analyzer
Memory Display　System Viewer
CPU DLL: SARMCM3.DLL　Parameter: -MPU
Dialog DLL: DCM.DLL　Parameter: -pCM3
Use: ST-Link Debugger　Settings
Load Application at Startup　Run to main()
Initialization File:
Edit...
Restore Debug Session Settings
Breakpoints　Toolbox
Watch Windows
Memory Display　System Viewer
Driver DLL: SARMCM3.DLL　Parameter: -MPU
Dialog DLL: TCM.DLL　Parameter: -pCM3
Manage Component Viewer Description Files ...
OK　Cancel　Defaults　Help

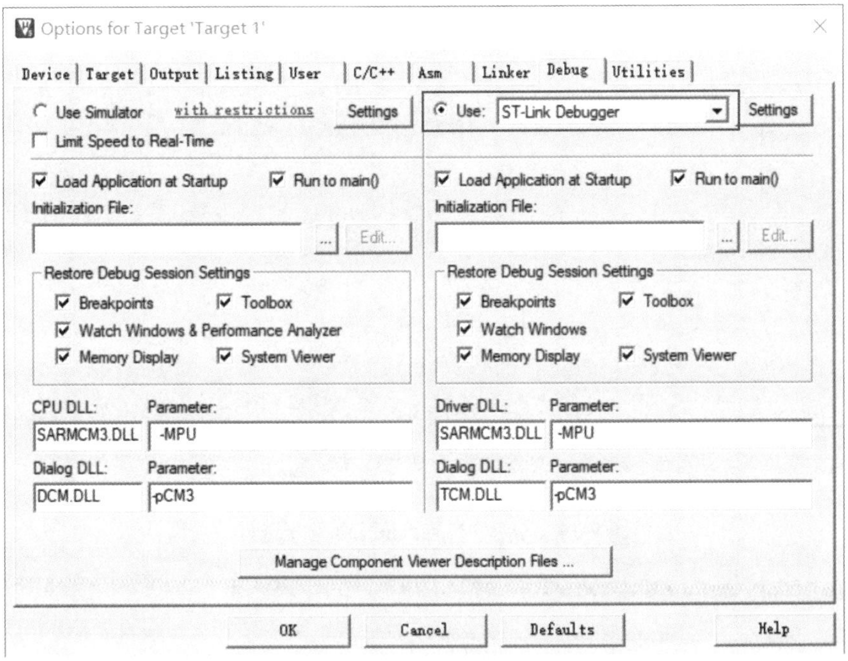

图 9-12　设置调试项目硬件型号

4）“Utilities”选项卡

取消勾选“Use Debug Driver”复选框，选择对应的硬件仿真型号（若使用 ST-Link 下载器，则选择“ST-Link Debugger”），如图 9-13 所示，并在“Download Function”选区中勾选“Reset and Run”复选框，如图 9-14 所示。

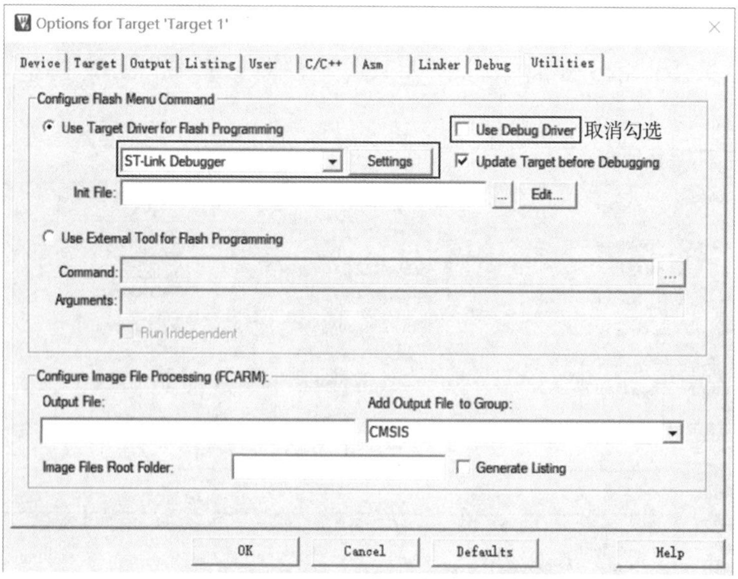

Options for Target 'Target 1'

Device | Target | Output | Listing | User | C/C++ | Asm | Linker | Debug | Utilities

Configure Flash Menu Command

Use Target Driver for Flash Programming

ST-Link Debugger　Settings

Use Debug Driver 取消勾选

Update Target before Debugging

Init File:　...　Edit...

Use External Tool for Flash Programming

Command:

Arguments:

Run Independent

Configure Image File Processing (FCARM):

Output File:

Add Output File to Group:

CMSIS

Image Files Root Folder:

Generate Listing

OK　Cancel　Defaults　Help

图 9-13　选择对应的硬件仿真型号

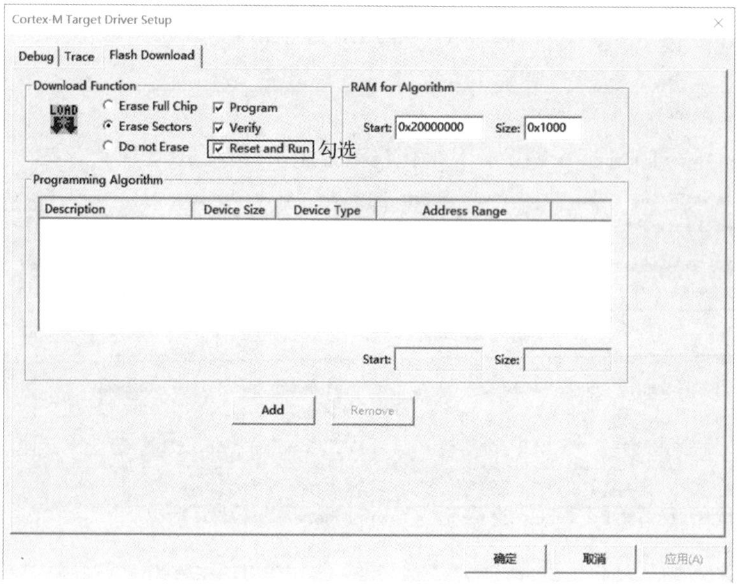

Cortex-M Target Driver Setup

Debug | Trace | Flash Download

Download Function

LOAD

Erase Full Chip　Program

Erase Sectors　Verify

Do not Erase　Reset and Run 勾选

RAM for Algorithm

Start: 0x20000000　Size: 0x1000

Programming Algorithm

Description	Device Size	Device Type	Address Range

Start:　Size:

Add　Remove

确定　取消　应用(A)

图 9-14　勾选“Reset and Run”复选框

参考文献

[1] 卡莫尔. 嵌入式系统——体系结构、编程与设计[M]. 陈曙晖，译. 北京：清华大学出版社，2005.

[2] 孟宪元，钱伟康. FPGA 嵌入式系统设计[M]. 北京：电子工业出版社，2007.

[3] 诺尔加德. 嵌入式系统硬件与软件架构[M]. 马洪兵，谷源涛，译. 北京：人民邮电出版社，2005.

[4] 杨宗德. 嵌入式 ARM 系统原理与实例开发[M]. 北京：北京大学出版社，2007.

[5] 陈志旺. STM32 嵌入式微控制器快速上手[M]. 2 版. 北京：电子工业出版社，2014.

[6] 刘波文. ARM Cortex-M3 应用开发实例详解[M]. 北京：电子工业出版社，2011.

[7] 范书瑞. Cortex-M3 嵌入式处理器原理与应用[M]. 北京：电子工业出版社，2011.

[8] 刘同法，肖志刚，彭继卫. ARM Cortex-M3 内核微控制器快速入门与应用[M]. 北京：北京航空航天大学出版社，2009.

举报电话：（010）88254396；（010）88258888

传　　真：（010）88254397

E-mail:　　dbqq@phei.com.cn

通信地址：北京市海淀区万寿路173信箱

　　　　　电子工业出版社总编办公室

邮　　编：100036